氰酸酯树脂应用研究

祝保林　编著

科　学　出　版　社

北　京

内 容 简 介

本书以国内外氰酸酯树脂研究领域大量的学位论文、期刊论文、会议论文及专利文献为基础，阐明了氰酸酯树脂的应用现状；重点介绍了目前国内外针对氰酸酯树脂在应用方面的缺陷，采用的不同改性方法、工艺，以及改性后新材料的性能。全书共6章，包括绪论、双马来酰亚胺改性氰酸酯树脂、热塑性树脂改性氰酸酯树脂、不饱和双键化合物改性氰酸酯树脂、弹性体改性氰酸酯树脂和纤维改性氰酸酯树脂。

本书借鉴国内外相关领域的研究成果，对氰酸酯树脂改性前后理化性能的变化、添加剂的预处理、成型工艺等方面进行了阶段性总结，可作为材料学相关研究领域的基础性资料，也可作为教材供相关专业的本科生和研究生参考使用。

图书在版编目（CIP）数据

氰酸酯树脂应用研究/祝保林编著. —北京：科学出版社，2017.3

ISBN 978-7-03-052095-1

Ⅰ. ①氰… Ⅱ. ①祝… Ⅲ. ①聚异氰酸酯–应用–研究 Ⅳ. ①O633.4

中国版本图书馆 CIP 数据核字（2017）第 050378 号

责任编辑：祝 洁 孙静惠 / 责任校对：杜子昂
责任印制：张 伟 / 封面设计：迷底书装

科学出版社 出版
北京东黄城根北街 16 号
邮政编码：100717
http://www.sciencep.com
北京凌奇印刷有限责任公司 印刷
科学出版社发行 各地新华书店经销
*
2017 年 3 月第 一 版 开本：B5（720 × 1000）
2017 年 3 月第一次印刷 印张：15 1/2
字数：310 000

POD定价： 110.00元
（如有印装质量问题，我社负责调换）

前　　言

氰酸酯树脂（CE）是继环氧树脂（EP）和双马来酰亚胺树脂（BMI）之后出现的一种新的高性能热固性树脂，对氰酸酯的研究当前已形成了“氰酸酯化学”学科。

CE 不仅具有优异的理化性能，还具有良好的工艺性，可与多种热塑性树脂、橡胶弹性体共混，也可与 EP 或 BMI 共聚，从而满足应用方面的不同要求。在工艺性方面，CE 可灵活地适应多种成型工艺。与 EP 和 BMI 相比，CE 的力学性能与两者相当，耐热性略低于 BMI 而高于 EP，耐候性优于 EP 和 BMI。因此，CE 既综合了 EP 与 BMI 的优点，又在某些理化性能及工艺性等方面超过了它们。正是由于这些独特优势，CE 在航空航天、电子工业、胶黏剂制造、阻燃材料、光学材料、医用材料等领域得到了广泛应用。

国外对 CE 的开发不仅起步较早，而且研究力度较大。20 世纪 70 年代，已实现了氰酸酯的商品化及在印刷电路板中的应用。但由于对 CE 固化机理不甚明了，其在应用方面有所停滞。1986 年，Ciba 公司的 Shimp 首先发现了 CE 固化的高效催化剂，解决了 CE 单体的聚合问题，并明晰了其聚合机理，从而为 CE 及其复合材料的研究和应用奠定了理论基础。到目前为止，国外不仅掌握了大量不同结构氰酸酯的合成技术，而且部分产品已实现了工业化生产。

我国对 CE 的研究起步较晚，20 世纪 90 年代中期才有相关领域的介绍性报道，经过 20 多年的发展，目前已接近国际水平。当前，CE 及其复合材料的研究单位有北京航空材料研究院、西北工业大学、西北大学、哈尔滨理工大学、华南理工大学、哈尔滨工程大学、浙江大学、同济大学、渭南师范学院等十多家。在生产方面，能够生产氰酸酯单体的单位除了中国航空工业济南第 637 研究所，还有西北工业大学、山东济南 621 厂、上海慧峰科贸有限公司、上海雅本化学公司、上海仰天生物科技公司、浙江上虞盛达生物化工有限公司、中国科学院成都有机化学有限公司、北京玻璃钢研究设计院和北京航空材料研究院先进复合材料国防科技重点实验室等。我国在 CE 改性方面，不仅涉及了热固性树脂、热塑性树脂、含不饱和双键化合物、橡胶弹性体、纤维、晶须等研究领域，而且在应用方面也卓有成效，但与发达国家相比，仍然有许多不足。为了在我国更广泛地开展 CE 的基础研究和应用开发，也为了更进一步将 CE 研究推向新的高潮，渭南师范学院军民两用材料重点实验室课题组组织人员编写了本书。

在编写本书过程中，渭南师范学院丁德科教授、王君龙教授，浙江大学梁国正教授等审阅了初稿，提出了许多宝贵意见；梁国正教授的科研团队在编著过程中提供了许多数据及技术支持，在此，课题组全体同仁表示衷心感谢！特别要提出的是我国多年来在 CE 及其复合材料方面的研究者，正是他们的工作为本书的编写提供了基础资料，对他们也表示衷心感谢。

由于 CE 发展迅猛，内容极为丰富，且在我国研究仍处于起步阶段，加之编者水平有限，书中难免出现一些纰漏，敬请学者同仁批评指正！

编　者

2016 年 11 月

目　　录

前言

第 1 章　绪论……1

1.1　氰酸酯树脂简介……1

1.1.1　氰酸酯树脂的合成……2

1.1.2　氰酸酯树脂的性能……5

1.1.3　氰酸酯树脂的反应……11

1.1.4　氰酸酯树脂的发展历程……14

1.2　氰酸酯树脂的特性……15

1.3　氰酸酯树脂的应用……16

1.3.1　在改性剂方面的应用……16

1.3.2　在雷达罩中的应用……17

1.3.3　在宇航结构部件中的应用……17

1.3.4　在高性能印刷电路板中的应用……18

1.3.5　在隐身材料中的应用……19

1.3.6　在人造卫星上的应用……19

1.3.7　在耐高温有机胶黏剂方面的应用……20

1.3.8　在阻燃材料方面的应用……23

1.3.9　氰酸酯树脂在电子封装领域的应用……23

1.3.10　在其他方面的应用……24

1.4　氰酸酯树脂在应用方面的发展趋势……24

1.5　氰酸酯树脂的改性现状……27

1.5.1　采用橡胶类弹性体改性……27

1.5.2　互穿聚合物网络改性氰酸酯……28

1.5.3　氰酸酯与环氧树脂的共聚改性……30

1.5.4　氰酸酯与热塑性树脂和橡胶弹性体的共混改性……31

1.5.5　采用无机刚性填料改性……33

1.6　增韧机理……34

1.6.1　早期定性的增韧机理……34

1.6.2　增韧机理的分类化和模型化……36

1.6.3　增韧机理的微观化和定量化……39
参考文献……40
第 2 章　双马来酰亚胺改性氰酸酯树脂……50
2.1　聚酰亚胺树脂的发展……50
2.1.1　聚酰亚胺树脂简介……50
2.1.2　BMI 的结构与合成……52
2.1.3　聚酰胺酸的酰亚胺化新工艺……55
2.1.4　马来酰亚胺结构材料的发展……57
2.2　BT 树脂……58
2.2.1　新型 BT 树脂的合成……58
2.2.2　BT 树脂的新发展……63
2.3　CE/BMI 共聚机理……65
2.3.1　BMI 与 CE 直接共聚反应……65
2.3.2　BMI 和 CE 互穿网络结构……66
2.3.3　BT 树脂的环状聚合结构反应……68
2.3.4　Barton 烯丙基 CE 与 BMI 共聚反应机理……68
2.3.5　闫红强的新型含萘 CE/BMI 固化反应机理……70
2.3.6　方芬的 CE/BMI 三步聚合反应……72
2.4　CE/BMI 固化动力学……74
2.5　CE/BMI 共聚物（BT 树脂）的合成、性能及应用……76
2.5.1　BT 树脂的应用领域……76
2.5.2　新型 BMI 和 CE 的合成……76
2.5.3　新型 BT 树脂耐热性能的研究……77
2.5.4　BT 树脂的特性……78
2.5.5　双马来酰亚胺树脂改性氰酸酯树脂的研究……79
2.5.6　双马来酰亚胺三嗪环树脂的应用……79
2.5.7　热固性树脂改性氰酸酯树脂……80
2.6　CE/BMI/EP 固化机理及性能……81
2.6.1　固化工艺对三元体系性能的影响……82
2.6.2　CE/BMI/EP 共聚机理……85
2.6.3　CE/BMI/EP 共固化动力学……88
2.6.4　CE/BMI/EP 共聚物的性能……89
2.6.5　CE/EP/BMI 三元改性体系……91
2.7　BT 树脂的其他改性……93
2.7.1　BT 树脂的改性研究……93

2.7.2 烯丙基物对 BMI/CE 的改性……94
2.7.3 双烯封端棒状聚酰亚胺和聚苯醚对 BMI/CE 的改性……94
2.7.4 改性剂对 BMI/CE 的改性……94
参考文献……95
第 3 章 热塑性树脂改性氰酸酯树脂……101
3.1 基本概况及其发展……101
3.1.1 改性体系对共混物性能的影响……101
3.1.2 相形态和相分离对改性效果的影响……103
3.2 热塑性聚苯醚改性 CE……107
3.2.1 PPO 用量对共混体系性能的影响……107
3.2.2 增韧机理研究……108
3.3 热塑性聚醚酰亚胺改性 CE……110
3.3.1 PEI 改性 CE 体系的反应诱导相分离……110
3.3.2 CE/PEI 的力学性能和断面形态……112
3.3.3 CE/PEI 的介电性能……114
3.4 聚醚型聚氨酯预聚体改性 CE……115
3.4.1 BCE/BA 的静态力学性能……115
3.4.2 BCE/BA 的动态力学性能……115
3.4.3 BCE/BA 体系的耐热性……116
3.5 聚乙烯基吡咯烷酮改性 CE……117
3.5.1 改性 BADCy 的力学性能……117
3.5.2 固化树脂的吸湿性能……118
3.5.3 湿热老化对力学性能的影响……119
3.6 改性体系性能比较及存在的问题……120
3.7 甲基丙烯酸甲酯改性氰酸酯树脂……125
3.7.1 同步合成法与异步合成法……125
3.7.2 同步合成法与异步合成法对 BADCy/MMA-IPN 力学性能的影响……126
3.7.3 MMA 质量分数对 BADCy/MMA-IPN 力学性能的影响……127
3.7.4 MMA 质量分数对体系密度的影响……128
3.7.5 红外图谱分析……128
3.7.6 DSC 图谱分析……129
3.8 苯乙烯改性氰酸酯树脂……130
3.9 丙烯腈改性氰酸酯树脂……131
3.9.1 同步合成法与异步合成法对 BADCy/AN-semi-IPN 力学性能的影响……131
3.9.2 AN 质量分数对 BADCy/AN-semi-IPN 力学性能的影响……132

3.10 三种热塑性树脂改性氰酸酯树脂的性能对比……133
3.10.1 改性用热塑性树脂的选择……133
3.10.2 改性体系的力学性能……134
3.10.3 改性体系的玻璃化温度……134
3.10.4 相分离过程中的 CE 转化率……134
3.10.5 PMMA/CE 改性体系的相图……135
3.10.6 PMMA/CE 改性体系的相结构……136
3.10.7 催化剂对改性体系相结构的影响……137
3.10.8 不同固化温度下改性体系的相结构……138
参考文献……140
第 4 章 不饱和双键化合物改性氰酸酯树脂……144
4.1 CE/St 改性体系……144
4.1.1 反应性及动力学参数……144
4.1.2 CE/St 的性能……147
4.1.3 CE/St/二乙烯基苯的性能……148
4.2 CE/MMA 改性体系……151
4.2.1 MMA 质量对 IPN 力学性能的影响……151
4.2.2 MMA 质量分数对 IPN 体系密度的影响……151
4.2.3 IPN、CE、PMMA 的力学性能对比……152
4.3 CE/MMA/St 改性体系……152
4.3.1 静态力学性能……152
4.3.2 动态力学性能……155
4.3.3 热性能分析……156
4.3.4 改性体系的吸湿性能……157
4.4 CE/MMA/St/E-玻璃布……159
4.4.1 力学性能和介电性能……159
4.4.2 后处理对复合材料性能的影响……161
4.4.3 改性体系的吸湿性能……162
4.4.4 湿热老化对断面形貌的影响……162
4.4.5 含不饱和双键的化合物改性氰酸酯树脂……163
4.5 性能比较及存在的问题……164
4.5.1 含不饱和双键化合物改性 CE……164
4.5.2 含不饱和双键的化合物改性氰酸酯树脂的不足……164
参考文献……165

第 5 章 弹性体改性氰酸酯树脂……168
5.1 研究进展及增韧机理……168
5.1.1 研究进展……168
5.1.2 增韧机理……170
5.2 BADCy/CTBN 改性体系……172
5.2.1 固化工艺……172
5.2.2 反应体系特性……172
5.2.3 静态力学性能……174
5.2.4 动态力学性能……175
5.2.5 热性能分析……175
5.2.6 介电性能……176
5.2.7 微相结构及增韧机理……177
5.3 DCPDCE/CTBN 改性体系……179
5.3.1 CTBN 对固化温度的影响……179
5.3.2 静态力学性能……179
5.3.3 动态力学性能……180
5.3.4 断面微观结构……180
5.3.5 耐湿热性能……181
5.4 BADCy/CTBN/玻璃纤维改性体系……181
5.4.1 固化树脂的性能……181
5.4.2 复合材料的力学性能……183
5.5 不同弹性体改性 CE 的性能比较……183
5.5.1 不同弹性体对共混物力学性能的影响……184
5.5.2 CTBN 用量对共混物力学性能的影响……185
5.5.3 不同 CE/弹性体共混物热性能的分析……186
参考文献……188
第 6 章 纤维改性氰酸酯树脂……190
6.1 纤维的特点及其改性研究进展……190
6.1.1 纤维的特点……190
6.1.2 改性 CE 研究进展……196
6.2 玻璃纤维和碳纤维改性 CE 的性能比较……201
6.2.1 CE/玻璃布（EW210）的性能……201
6.2.2 CE/S_2 及 CEm/S_2 的力学性能……202
6.2.3 两种纤维改性 CE 的性能比较……203
6.2.4 纤维改性 CE 的微观结构……205

6.3　缓冲层对 BADCy/T300 性能的影响 …… 206
6.3.1　E51 涂层对 BADCy/T300 力学性能的影响 …… 206
6.3.2　BADCy/T300 的断口 SEM 分析 …… 207
6.4　HF-1/F-48/M40JB 复合材料 …… 208
6.4.1　催化共聚体系的反应性 …… 208
6.4.2　热熔法缠绕复合材料的性能 …… 210
6.5　HF-1/E51/CF 复合材料 …… 210
6.5.1　复合材料的吸湿行为 …… 211
6.5.2　湿热环境对复合材料力学性能的影响 …… 211
6.5.3　湿热环境对复合材料破坏模式的影响 …… 212
6.6　BADCy/E51/M40J 复合材料 …… 213
6.6.1　复合材料成型工艺 …… 213
6.6.2　复合材料力学性能 …… 214
6.6.3　环境对复合材料性能的影响 …… 214
6.7　BADCy/M40-T300 复合材料 …… 215
6.7.1　复合材料纵向拉伸性能 …… 216
6.7.2　复合材料弯曲性能 …… 217
6.7.3　复合材料层间剪切强度 …… 218
6.8　三种碳纤维改性 BADCy 的性能比较 …… 221
6.8.1　力学性能 …… 222
6.8.2　耐水煮性 …… 223
6.8.3　耐高低温冲击性 …… 224
6.8.4　耐紫外线 …… 224
6.9　玻璃纤维增强氰酸酯树脂基复合材料的介电性能 …… 225
6.9.1　玻璃纤维增强树脂基复合材料介电性能的影响因素 …… 225
6.9.2　树脂基体选择对介电性能的影响 …… 225
6.9.3　界面对介电性能的影响 …… 226
6.9.4　吸湿性对复合材料介电性能的影响 …… 228
6.9.5　温度对复合材料介电性能的影响 …… 230
6.9.6　玻璃纤维增强树脂基复合材料介电性能研究进展 …… 231
参考文献 …… 233

第1章 绪 论

1.1 氰酸酯树脂简介

高性能树脂基复合材料广泛地应用于航空航天、汽车、电子、建材等各个行业的各个方面。随着科技的发展，这些行业对新型材料的发展提出了更高的要求，要求其器件质量轻，可靠性好，尺寸稳定性好，这与复合材料中所用的基体树脂有着决定性的关系。基体树脂在复合材料中起着把纤维黏结在一起并传递载荷的作用，树脂的耐热性、韧性、耐湿热性、强度和耐化学介质性等是决定复合材料性能的关键。环氧树脂因其良好的综合性能和工艺性在复合材料工业中曾有着不可替代的作用，目前国内外广泛使用的热固性树脂仍以环氧树脂为主，但环氧树脂存在着耐湿热性差和韧性差的缺点。国外的著名复合材料公司都在致力于高性能树脂基体的开发，并已取得了一定的成果[1]。

就电子工业而言，卫星通信、手提电脑、移动通信和信息产业的进一步发展，对电子产品的性能要求越来越高，高频的应用也更为普遍。新型产品性能的提高，很大程度上依赖于基板的介电性能[2]。一般来说，相对介电系数越小，信号的传输速度越快；介电损耗因数越小，信号在传输过程中的损耗功率保持一定时，允许传输的频率就越高，即信号在相同的频率下，介电损耗值就越小，信号传输过程中失真率就越低。因此，随着电子产品向薄、轻、小型化的发展和传输频率向高频（准微波带，GHz）方向的发展，开发高性能树脂基体势在必行。

氰酸酯树脂（cyanate ester resin，CE）以其优越的结构特点、加工工艺及与其他树脂相容性好的特点，在众多高性能树脂中综合性能名列前茅。结构特点赋予其优良的电绝缘性能，极低的吸湿率，较高的耐热性，优良的尺寸稳定性，良好的力学性能，以及与环氧树脂（EP）相近的成型工艺性等。氰酸酯树脂适用于模压、树脂传递模塑、热压罐、缠绕和挤拉等各种成型工艺，既可作为功能材料，又可作为结构材料，在电子、航空航天、电器绝缘、涂料、胶黏剂、光学仪器、医疗器材等诸多领域获得了广泛的应用，是一类继环氧树脂、聚酰亚胺、双马来酰亚胺之后的高性能复合材料树脂基体[3, 4]。

氰酸酯树脂通常定义为分子中含有两个或两个以上的氰酸酯官能团的酚衍生物。早在19世纪，就有人设想通过次氯酸酯与氰化物反应或通过酚盐化合物与卤化氰反应制得氰酸酯，但未获成功，得到的只是异氰酸酯或其他化合物。直到20世纪 60 年代初，Parvatareddy[5]和 Bogan[6]才首次制得真正的氰酸酯树脂。1963 年德国化学家首次发现了采用酚类化合物与卤化氰合成氰酸酯的简单方法。但是，当时对氰酸酯合成反应的影响因素及其聚合的机理不甚了解，从而影响了氰酸酯的加工性能和使用，使氰酸酯推广和应用受到很大限制。1976 年 Miles 公司推出的 70%氰酸酯丁酮溶液产品用于电子工业，但在 1978 年就被迫退出市场。其原因是它在蒸汽焊接浸泡测试中性能不稳定。直至 20 世纪 80 年代各公司才开发出具有商品实用价值的氰酸酯产品[7, 8]。氰酸酯树脂是随着电子电器工业的发展而发展起来的[9, 10]。

氰酸酯树脂是近几十年发展起来的高性能热固性树脂，也是目前高性能树脂及复合材料研究领域最受研究者关注的课题之一[11, 12]。氰酸酯树脂单体含有两个或两个以上氰酸酯官能团（—OCN），通过热固化或使用催化剂固化后形成高度交联的具有对称结构的三嗪环化聚合物。氰酸酯单体的化学特性和固化树脂的独特结构，即结构中既有高度交联的网络也有能够自由旋转的醚键，赋予氰酸酯树脂优异的综合性能，包括良好的力学性能、高耐热性、极低的吸水率等[13]，以最常见的双酚 A 型氰酸酯（BADCy）为例，它的玻璃化温度（T_g）为 270～290℃，热分解温度（TGA）高于 410℃，弯曲强度为 170MPa，模量为 3.2GPa，吸水率约为 2%。更为重要的是，CE 在从 X 波段到 W 波段的宽频带范围内具有非常优异的介电性能，介电常数（ε 为 2.64～3.11）和介电损耗值（$\tan\delta$ 为 0.001～0.008）在几种高性能热固性树脂中很小，特别是固化树脂受空气中湿气的影响极小，因而氰酸酯是一种优异的绝缘功能材料[14]。与已经进入应用化生产的酚醛树脂、环氧树脂和双马来酰亚胺树脂等热固性树脂基体相比，氰酸酯树脂具有更加优异的综合性能，相比于其他正处于研究起步阶段的树脂（如聚苯并环丁烯树脂、聚苯并咪唑树脂等），氰酸酯树脂成本更低，具有更高的性价比。因此，我们期望在不久的将来氰酸酯树脂成为具有巨大经济效益和国防效益的一类重要树脂基体材料。目前，氰酸酯树脂产品主要应用于航空航天及微电子工业领域[15, 16]。在国外 CE 已得到了大量的研制和应用，由于目前国内没有氰酸酯的商业化产品，所以这方面的研究较少，但随着电子工业的发展及 CE 在电子 IT 业中表现出来的良好应用前景，国内对其也开始逐渐重视。目前，中国航空工业济南 637 研究所、西北工业大学、中国科学院上海有机化学研究所、浙江大学、渭南师范学院已经进行了 CE 的中试合成研究。

1.1.1 氰酸酯树脂的合成

1960 年，Storh 等第一次从立构受阻酚合成得到了氰酸酯[17]。之后人们又合成了一系列的芳基和烷基氰酸酯并开展了广泛的研究。1964 年，德国化学家 Grigat 等[18]

首次发现了采用酚类化合物与卤化氰合成氰酸酯的简单方法。而 Jensen 等[19]、Martin 等[20]几乎同时得到了一系列脂肪族及简单的芳香族氰酸酯，但这些研究都没有实现工业化生产。直到 20 世纪 80 年代，各公司才开发了具有商品实用价值的产品，如新型 CE（NCO—C_x、F_y—OCN）、多官能团 CE，以及含有其他活性基的 CE。

关于氰酸酯的合成国外已有较多学者进行了深入的研究，我国学者对氰酸酯树脂的应用也进行了一些研究工作，到目前为止氰酸酯树脂在我国还未见有商业化产品问世。氰酸酯树脂单体的合成大体上有如下几种方法。

1. Girgat 法[18]

在碱存在的条件下，卤化氰与酚类化合物反应制备氰酸酯单体，反应式如式（1-1）所示

$$\mathrm{ArOH+XCN \longrightarrow ArOCN+HX} \tag{1-1}$$

式中：X 可采用 Cl、Br、I[18]，但通常采用常温下是固体、稳定性较好、反应活性适中且毒性相对较小的溴化氰；ArOH 可以是单酚、多元酚，也可以是脂肪族羟基化合物，反应介质中的碱通常采用能接受质子的有机碱，如三乙胺等。这类反应通常在–30～20℃的有机溶剂中进行。反应生成的粗产物经减压蒸馏或重结晶即可得到较为纯净的氰酸酯。

2. 直接碱性酚盐类化合物与卤化氰反应

反应式如式（1-2）所示

$$\mathrm{RONa+XCN \longrightarrow RO{-}C{\equiv}N+XNa} \tag{1-2}$$

在适当的工艺条件下，用此反应可制出高纯度的芳香族氰酸酯。

3. Martin 法

Martin 法即热分解苯氧基-1，2，3，4-噻三唑或乙氧基-1，2，3，4-噻三唑[20]，其反应方程式为式（1-3）

$$\left.\begin{matrix}\mathrm{R{-}O{-}C{=}S{-}Cl} \xrightarrow{NaN_3} \\ \mathrm{R{-}O{-}C{=}S{-}NH{-}NH_2} \xrightarrow{HNO_3}\end{matrix}\right\} \longrightarrow \text{(R-substituted 1,2,3,4-thiatriazole ring: C, S, N, N, N)} \xrightarrow[-S,-N_2]{\triangle} \mathrm{R{-}OCN} \tag{1-3}$$

式中：R 基可以是芳香基也可以是脂肪基。采用此种方法可以得到产率和纯度都很高的芳香族和脂肪族 CE 单体，但这种方法的工艺路线过于复杂。

4. 间接碱性酚盐类化合物与卤化氰反应

将单质溴加入氰化钠或氰化钾的水溶液中，然后在叔胺（TA）的存在下将它分散入酚类化合物的四氯化碳溶液中反应制备氰酸酯。其反应式如式（1-4）[21]所示

$$Br_2+NaCN+ROH+TA \longrightarrow R\text{—}OCN+TA\cdot HBr \tag{1-4}$$

5. 硫代氨基甲酸酯与金属氧化物反应

硫代氨基甲酸酯与金属氧化物反应，消去 H_2S 制备氰酸酯，其反应式如式（1-5）[22]所示

$$NH_2\text{—}\overset{\overset{\displaystyle S}{\|}}{C}\text{—}O\text{—}R+HgO \longrightarrow R\text{—}OCN+H_2S \tag{1-5}$$

6. 单体合成 CE

CE 单体的官能团结构为—O—C≡N，由于氧原子、氮原子的电负性都很高，因而—OCN 具有很高的活性，碳、氮原子之间的双键能量较低，容易打开，使得 CE 单体受热后可直接聚合，形成带有三嗪环的均聚物，即 CE。根据 CE 单体的结构不同，其聚合温度为 150～350℃。CE 单体在常温下几乎没有反应活性，要得到实用的聚合物，必须加热或使用催化剂。催化剂的使用可以改变聚合反应的速率常数及活化能，但几乎不影响反应机理[23]。使用的催化剂包括过渡金属羧酸盐（如环烷酸盐）、乙酰丙酮金属化合物、路易斯酸等。另外 CE 中的水分在热聚合中也起催化剂的作用。乙酰丙酮金属化合物或过渡金属配合物的催化机理是通过配位络合将氰酸酯官能团聚集[24]。

7. 双酚 A 型氰酸酯树脂的合成

1）溴化氰的制备

溴化氰合成的原料为液态溴单质和氰化钠，合成反应式为

$$Br_2+NaCN = BrCN+NaBr$$

根据反应机理，溴与氰化钠（或钾）的反应物质的量比为 1∶1，但在实际操作中，必须使氰化钠过量，才能得到较高的产率。实验表明：当溴与氰化钠的物质的量比为 1∶1.21，反应温度约为 15℃时，合成产率可达 89.1%。

2）双酚 A 型氰酸酯树脂的合成[25]

4, 4′-二羟基二苯基丙烷（双酚 A）与溴化氰在催化剂（碳酸钠或三乙胺等）和混合溶剂（丙酮、苯类等）作用下发生如下反应

$$\text{HO}-\bigcirc-\underset{\text{CH}_3}{\overset{\text{CH}_3}{\text{C}}}-\bigcirc-\text{OH}+2\text{BrCN} \longrightarrow \text{NCO}-\bigcirc-\underset{\text{CH}_3}{\overset{\text{CH}_3}{\text{C}}}-\bigcirc-\text{OCN}+2\text{HBr} \quad (1\text{-}6)$$

影响合成反应的主要因素有：原料配比、溶剂和催化剂的种类与用量、反应温度和时间、加料顺序等。一般双酚A与溴化氰的配比为1∶2.5（物质的量比），反应温度为–5～5℃，反应时间约为2h。通过优化配方和工艺，产率可高达92%。

1.1.2 氰酸酯树脂的性能

1. 氰酸酯单体的性能及种类

1）物理特性

单体是一种白色结晶的固体，纯度高，熔点低，可溶于各种常见的溶剂。树脂也可溶于各种常见的低沸点溶剂，其与不饱和聚酯、环氧树脂、双马来酰亚胺等常见的热固性树脂具有很好的相容性。

2）化学反应特性

氰酸酯树脂和单体，可以在相对温和的条件下和含有活泼氢的化合物（如多元醇、胺、羧酸等）发生加成反应。

氰酸酯树脂和单体可单靠自身来聚合，在加热时，通过三聚成环反应，形成交联聚合物，固化过程中没有挥发性的副产物生成。固化反应可用多种金属有机化合物和壬基酚来催化，通常并用这两类催化剂。文献[15]的研究表明，在固化初始阶段，树脂链段运动能力较大时，金属催化剂十分有效，在接近玻璃化时，酚类化合物比金属离子的催化作用要有效得多。研究还发现，增加催化剂的用量，通常会降低固化物的玻璃化温度，催化剂的种类对固化物的玻璃化温度也有影响。

基体树脂在室温（20～30℃）下的储存期可以分为两种情况进行讨论。一是未加入引发剂、催化剂的情况；二是加入了引发剂、催化剂的情况。

在第一种情况下，树脂体系的储存期为15天。新配制的树脂的黏度小于0.1Pa·s，并在10天内保持黏度小于0.5Pa·s。18天时，黏度值为0.86Pa·s，随后，黏度值增大速度加快，21天时，黏度值超过1Pa·s。树脂黏度的这种平稳变化—加速增大的现象，我们认为主要是由于体系中没有加阻聚剂，苯乙烯、二乙烯基苯在储存期内发生了自由基反应造成的。

在第二种情况下，即加入了引发剂、催化剂的体系，不饱和双键的聚合反应及BADCy的三嗪环化反应趋势都得到加强，体系的储存期极大地缩短了。实验观察到配胶后体系的黏度缓慢变大，2天后增大的趋势加快，3天后，树脂的黏度η大于1Pa·s。这说明：加入引发剂、催化剂后树脂体系的储存期至少可以达到2天。

对BADCy原料进行了HPLC和FT-IR分析。通过对不同批次的原料分析，从色谱图（图1-1）中可以看出原料中含有三种杂质。结合UV和FT-IR分析，我们判断这三种杂质是单氰酸酯、酚型杂质和水型杂质（氰酸酯与双酚A的反应产物和与水的反应产物）。这三种杂质的物理行为及其对树脂的加工性能和固化树脂的最终性能的影响各不相同。单氰酸酯与二氰酸酯单体之间有非常好的相容性，几乎没有办法把它分离出去，它主要降低了固化树脂的交联密度，含量较大时，会引起耐热性和力学性能下降；酚型杂质在二氯甲烷中溶解度较小，可以将它部分地分离出来；水型杂质的分离提纯十分困难。后两种杂质的结构如下所示。

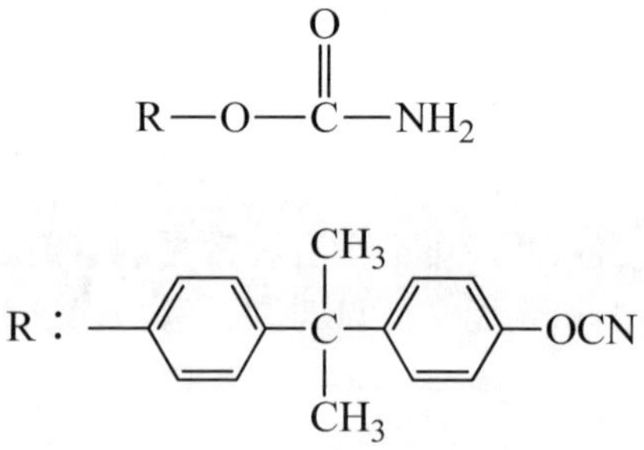

R—O—C(=O)—NH_2

R：—C_6H_4—C(CH_3)$_2$—C_6H_4—OCN

酚型杂质结构

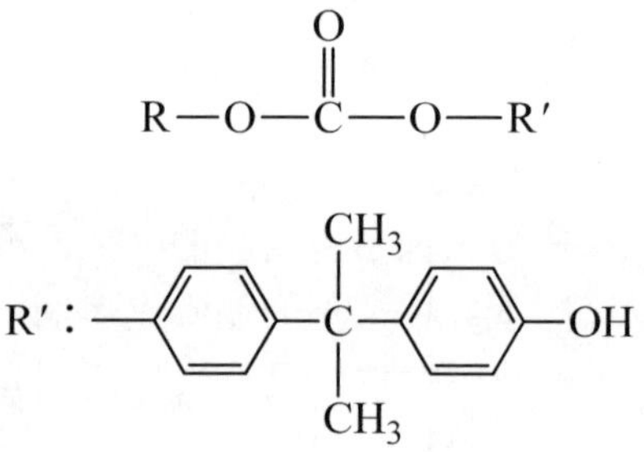

R—O—C(=O)—O—R′

R′：—C_6H_4—C(CH_3)$_2$—C_6H_4—OH

水型杂质结构

电压/mV
时间/min
1.682　2.507　2.848　3.332　3.748　3.882　4.332　4.882　5.107　6.332

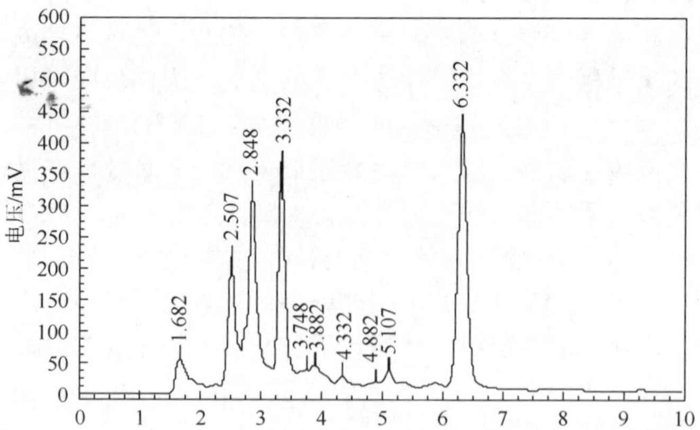

图1-1　BADCy的HPLC流出曲线

两种杂质对固化树脂的性能的影响是相同的，它们都降低了其耐热性、力学性能，特别是对湿热稳定性的影响最大。而它们对工艺性的影响却存在着差异。它们之间的相同点是：①它们都能催化三嗪化反应；②对研究的 BADCy-苯乙烯-二乙烯基苯体系，它们都对双键的聚合反应起阻聚作用。它们之间的不同点是：①酚型杂质熔点高，与苯乙烯相容性很差，常常导致树脂放置即变浑浊，黏度很快增大，工艺性恶化；②水型杂质在树脂体系中起了增容剂的作用，它使体系黏度变得很小，并且对储存期的影响也不大；③酚型杂质的熔点高，在固化树脂中主要起增塑作用，在固化时几乎不分解，而水型杂质在温度超过 150℃时即开始分解，并有气体放出，导致浇铸体内部有气泡，表面不平整，固化树脂的耐热性和力学性能大幅度下降。

在研制高性能的氰酸酯树脂基体中，应将这两种杂质的影响减少到最小。遗憾的是，目前还没有一种好的方法可以把这两种杂质从氰酸酯中分离出去。

3）氰酸酯树脂种类

氰酸酯树脂单体在室温下多为固态或半固态物质，只有少数品种为液态树脂。氰酸酯单体和预聚体可溶于常见的溶剂如丙酮、氯仿、四氢呋喃等，并且对常用的增强纤维，如 Kevlar 纤维、玻璃纤维、碳纤维等有良好的浸润性，因此具有优良的黏结性、涂覆性及流变学特性。氰酸酯具有与环氧树脂相近的工艺性，不但可用传统的成型工艺如注塑、模压等成型，也可采用缠绕、热压罐、真空袋和树脂传递模塑用于先进的宇航复合材料成型。相比于其他高性能树脂基体如 BMI 的高固化温度，氰酸酯具有优异的工艺性和可操作性。

表 1-1 为部分已商品化的氰酸酯树脂单体及固化物的性能[14]，可以看出双酚 A 氰酸酯的综合性能较好，要了解更多单体的性能可参阅文献[13]。

表 1-1　氰酸酯树脂单体及其聚合物性能

结构	商品名	供应商	外观	熔点/℃	T_g/℃	ε
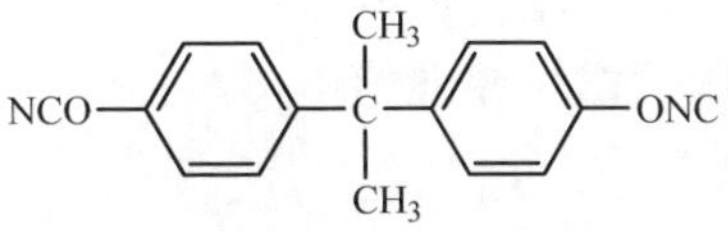 CH_3 NCO—C—ONC CH_3	AROCy B BT-2000	Ciba-Geigy/ Mitsubishi GC	晶体	79	289	2.91
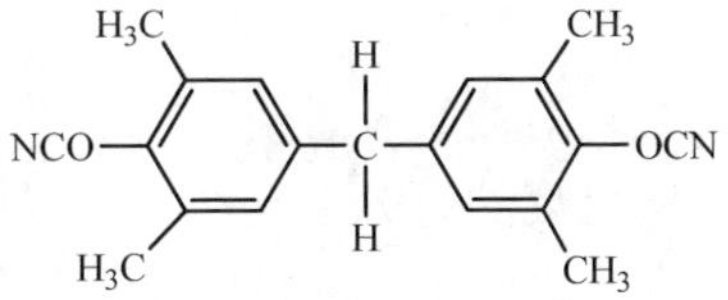 H_3C　H　CH_3 NCO—C—OCN H_3C　H　CH_3	AROCy M	Ciba-Geigy	晶体	106	252	2.75
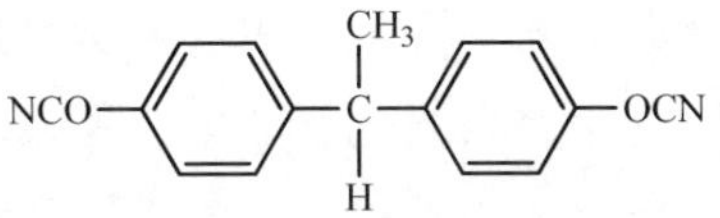 CH_3 NCO—C—OCN H	AROCy L	Ciba-Geigy	晶体	29	258	2.98

续表

结构	商品名	供应商	外观	熔点/℃	T_g/℃	ε
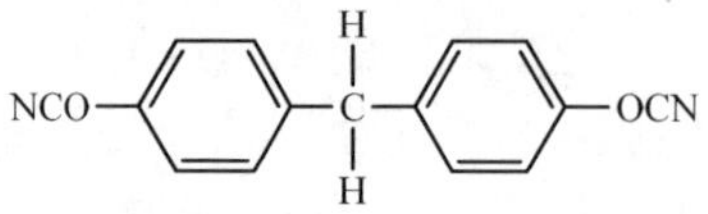 NCO– –C(H)(H)– –OCN	AROCy M	Ciba-Geigy	晶体	108	—	—
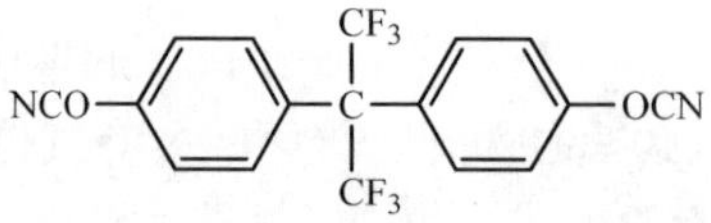 NCO– –C(CF_3)(CF_3)– –OCN	AROCy F	Ciba-Geigy	晶体	87	270	2.66
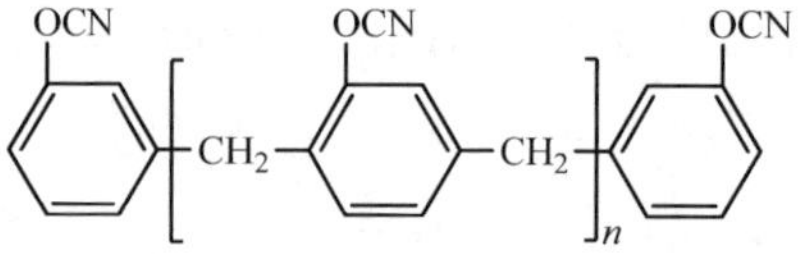 OCN, OCN, OCN; CH_2, CH_2; n	Primaset PT REX-371	Allied-signal/ Ciba-Geigy	固体、液体	—	350	3.08
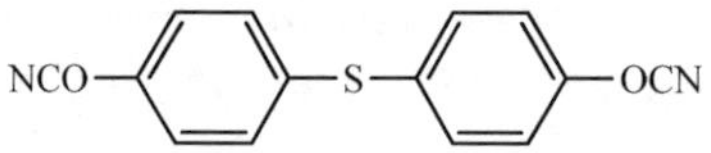 NCO– –S– –OCN	AROCy T	Ciba-Geigy	晶体	94	273	3.11
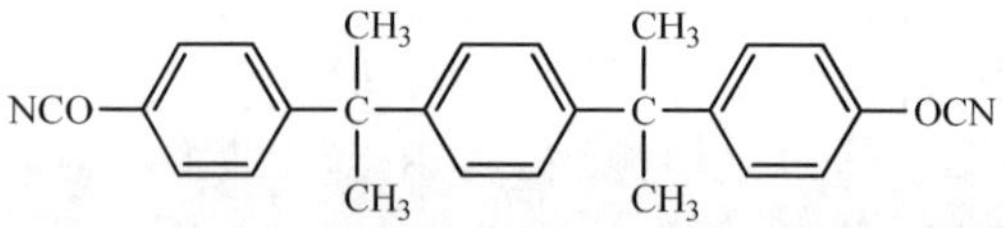 NCO– –C(CH_3)(CH_3)– –C(CH_3)(CH_3)– –OCN	RTX-366	Ciba-Geigy	晶体	68	192	2.64
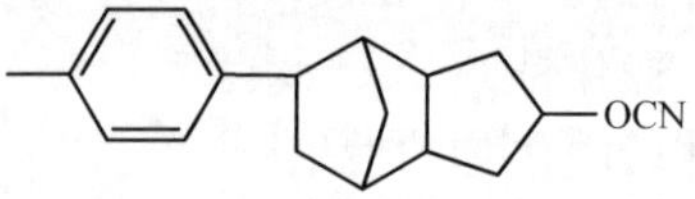 –OCN	Xu-71787	Dow	半晶态	—	244	2.8

氰酸酯树脂固化反应的特点是固化温度较高，固化时间长。对于双酚A型氰酸酯树脂而言，其固化起始温度为117℃，固化结束温度为250℃，完全固化并经后处理需13h以上[26]，这给其工艺带来一些问题。在加入催化剂的情况下，可以降低固化反应温度并缩短固化时间，从而改善其工艺性。本书对近十年来CE固化反应机理及固化催化剂的研究与应用成果做了比较详细的综述，希望为选择合理的固化工艺、提高CE固化树脂的性能提供参考。

2. 氰酸酯的固化

氰酸酯比较常用的固化方法有自身热固化法、活泼氢及过渡金属盐催化固化法和与其他物质共聚固化法等，这些方法在反应机理的研究上已经比较成熟。从理论上讲，绝对纯的氰酸酯树脂单体自身是不会发生三聚成环反应而固化的[27]。固化树脂往往存在力学性能较差的缺点，适当采用催化剂可以有效地降低氰酸酯树脂的固化温度，使固化进行得更完全，也有可能提高固化氰酸酯树脂及其复合材料的力学和介电性能。

在加热或使用催化剂的情况下，氰酸酯树脂单体分子间通过发生三聚反应生成三嗪环结构。若单纯靠热固化得到高转化率，需要较高的固化温度和较长的固化时间，因为高纯度的氰酸酯单体在热作用下生成三嗪环的反应非常困难[24]。关于氰酸酯的固化，研究者提出了几种不同的反应机理，Simon 等[28]认为不加催化剂的氰酸酯树脂单体是通过自催化机理进行的，自催化机理为三级反应，环境中的水分和单体中杂质如残余的酚等起到催化作用[29]，其自固化机理如式（1-7）所示。由于氰酸酯的热固化过于缓慢，因此氰酸酯树脂的催化剂固化研究成为该领域内的研究热点和重点。常用和效果较好的催化剂体系有过渡金属有机配合物[24, 30, 31]、过渡金属-烷基酚有机金属配位化合物[32]等。过渡金属催化氰酸酯的固化机理基本是先利用催化剂中过渡金属的空轨道或富余电子对与氰酸酯形成配合物，从而提高体系的反应活性，使氰酸酯之间的聚合反应进行较为容易，在成环反应完成后催化剂再从体系中脱离出来。催化剂的作用主要在于降低体系的反应活化能，使体系在较低温度和较为缓和的条件下完成反应，可以改善氰酸酯体系的成型工艺，同时体系的力学性能还得到了很大改善[31]。过渡金属催化氰酸酯的反应历程如式（1-7）所示。必须指出的是，目前常用的催化剂对氰酸酯也存在不利的影响，如固化后体系中残余的酚和一些过渡金属催化剂对氰酸酯的耐湿热性能有一定的影响，因为它们对氰酸酯的湿热降解有一定的催化作用。因此研究新型高效而对氰酸酯副作用又小的催化剂将成为实现氰酸酯大规模应用的一个重要方向。

（1-7）

3. 氰酸酯固化物的性能

氰酸酯树脂固化物具有高 T_g（270～290℃）及相对环氧树脂和 BMI 树脂等具有较高的韧性性能特征，其在耐高温的高性能树脂中韧性是较高的。这主要是由于氰酸酯固化物的独特结构，即固化网络中具有较高的交联密度，同时含有醚键以及较大的自由体积。另外，氰酸酯树脂优异的介电性能（在 25℃、1MHz 下，ε 为 2.64～3.11、$\tan\delta$ 为 1.8×10^{-3}）在高 T_g 树脂中也是非常难得的，这可能是由于聚氰酸酯网络中高度的对称结构、弱的偶极作用以及大的自由体积[33]。

氰酸酯树脂的韧性介于 BMI 树脂或多官能团环氧树脂与二官能团环氧树脂之间。拉伸伸长率为 2.5%～5.8%，断裂韧性（G_{IC}）值为 140～210kJ/m^2，是高性能热固性树脂中韧性较高的一类（与增韧后的 BMI 树脂相当）。氰酸酯树脂的强度和模量与二官能团环氧树脂相当，模量比其他耐温高于 200℃的热固性树脂低 10%～15%。对于耐高温热固性树脂来说，热稳定性是其最重要的性能之一。氰酸酯树脂固化后形成聚三嗪，其由于含有热稳定性接近苯环的芳香对称的三嗪环而具有很高的热稳定性[34-37]。Shimp 的研究小组[38-43]比较了各种商品氰酸酯树脂均聚物和不同树脂的热稳定性，结果表明氰酸酯树脂的热稳定性高于多官能团环氧树脂，与 BMI 树脂相当。已商品化的氰酸酯树脂的起始分解温度基本都超过 400℃，比目前应用最广的环氧树脂高。

氰酸酯树脂具有优异的吸湿性能。氰酸酯固化物的饱和吸湿率比环氧树脂、BMI 树脂及缩合型聚酰亚胺低很多。其中氰脲酸酯可耐沸水数百小时[38]。提高氰酸酯聚合物耐水性的关键是提高固化转化率，减少体系中未固化氰酸酯单体，因为未固化单体可能是引起氰酸酯固化物早期降解的根源。要提高氰酸酯转化率，选择合适的催化剂很重要[43]。芳基氰酸酯在酸性介质中会生成亚氨基碳酸酯并重排为氨基甲酸酯[44]。芳基氰酸酯与水的反应速率比异氰酸酯与水的反应速率低几个数量级，但氰酸酯的固化催化剂对此有一定的催化作用，水与氰酸酯基团的反应在材料制备和使用中仍是一个值得注意的问题[45]。同时，氨基甲酸酯的形成也是氰酸酯树脂热氧降解的关键，它可以促进树脂的降解。水分可以通过从溶剂、增强材料的携带等引入。

氰酸酯树脂优异的介电性能相比 BMI 树脂和环氧树脂等树脂具有较大的优势。在聚氰脲酸酯网络结构中，电负性大的氧原子和氮原子对称围绕电负性小的碳原子的结构平衡了电子吸引作用，使得偶极运动短暂，在电磁场中的储能小，所以吸湿率和介电常数都很小[46]。更难能可贵的是氰酸酯树脂介电性能在宽广的频率范围内变化很小，同时，吸湿以后树脂的介电性能变化也很小，这对于作为先进航空器上介质材料使用的基体树脂来说是不可多得的。另外，聚氰脲酸酯中没有强的氢键[47]，这也使氰酸酯的吸湿率和介电损耗都较低。氰酸酯树脂还具有优异的黏结性能，在高性能耐高温胶黏剂中的应用越来越广。氰酸酯树脂胶黏剂的优点包括与金属、玻璃和碳基材料等具有优异的黏结性[44]，比环氧树脂更高的湿热使用性能（约 180℃），同时还有固化收缩很小的优点。氰酸酯树脂耐化学腐蚀性能特别好，据 Shimp 等[46]报道，氰酸酯均聚物可耐各种化学药品及常用的航空油类，各种酸碱对它们的腐蚀也很小。将环氧树脂和氰酸酯树脂共混还可以有效提高耐碱性能。

1.1.3 氰酸酯树脂的反应

氰酸酯树脂官能团中碳原子处于强负电性的氧原子和氮原子之间，其正电性更强，这使得它容易受到亲核试剂的进攻，而处于末端的氮原子具有孤对电子，因而它又可以作为亲核试剂参与化学反应。因此，氰酸酯单体是具有较高化学活性的一类单体树脂，与很多物质都可发生反应[13]。本书只涉及对氰酸酯的固化反应有很大影响的反应。

1. 三聚成环聚合反应

氰酸酯树脂单体在热或催化剂的作用下发生三聚成环反应［式（1-8）］，这是研究者最为关注和研究得最多的关于氰酸酯树脂的反应。氰酸酯树脂通过三聚成环反应形成的高度交联的大分子网络赋予了固化物优异的力学性能、热性能和介电性能。

$$\left[NCO-C_6H_4-C(CH_3)_2-C_6H_4-OCN \right]_n \xrightarrow[\text{催化}]{\triangle} \text{(三嗪环：N}\equiv\text{CO—R—O—, —O—R—OCN)} \xrightarrow{\text{—R—O—C}\equiv\text{N}} \text{(三嗪环交联网络，—O—R—O— 连接)} \tag{1-8}$$

目前，氰酸酯固化最常用的催化剂体系为过渡金属盐、羧酸盐或螯合物，以活泼氢化合物如壬基酚作为共催化剂使用[13, 14, 16]。某些过渡金属离子（如锌、锡等）由于具有低配位数和其络合体的高活动能力而表现出高催化活性[27]。

虽然氰酸酯树脂的理论研究和应用研究已经有相当长的时间，但是研究者对其三聚成环反应机理仍有争议[45]。迄今为止，学者们提出了多种理论，主要包括氰酸酯与活性中间体的逐步反应机理和中间体的环三聚机理。在氰酸酯树脂与活性体的逐步反应机理中，已报道的活性体有碳酸酯酰亚胺以及各种氰酸酯-Lewis 酸配合物等[46-48]。在后一机理中，一个金属离子与三个氰酸酯基团形成配位体，由于三个氰酸酯基团相距足够近从而可以形成氰脲酸酯，氰酸酯的成环机理可以是逐步聚合机理[49]，也可以是阴离子引发的离子机理[50]。

2. 氰酸酯与水的反应

氰酸酯树脂单体与水的反应是氰酸酯在固化过程中另一个对氰酸酯性能有重要影响的反应。在热、酸催化或金属有机化合物催化条件下，氰酸酯可以水解生成氨基甲酸酯，这个反应是一个定量反应[51]［式（1-9）］。氰酸酯在碱性条件下水解为相应的酚[52]［式（1-10）］。水对氰酸酯固化反应的影响较为复杂，一方面它可以加速氰酸酯的三嗪环化聚合反应，缩短凝胶时间；另一方面，对于固化树脂及其复合材料，水的存在可以引起材料的性能改变，降低氰酸酯固化树脂的 T_g，并且生成的产物性能不稳定，容易受热分解，会对氰酸酯聚合物的性能及结构造成破坏[53]。

$$R—CN + H—OH \longrightarrow R—O—\overset{\overset{\Large NH}{\|}}{C}—OH \rightleftharpoons R—O—\overset{\overset{\Large O}{\|}}{C}—NH_2 \qquad (1\text{-}9)$$

$$R—OCN+H—OH \longrightarrow R—OH+NH_3+CO_2 \qquad (1\text{-}10)$$

3. 氰酸酯与酚类的反应

在氰酸酯体系中酚可以起不同的作用，首先氰酸酯与酚在一定的条件下可以直接反应，生成亚氨基碳酸酯化合物，如式（1-11）所示。而按照氰酸酯的反应理论，亚氨基碳酸酯可以作为一种活性中间体，在热的作用下进一步与氰酸酯反应生成三嗪环[54, 55]。在聚氰酸酯的交联网络中，酚可以直接连接到三嗪环上，导致交联点中断和链终止［式（1-12）］。当酚的含量较小时（<10%），氰酸酯与酚的副反应产物（亚氨基碳酸酯、链中断等）对氰酸酯聚合物性能的影响较小。另外，在氰酸酯的固化反应过程中常常使用酚作为氰酸酯的共催化剂[56]，可以提高氰酸酯的催化效率，改善氰酸酯的工艺性，这是酚的存在对氰酸酯的正面影响，从这方面来说希望体系中有酚存在；同时在氰酸酯固化体系中存在的酚在湿热条件下对氰酸酯的降解也有一定的催化作用，造成氰酸酯的性能下降，从这个意义上来说又期望减少酚的存在。

$$R—OCN + R'—OH \longrightarrow R—O—\overset{\overset{\large NH}{\|}}{C}—O—R' \quad (\text{亚氨基碳酸酯})$$

$$3R—OCN + R'—OH \longrightarrow \begin{cases} \text{2,4,6-三(R—O)-1,3,5-三嗪} + R'—OH \\ \text{2,4-二(R—O)-6-(R'—O)-1,3,5-三嗪} + R—OH \end{cases} \qquad (1\text{-}11)$$

$$R—OCN + R'—OH \longrightarrow \text{三嗪环网络结构（端基为 O—R'—OH）} \qquad (1\text{-}12)$$

4. 氰酸酯与胺的反应

氰酸酯树脂与胺的反应与两者的官能团含量比例有关，比例不同反应机理也会有差异。当两种官能团的含量相当时，主要得到亚氨基碳酸酯结构，如果是二元胺，将得到聚异脲化合物［式（1-13)］。当胺的含量超过—OCN 的含量时，过量的胺不参加反应。

$$R—OCN + R'—NH_2 \longrightarrow R—O—\overset{\overset{\large NH}{\|}}{C}—NH—R' \longrightarrow R—O—\overset{\overset{\large NH}{\|}}{C}—\underset{\underset{\large R'}{|}}{N}—\overset{\overset{\large NH}{\|}}{C}—O—R \qquad (1\text{-}13)$$

当含量很少时，胺在氰酸酯的固化过程中可以起到固化催化剂的作用，体系中的主要反应是氰酸酯的三嗪环化聚合。首先是胺进攻—OCN 基团中的 C 原子，氰酸酯进行逐步加成反应，生成异脲、胍等结构，然后在热作用下加成物消除胺或醇，并发生三嗪环成环反应。另外，反应产物的结构同样与—NH_2的含量有关，当—NH_2的含量较低时，反应产物为芳氧基取代三嗪；当—NH_2含量较大时，反应倾向于生成芳氨基取代三嗪[57]。

5. 氰酸酯与环氧化合物的反应

氰酸酯与环氧化合物的反应是目前氰酸酯的反应中研究较多和较为成熟的一个反应。此课题中围绕双酚 A 氰酸酯与环氧树脂的反应已经有比较成熟的理论。首先 Bauer 等[58, 59]在 1989 年提出至今仍被广泛接受的完整的反应机理，此反应机理于 1992 年由 Shimp 等[46]所证明。Bauer 等提出的反应机理认为，氰酸酯与环氧的共聚交联反应主要有如下 6 个步骤[60]：

（1）CE 三聚成环。

（2）三嗪环与环氧基反应生成烷基氰脲酸酯。

（3）烷基氰脲酸酯异构化为异氰脲酸酯。

（4）异氰脲酸酯与环氧基反应生成噁唑啉酮。

（5）烷基消除反应生成酚。

（6）环氧基与酚加成。

其他一些研究者对此做了进一步研究，也获得了相似的结果[61]。该反应机理的核心是三嗪环优先于噁唑啉酮环的生成，三嗪环的成环反应可以在相对较低的温度下进行，因为氰酸酯官能团具有比环氧官能团高得多的活性，在低温下，氰酸酯基团易于和杂质（存放时吸收的水、单体合成时残余的酚等）发生反应，其反应产物在加热条件下进一步催化三嗪环化反应[62-64]。噁唑啉酮环的生成要经历三嗪环的开环与重排，需在较高的温度下才能生成。

另外，还有一部分研究者[65-67]提出了与 Bauer 等[58-60]提出的反应机理完全不同的机理，他们认为噁唑啉酮环结构可以由单体直接反应生成，其核心就是氰酸酯树脂单体首先与环氧树脂直接反应生成噁唑啉结构，然后噁唑啉环再重排生成噁唑啉酮环结构。提出该理论的研究者认为重排过程是迅速的，但由于缺乏有力的表征手段和可靠的实验证据，该观点目前还存在争议，需进一步研究[68]。

1.1.4　氰酸酯树脂的发展历程

氰酸酯树脂的商品化，为其实际应用打下了良好的基础，进而推动了大量不同类型氰酸酯的出现，酚醛型氰酸酯树脂的面世就是一个很好的例证。

1969 年，Grigat 等[69]报道了利用线性酚醛树脂合成氰酸酯树脂的专利成果。这是继成功合成双酚 A 型氰酸酯之后，CE 发展史上发表的第一篇关于酚醛型氰酸酯的文献报道。文献中以特定的物质的量比，在 0℃左右，将三乙胺逐滴滴加到卤化氰和线性酚醛树脂混合液中进行反应，产率高达 90%。缺点是产物的热稳定性差。

1971 年，Basil 等申请了以低聚合度聚苯醚的端羟基氰酸酯化来合成氰酸酯树脂的专利[70]。此后，又有许多化学家[13, 52, 71-74]报道了利用各种含有酚羟基的低聚物、线性高聚物（如聚碳酸酯、聚苯醚等）制备多种氰酸酯，以及用氟代烃、乙烯基酚类化合物合成氟取代、多官能团氰酸酯树脂。

1977 年，Bayer 公司采用卤化氰-酚法合成双酚 A 型氰酸酯单体，开始了多官能团氰酸酯单体的工业合成。

随着研究工作的深入和科学技术的进步，到了 20 世纪 80 年代后，氰酸酯树脂的合成方法的研究已基本趋于成熟，各公司不断开发出了具有实用价值的氰酸酯树脂产品，得到了具有多种结构、各种性能的氰酸酯树脂及改性体系。

在该时期，酚醛型氰酸酯树脂的合成也出现了新的转机。1983 年和 1984 年，日本连续公布了两项这方面的合成专利[75, 76]。专利中采用新工艺，先将线性酚醛树脂与三乙胺反应成盐，所得的盐再与卤化氰反应生成酚醛型氰酸酯树脂单体。但两项专利的缺点是要求原料酚醛的相对分子质量小于 450，且单体凝胶时间短，凝胶过程产生烟气，不具有通用性。

欧洲及北美洲一些发达国家对酚醛型氰酸酯树脂也陆续有文献报道[77]，归纳起来存在的问题都是单体不稳定，凝胶时间短，固化过程烟气挥发量大，常规方法难以固化成型，且固化产物机械性能差，难以推广应用。

美国联合信号公司（Allied Signal Inc.）的 Sajal[78]采用新工艺于 1989 年首次成功合成相对稳定的酚醛型氰酸酯树脂单体。在 155℃时，凝胶时间达到 20min，固化产物热分解温度高（450℃）。20 世纪 90 年代初，该公司再次改进了合成方法，在提高单体树脂纯度的基础上，实现单体树脂在 200℃时凝胶时间大于 10min，成功将该技术市场化。瑞士 Lonza 公司购买此专利，推出 Primaset PT 系列产品。同时期，Ciba 公司（牌号为 REX2371，相当于 PT230）也有少量酚醛型氰酸酯产品进入市场[79]。

1.2 氰酸酯树脂的特性

氰酸酯树脂在加热和催化剂作用下发生三嗪环化反应，生成含有三嗪环的高交联密度网络结构的大分子。这种结构的固化氰酸酯树脂具有低介电常数（2.8～3.2）和极小的介电损耗角正切值（0.002～0.008），高玻璃化温度（240～290℃），低收缩率，低吸湿率（<1.5%），优良的力学性能和黏结性能，而且它具有与环氧树脂相似的加工工艺性。其可在 177℃固化，在固化过程中无挥发性小分子生成，可

用在高速数字及高频印刷电路板、高性能透波材料和航空航天用高性能结构复合材料树脂基体[7, 8, 80-83]。

CE 的韧性介于 BMI、多官能团 EP 与二官能团 EP 之间，其断裂伸长率为 2.5%～3.8%，断裂韧性值为 140～210J/m^2，与增韧后的 BMI 树脂相当。虽然 CE 树脂的韧性在高性能热固性树脂中相对较高，但是对某些应用场合而言，其断裂韧性（包括相应复合材料的损伤容限）还很不理想，故 CE 树脂的应用范围受到限制。为了拓宽 CE 树脂的应用范围，对其进行增韧改性已成为该领域的研究热点之一[21]。

1.3 氰酸酯树脂的应用

上述优异的性能，决定了氰酸酯树脂不仅作为改性剂使用，还在高性能技术领域内具有广泛的应用潜力。在欧洲及北美洲一些发达国家，已出现了一批氰酸酯预浸料体系，有些已应用在高速印刷电路板、高性能透波材料、航空航天结构材料、低温油箱、高性能雷达罩、高增益天线、光电装置的高速基材、隐形航空器及结构复合材料等诸多领域[84]。

1.3.1 在改性剂方面的应用

可利用氰酸酯树脂的一些特异性能优势，对某些性能不足的树脂进行改性，以提高其综合性能和应用范围。目前在这方面研究最多的是用氰酸酯对环氧树脂和双马来酰亚胺树脂的改性[80]。

环氧树脂是一类综合性能优良的树脂，在复合材料中得到了广泛的应用。但是由于环氧树脂基体中含有大量固化反应生成的羟基等极性基团，其固化物的吸湿率较高，在湿热环境下力学性能显著下降。而利用氰酸酯改性环氧树脂后，其固化分子中不含羟基、氨基等极性基团，使得固化物的耐湿热性能得到了较好的改良，而且其共聚反应生成的五元噁唑啉杂环和六元三嗪环结构，使其固化物有较好的耐热性；固化物分子中含有大量的—C—O—C—醚键，故又具有较好的韧性。

氰酸酯官能团和缺电子不饱和烯烃之间的反应，是氰酸酯改性的一种重要的方法。已商品化的 BT 树脂系列就是一类氰酸酯和双马来酰亚胺树脂的反应产物或混合物。BT 树脂的固化物既提高了 BMI 树脂的抗冲击强度、电学性能和加工工艺操作性，也改善了氰酸酯的耐水解性，BT 树脂固化物的耐热性介于 BMI 树脂和氰酸酯树脂之间。

1.3.2 在雷达罩中的应用

雷达天线罩是雷达的一个结构功能部件，它保护雷达天线在恶劣环境条件下能够正常工作，除了要求天线罩能经受住飞行器在飞行过程中产生的气动加热、气动载荷和雨、雪、风沙等恶劣环境的侵蚀外，更重要的是要求具有优良的高透微波性能，以尽可能不失真地透过电磁辐射波，这除了需要精确和理想的外形、壁结构设计和精细的天线制造技术外，还取决于天线罩材料所具有的各种良好性能。低的介电常数和介质损耗角正切值是对先进雷达罩介质材料最基本的要求[85]。

制造雷达罩的材料最初选用的是不饱和聚酯（UP），随着对性能要求的提高，EP 和 BMI 逐渐成为主要的材料，但对于在 600MHz～100GHz 的高频率范围内工作的雷达罩来讲，要求基体树脂的介电常数 $\varepsilon<3.5$，介质损耗角正切 $\tan\delta<0.01$，玻璃化温度 $T_g>150$℃，并且具有优良的耐湿热性能[86]。上述三种树脂已经不能同时满足这些要求。目前已有公司将氰酸酯成功地应用于雷达罩，如 BASF 公司的一种氰酸酯/石英纤维预浸料，以这种预浸料作蒙皮，以 X6555 泡沫为芯层，以 METALBOND2555 结构膜为胶黏剂做成的雷达罩，比 EP 和 BMI 做的雷达罩介质损耗减小了 2/3，介电常数降低 10%，并且介电性能几乎不随频率和温度的变化而变化，吸湿率更小，湿态介电性能更佳，工艺更简单[87, 88]。Hexcel 公司[89]的石英纤维/HX1584-3 或玻璃纤维复合材料，具有非常低的介电常数和介质损耗角正切，可用于高透波雷达天线罩。房红强[90]认为，Dow 化学公司的 XU-71787CE 具有独特的分子结构，微波介电性能极佳，吸湿率很低，尺寸稳定性较高，工艺性能优良，是性能优良的雷达天线罩基体树脂。

1.3.3 在宇航结构部件中的应用

美国 Narmco 是最早尝试将商品化的氰酸酯复合材料应用于宇航领域的公司，该公司推出了一种用碳纤维增强的其他树脂改性后的氰酸酯体系的复合材料，命名为 R-5245C，但是该复合材料存在易开裂等问题。后来，一些供应氰酸酯树脂基复合材料预浸料的公司，在氰酸酯树脂中加入 T_g 高于 170℃的非晶态热塑性树脂，使体系在保持优良耐湿热性能和介电性能的同时，冲击压缩强度（compress after impact，CAI）有较大的提高，达到 240～320MPa，从而有效地解决了复合材料的易开裂问题。

氰酸酯树脂可作为宇航中常用的泡沫夹芯结构材料使用，泡沫夹芯结构材料在使用和存放过程中，湿气易通过表面层渗入泡沫芯层，在高温或存在交变应力环境下使用时容易导致结构性破坏。因此，氰酸酯树脂基复合材料的制备需采用特殊的处理工艺，通过铺层前充分烘干、用再生聚芳酰胺纤维作增强材料、选用特殊的催化剂和提高固化温度可解决以上问题。Hexcel 公司在氰酸酯树脂中加入适量的热塑性树脂、发泡剂和表面剂，制得了一种泡沫结构材料，它的耐热性、耐湿性均优于聚甲基丙烯酰胺（PMI）等泡沫材料。岑潭[91]报道了另一种泡沫复合材料，操作方法是在中空的陶瓷微球外包覆一层氰酸酯树脂薄膜，成功地使体系的 CTE 降低到 $1.3\times10^{-5}K^{-1}$，并且在 173～230℃时材料还能够保持较高的机械强度，该复合材料可应用于宇航飞行器支撑板、承力结构件等。

酚醛型氰酸酯的玻璃化温度接近 400℃，高于 BMI（260℃）和聚酰亚胺树脂（315℃）。高玻璃化温度意味着材料在较高的温度下力学性能保持率高，Facciano[92]报道了 Raytheon 导弹系统公司认为酚醛型氰酸酯在用作对空拦截导弹（AIM）壳体材料时的性能优于 BMI 和聚酰亚胺树脂，并且它还具有易于成型制造和低成本的优势。

1.3.4　在高性能印刷电路板中的应用

随着现代电子技术的发展，电路板集成度的提高，工作频率范围扩大，要求电子元件有更高的信号传播速度和传输效率，这样就对作为载体的印刷电路板（printed circuit board，PCB）提出了更高的性能要求，即必须具有极佳的性能，其介电常数和介电损耗角正切值必须控制在一个较低的范围内（$\varepsilon<4.0$ 和 $\tan\delta<0.01$），同时由于电路集成密度的提高，电子元器件因为功率耗损而放热，为保证电路工作的可靠性，印刷电路板应具有耐高温性能（$T_g>180$℃）、较好的尺寸稳定性（$CTE<80\times10^{-6}m/℃$）、低吸湿率和良好的耐腐蚀性能[93]。这些要求氰酸酯都能达到，因而其得到了广泛的应用。氰酸酯基 PCB 主要用于高频率、高速度的先进电子仪器，如大型电子计算机、高速个人计算机、人造卫星地面站、卫星通信系统、军用电子产品等[94]。

宇航电子技术的发展，要求信号传输的速度更快，介质损失更小。作为电子元件的载体，PCB 必须具有极佳的电绝缘性能[95]，即介电常数和介质损耗角正切值必须控制在一个较低的范围内。同时由于电路集成密度的提高，电子元器件因为功率耗损而放热，为保证电路工作的可靠性，PCB 必须具有耐高温性（$T_g>180$℃）、较好的尺寸稳定性（线性膨胀系数低）、低吸湿率和良好的耐腐蚀性能。传统的 PCB 采用的是 EP、PI 和聚四氟乙烯（PTFE），前两者存在介电性能较差、吸湿率高的缺陷。CE 基 PCB 与 PTFE 基 PCB 相比，虽然其介电性能和耐热性不如后者，但 CE 基 PCB 具有与 EP 相近的工艺性、高尺寸稳定性和无须使用昂贵的萘化钠蚀刻液，其介电性能和耐热性已足以满足当前高性能 PCB 的要求，完全可以取代 PTFE 基 PCB[96]。而且，与以上三种树脂比较，CE 可极大地提高信号传输速度，且传输速度不会因电流长时间发热而降低。美国 AT & T 公司和 IBM 公司等均使用改性的 CE 作为 PCB 的基体树脂及芯片封装材料。

1.3.5 在隐身材料中的应用

在海湾战争和北约对南联盟的轰炸中，美国 B-2A 隐身轰炸机和 F-117A 隐身战斗机引起了人们极大的兴趣，由此各国掀起了研究隐身材料的热潮。隐身的关键是减小飞行器的雷达散射截面（RCS），从而产生低可视性。隐身技术包括外形技术和材料技术，二者必须配合使用，其中材料技术又可分为雷达吸波涂层和结构吸波材料。目前，关于隐身材料的具体设计很多，其中较为成熟的理论是：用透波性好、强度高的复合材料做表面层，以蜂窝状结构为夹芯，在夹芯壁上涂以吸波层或在夹芯中填充轻质泡沫吸波材料。透波表面层的厚度为 1/4 波长的奇数倍，这样，电磁波透射到表面层，部分反射（反射波 1），部分透射，透射波再经吸波基板反射（反射波 2），反射波 1 与反射波 2 相位相反，相互抵消，防止了反射（反射波 1 和反射波 2 均极其微弱），从而达到了隐身的目的。CE 的透射率极高，透明度好，是制作透波层的极佳材料。美国亨茨维尔特殊公司研制的另一类型雷达吸波材料，以高分子聚合物为基体，均匀分布氰酸酯的晶须，用晶须来切断入射雷达波信号并吸收大量能量，通过在此过程中产生热量来消耗吸收的能量，从而达到隐身的目的。

1.3.6 在人造卫星上的应用

卫星结构材料与其他宇航材料有明显的差别。卫星结构材料要解决的主要问题是在满足强度的要求下，尽量提高刚度。

卫星结构材料要求材料具有高的比强度、比刚度及低的热膨胀系数（CTE）、低逸气、高的尺寸稳定性、耐高低温交变、在各种空间环境因素作用下性能稳定且持久，对某些部件还要求良导热性、耐火性、耐原子氧侵蚀、抗碎片击穿及耐粒子辐射。值得指出的是，卫星结构材料在大气层外真空和高低温度交变环境下，易于受树脂中残余挥发组分逸出的损害，氰酸酯树脂固化过程中的加聚反应模式和分子结构的耐湿特性减少了固化物中残余挥发物的产生。

卫星在大气层外真空和高低温交替的环境下，易受树脂中残余挥发成分的损坏，挥发物覆盖在光学和电子部件的表面而使其失去功能。CE 的聚合反应属于加聚反应，聚合过程中无低分子物等挥发成分放出，因而可避免此问题。此外，CE 基复合材料的高尺寸稳定性、抗辐射能力、抗微裂纹能力等优异性能使其在卫星材料中的应用日益扩大，广泛用作先进通信卫星构架、抛物面天线、太阳能电池基板、支撑结构、精密片状反射器和光具座等。例如，Smolin 等[35]报道了 Fiberite 公司生产的一种用活性端基聚硅氧烷增韧改性的 CE，其可在复合材料表面形成一层 SiO_2 膜，从而防止了材料因接触原子氧而受腐蚀。

Matsumoto[97]比较了 Rs-3 氰酸酯树脂和目前卫星结构普遍使用的环氧 TGMDA-DDS（Fiberite943）树脂增强高模量碳纤维复合材料单向层合板的抗湿性能及−196～100℃的热循环下的耐久性，结果表明 Rs-3 树脂具有很小的湿膨胀系数，即吸收如 Fiberite943 同样量的水分，尺寸变化小于 Fiberite943 树脂体系，并且 Rs-3 吸湿后力学性能的降低小于 Fiberite934，T_g 损失非常小。Rs-3 体系 100 次热循环后的微裂纹密度远低于 Fiberite934 体系，认为 Rs-3 体系的上述性能满足空间结构使用。

Robitaille[98]考察了 Rs-3 氰酸酯树脂的吸湿性、±120℃/1000 次热循环后的微观状态、介电性能，认为氰酸酯树脂能够提供较高的结构稳定性，性能优于环氧树脂，可作为卫星结构的基体材料。

Hoffman[99]等采用高导热 KI100 碳纤维［导热系数≥1000W/（m·K）］与 954 氰酸酯制作的先进多功能复合材料小型卫星运载舱，既满足了强度及导热性能要求，也达到卫星发射轻质/低成本的目的。Paul 等报道了 NASA 探测水星计划，探测飞行器将围绕水星运行 1 年，而飞行器的太阳帆板将经历至少 278 个日食周期，每个周期温度变化为−100～150℃，变化速率为 70℃/min，瞬时温度超过 270℃[100]。采用高导热高模量碳纤维增强经增韧改性的氰酸酯树脂作为太阳帆板结构材料，该材料经历高温后力学性能几乎没有下降，作者认为先进碳纤维/氰酸酯复合材料可用于研制接近太阳或火星、金星的高温飞行器结构件。Brand[101]考察了高模量碳纤维/氰酸酯树脂复合材料在尺寸稳定性方面应用的可能性，并将其与环氧体系作了比较，结果表明，氰酸酯复合材料力学性能与环氧体系相当，同时具有低于环氧体系的热膨胀系数、吸湿率。Harry[102]将 T800、M46J 纤维制成三维编织布，树脂基体为氰酸酯树脂，RTM 法成型了小型飞行器结构底座。

Mold[103]、Sabyasachi[104, 105]采用聚硅氧烷（PDMS）、纳米粒子对氰酸酯树脂进行改性，使改性体系在低地球轨道抵抗原子氧和等离子氧的腐蚀等方面有一定的改进。

1.3.7 在耐高温有机胶黏剂方面的应用

随着近代科学技术的发展，运载火箭、洲际导弹和航天飞机等空间运载工具以及飞机、汽车和船舶等交通工具都朝着质量轻、可靠性好、寿命长和能耗低的方向发展。这些新的设计思想对胶黏剂的性能，特别是对其耐高温性能提出了更高的要求，有些要求甚至是十分苛刻的。例如，现代超音速飞机（马赫数 Ma=3.0～3.5）所用的胶黏剂不但要有良好的综合性能，还必须具有足够的耐热性。在高速飞行中，蜂窝结构件的外表面局部温度高达 260～316℃，内部温度也高达 200～260℃，铝合金的最高使用温度是 180℃，所以在此高温条件下必须选用钛合金或碳纤维复合材料来制造蜂窝结构件。另外，为了提高电信号的传播速度，电子零件的密集安装使印刷电路控制板发热量增大，因而要求必须使用耐高温胶黏剂。

耐高温胶黏剂的主要品种有环氧树脂、酚醛树脂、聚氨酯、聚酰亚胺、有机硅和氰酸酯等[106]。环氧树脂是一种很好的胶黏剂，可用来黏结金属、陶瓷、玻璃、木材、混凝土及大部分塑料，已广泛应用于飞机、卫星、火箭、船舶、汽车、电子仪器、轻工和建筑等行业。酚醛树脂类胶黏剂由于其原料易得、价格低廉、生产工艺和设备简单，而且产品具有优异的力学性能、耐热性、耐寒性、电绝缘性、尺寸稳定性、成型加工性、阻燃性及低的发烟率，已成为工业部门不可缺少的材料。聚氨酯胶黏剂具有耐低温性、透明性和高黏结性，但通用型聚氨酯胶黏剂的耐水性和耐高温性能较差，限制了其在很多场合的应用。典型的热塑性聚酰亚胺胶黏剂是美国 NASALangley 研究中心 1980 年开发的 LARC-TPI。这种胶黏剂的 T_g 约为 250℃，热分解温度约为 520℃；室温和 232℃胶接钛合金的剪切强度分别为 36.5MPa 和 13.1MPa，232℃老化 3000h 后为 20.7MPa。美国的 Gen Electric 公司出品的硅橡胶密封胶 RTV-102，室温固化 24h，使用温度为 150℃。英国的 RTV-106 和 RTV-108 有机硅胶黏剂可在 350℃下长期工作，用于黏结电真空仪器外壳。

氰酸酯胶黏剂具有优异的介电性能，适用于电子工业电路板的黏结与封装。氰酸酯胶黏剂能与金属表面的羟基等基团形成化学键，因而对金属具有极好的黏结性。在固化过程中无小分子产生，可在低压和较低温度下固化成型。与环氧胶黏剂相比，氰酸酯胶黏剂在高温下使用不出现湿气或热降解，具有更高的耐热性、更好的介电性能、极小的吸湿性和良好的尺寸稳定性，是一类综合性能优异的耐高温胶黏剂。有研究表明，间苯二酚氰酸酯由于具有较高的交联密度和柔性的醚键而显示出较高的拉伸强度（124MPa）和模量（4.8GPa）及不明显的玻璃化转变。在室温时，这种胶黏剂对铝合金、不锈钢和钛合金等 3 种金属的胶接剪切强度达到 40MPa。在 204℃时经 233h 老化后，胶黏剂仍有较高的强度保持率，是一种耐高温胶黏剂[107]。

氰酸酯树脂用作胶黏剂具有独特的优点。首先由于结构高度对称，氰酸酯胶黏剂介电常数很低，非常适于电子工业电路板的黏结及封装。另外，氰酸酯胶黏剂对金属具有极好的黏结性，原因在于它能与金属表面的羟基等基团形成化学键，还可能与金属离子形成配合物。与环氧胶黏剂相比，CE 胶黏剂的优点在于，在高的使用温度下（如电子工业中金属线的焊接），不出现湿气或热的降解并且具有极优的介电性能。现已有很多电子工业模片连接用 CE 胶黏剂的应用实例[108-111]。

氰酸酯树脂很多情况下加入了环氧树脂，其目的在于增加胶黏剂对被粘物的适用性、增加韧性、降低成型温度及提高性能价格比。Shimp[108, 112-114]、Gorodisher[115]和 Grieve[116]在这方面做了很多工作，申请了多项专利。所述的体系包括氰酸酯树脂/多元酚缩水甘油醚[58, 112]、氰酸酯树脂/端环氧基热塑性树脂（聚砜、聚醚酰亚胺、聚芳醚等）[113, 114]等。Boyd[110]报道的胶黏剂包括氰酸酯树脂、多硅氧烷基（H_3SiO—）或脂环环氧树脂及促进升温固化的锡催化剂（如辛酸锡）。蓝立文[117]介绍的胶黏剂是一种 *Z* 轴导电胶黏剂，组分包括氰酸酯、环氧树脂（包括脂环环氧、有机金属催化剂及导电颗粒）和用于成膜的热塑性树脂。Pokorny 等[118]发明的氰酸酯胶黏剂加入环氧树脂增加黏性并用聚醚多元醇增韧，可以用作聚酰亚胺膜的黏结。为提高氰酸酯胶黏剂的韧性，还可以用其他韧性物与氰酸酯共聚。例如，Ryang[109]将端二级胺有机硅与氰酸酯预反应制得一种结构胶黏剂。双马来酰亚胺-氰酸酯共聚物曾用作制造切割砂轮时砂轮上的胶黏剂[117]，CE 的高耐热性使切割轮能在高速下工作。

人们用各种近代分析方法研究了 CE 树脂-基质的特殊界面。郭宝春等[107]用 X 射线光电子谱（XPS）研究了 CE-金属结合的界面化学。赵磊等[87]也用 XPS 手段研究了 CE 与金属基质（或硅片）之间的作用。小角度分辨的 XPS 结果显示，某些与厚度相关的性质会造成首层物质（由三嗪环与基质表面相互作用决定）表面吸附。为了研究胶黏剂界面相的结构形式，蓝立文[117]用原子力显微镜（AFM）研究了硅或铝表面的超薄双酚 A 二氰酸酯预聚物胶黏剂的结构细节。

Pokorny[118]以专利形式报道的 CE 树脂胶黏剂是很有吸引力的创新。该胶黏剂是一种强耐热且柔韧的胶黏剂。一般 CE 树脂与环氧树脂共混得到的胶黏剂不具备互穿网络结构。该专利最显著的特点就是形成了互穿网络结构。胶黏剂的组成包括 CE 树脂、脂环环氧树脂、多元醇及布氏（Bronsted）酸（引发剂）。布氏酸是能提供质子的路易斯酸，它是形成互穿网络结构的关键。它使环氧树脂先聚合，CE 树脂后聚合，两者的活化温度至少差 20℃，避免了两者之间的反应，因此形成了互穿。该胶黏剂能在 300℃下至少稳定 1h。原因除了 CE 树脂本身耐热性高以外，还在于互穿网络的结构特征。布氏酸催化剂可以是 LAC[80]，它是环氧树脂的潜伏固化剂，由 SbF_5、一缩二乙二醇及 2, 6-二乙基苯胺组成（质量比 1∶1∶2.93）。催化剂还可以是草酸二丁酯、三（三氟甲基）甲基化铝等。胶黏剂的固化温度可低至 125℃。用这种方法制成的胶黏剂具有良好的应用前景。首先，使用 CE 树脂和环氧树脂中耐热较好、黏度较低的脂环环氧形成互穿网络结构，以期获得互穿网络体系在热性能方面的协同效应；其次，在胶黏剂中加入高相对分子质量的多元醇扩链环氧，以期改善韧性而不损害其耐热性。

在一些特殊的应用场合，特别是对介电性能、湿热性能和力学性能都要求很高的场合，氰酸酯树脂的作用几乎是不可代替的。氰酸酯树脂作为胶黏剂可用在许多对胶黏剂性能要求很高的场合，如航空夹层结构的黏结。氰酸酯树脂胶黏剂在金属黏结、微电子工业、腐蚀环境黏结及航空航天工业具有广阔的应用前景。

1.3.8　在阻燃材料方面的应用

阻燃材料的发展已不再单纯追求难燃和自熄性，从安全角度出发，还要求阻燃材料具有低发烟性和低毒性。从美国联邦航空管理局给出的图表数据中可以看出，酚醛型氰酸酯是耐烧蚀性能最好的有机材料之一，同时它还具有耐高温的特性[79]。因此，它被列入未来飞机、火车和汽车内部新一代防火阻燃材料[119]。

受到酚醛树脂纤维发明人开诺尔（Kynal）的启发，Sajal 等制备了酚醛型氰酸酯阻燃性纤维[78, 120]。Kynal 纤维是历史上第一种热固性树脂纤维，是由可熔性酚醛树脂经过喷丝、延伸和交联等步骤形成的，具有三维交联结构。它突破了热固性树脂不能成纤的传统观念，是一种耐烧蚀性和耐化学腐蚀纤维，具有优异的耐热氧化性能。

1.3.9　氰酸酯树脂在电子封装领域的应用

氰酸酯树脂是新型的电子材料和绝缘材料，是电子电器和微波通信科技领域中重要的基础材料之一，由于具有优良的高温力学性能；极低的吸水率（<1.5%）；成型收缩率低，尺寸稳定性好；耐热性好；耐湿热性、阻燃性、黏结性好，电学性能优异，极低的介电常数等优点，成为生产高频、高性能、优质电子印刷电路板的极佳的基体材料以及电子封装材料。

目前氰酸酯树脂中应用最多的是双酚 A 氰酸酯树脂，其合成工艺简单，原材料便宜，但由于分子中三嗪环结构高度对称，结晶度高，其树脂固化物的脆性较大，制得的复合材料预浸料的铺覆性差，单体聚合后交联密度大，因此需要进行增韧改性。目前增韧氰酸酯树脂的技术主要有[121]：①与单官能度氰酸酯树脂共聚，降低网络结构交联密度技术；②采用橡胶弹性体（如天然橡胶、氯丁橡胶、聚异戊二烯、端羧基丁腈等）改性技术；③与热塑性树脂（聚苯醚、聚碳酸酯、聚砜、聚醚醚酮、聚醚砜、聚醚酰亚胺等）共混形成互穿网络技术；④与热固性树脂（如环氧树脂、双马来酰亚胺树脂、带不饱和双键的化合物等）共聚技术；⑤晶须改性氰酸酯树脂技术。颜红侠等[122]对热塑性聚苯醚（PPO）和氰酸酯树脂进行了共混改性研究，发现改性后的树脂韧性有了很大的提高，但当 PPO 的用量较多时，PPO/BCE 共混体系的黏度增大，加工性能变差，且 CE 的耐热性有不同程度的下降；任鹏刚等[123]研究了立体四针状 ZnOw 晶须改性石墨纤维 M40J/双酚 A 氰酸酯（BADCy）复合材料，认为 ZnOw 晶须对 BADCy 的固化反应有催化作用，使其后固化处理温度降低；并发现经 KH-560 处理的 ZnOw 晶须不但提高了 M40J/BADCy 复合材料的力学性能，且 ZnOw 晶须与 BADCy 基体黏结良好。他们也在研究中验证了橡胶可以增韧氰酸酯树脂并提出了增韧机理，并发现橡胶的耐热性差会降低氰酸酯树脂的抗氧化能力和阻燃能力。

另外，用碳纳米管对氰酸酯进行改性也是目前的一种新研究方法，Fang 等[124]采用两种多壁碳纳米管对双酚 A 氰酸酯进行改性，得到了力学性能和耐热性能都提高的材料。近年来，氰酸酯树脂的研究已形成一门化学学科，氰酸酯树脂将向着简化树脂的合成工艺，合成液态、低黏度、高韧性、高耐水性能的单体或预聚体和提高阻燃性等方向发展[125，126]。

1.3.10 在其他方面的应用

CE 在其他行业也表现出了一定的应用前景。

CE 被用于汽车工业。日本三菱瓦斯化学公司用 BMI 和部分 EP 改性的 CE 作刹车片黏合剂，其不仅具有优异的剪切强度、剥离强度和耐热性能，还可以耐刹车油的长期浸泡，比传统的酚醛树脂黏合剂更为优异[127]。

CE 良好的电绝缘性能，使其可以做成绝缘漆、介电涂层等；CE 的透光性较好，可用来做各种光学器件如光栅、光具座、精密光学元件等；在医学上，碳纤维增强的 CE 甚至能够制造人造关节等，其弯曲强度和抗疲劳强度高于相应的金属或合金材料，而且与人体有较好的相容性[128]。

氰酸酯树脂作为绝缘材料已用于 100 万 kW 以上大型发动机组。氰酸酯树脂在现代电子通信领域、大规模高速计算机、家用计算机等领域都有极其广泛的前景，其发展前景引人瞩目[2]。

CE 改性体系也已成功应用于耐火材料、半导体元器件等工业领域[129]。

此外，酚醛型氰酸酯还可以用作耐磨材料黏合剂[130]、碳纤维表面处理剂[131]、热固性液晶材料[132]、灌封材料[133，134]等。

1.4 氰酸酯树脂在应用方面的发展趋势

发达国家不仅对氰酸酯树脂的研究起步较早，而且研究力度较大。20 世纪 70 年代，就曾经出现了将商品化的氰酸酯树脂应用于印刷电路板中的报道[91]。但由于杂质对氰酸酯树脂的固化及性能的影响不甚清楚，其在印刷电路板应用上逐步退出。70～80 年代国外的主要研究集中在不同结构氰酸酯的高纯度合成方面，但到了 1986 年，Ciba 公司的 Shimp 首先发现了过渡金属有机化合物/酚混合催化剂对氰酸酯环化反应具有较高的催化活性，解决了高纯度氰酸酯单体聚合困难的问题[94]，对氰酸酯的聚合机理的认识也更加透彻，这为氰酸酯树脂作为高性能复合材料基体的应用奠定了理论及应用基础。

除了氰酸酯单体产品的实验室合成和专利报道外，目前，欧洲与北美洲的一些发达国家已实现某些氰酸酯树脂产品的工业化生产，生产的主要公司有 Rhone-Poulene 公司、Dow 化学公司、BASF 结构材料公司、Hexcel 公司等。近年来出现了许多改性氰酸酯树脂，如 BASF 结构材料公司的 5572-2 树脂，兼有优越的介电性能和韧性，可用于高性能机载雷达罩。ICI Fiberite 公司的 X54-2，Hexcel 公司的 561-55、561-66、HX 1584-3 及冯煜[135]报道 Dow 化学公司的 XU-71787 等系列产品是一类高韧性树脂，适用于制造航空航天主受力件复合材料。

此外，在氰酸酯改性研究方面，国外已涉及广泛的研究领域，大量的热固性树脂、热塑性树脂、含不饱和双键化合物、橡胶弹性体、纤维、晶须及不同结构的氰酸酯等，都先后对氰酸酯树脂进行过改性研究，取得了丰富的实践性资料，积累了大量氰酸酯树脂研究方面的成功经验。

随着对改性氰酸酯树脂研究的进一步成熟，其在高频电子线路印刷板、航天航空结构材料和雷达罩等高科技领域将会得到更广泛的应用。作为一种具有较大应用潜力的高性能树脂基体，氰酸酯树脂有可能取代酚醛树脂[136]，成为未来高性能聚合物基复合材料用基体树脂的重要品种之一[28]，成为耐热树脂中一个有竞争力的新成员。

近年来，对氰酸酯树脂的研究已形成“氰酸酯化学”学科[29]。Hamerton 已于 1994 年出版了相关专著，起名为 *Chemistry and Technology of Cyanate Ester Resins*[137]。预计今后的发展方向是：合成液态、低黏度单体或预聚体，以便于使用；寻找性能更优异的固化催化剂；提高单体或预聚体耐水性能；固化温度降低到 170℃以下；增加韧性和提高阻燃性等[29]。

然而，由于技术封锁等原因，我国在 20 世纪 90 年代才有氰酸酯树脂方面的介绍性报道。到 20 世纪结束，其工作仍然停留在实验室研究阶段，研究机构仅有西北工业大学、北京航空材料研究院、山东济南 621 厂等少数几家单位。有关氰酸酯树脂的合成方法、固化条件、结构性能关系等数据甚少，也无商品化氰酸酯树脂出售，更谈不上应用[28]。

1998 年，西北工业大学的秦华宇等[138]，在国内率先进行了双酚 A 氰酸酯的合成，并与中国航空工业济南 637 研究所合作，将其推向工业化合成生产阶段。同年，北京航空材料研究院的包建文等也进行了氰酸酯的合成与表征研究[139]。

氰酸酯单体的合成成功，打破了国外对我国的封锁，同时也为其改性研究提供了方便。进入 21 世纪后，在西北工业大学等单位的培养下，大量的研究生和博士生被分配到各个院校及科研单位。到目前为止，能够生产氰酸酯树脂的单位除了中国航空工业济南 637 研究所外，还有上海慧峰科贸有限公司、上海雅本化学公司、上海仰天生物科技公司、浙江上虞盛达生物化工有限公司、北京航空材料研究院先进复合材料国防科技重点实验室等。

与此同时，我国在酚醛型氰酸酯的合成和研究方面也卓有成效。北京玻璃钢设计研究院、中国航空工业济南 637 研究所与西北工业大学合作，合成得到的酚醛型氰酸酯（相当于 PT260）的性能达到美国联合信号公司 1995 年前后的水平。上海慧丰科贸有限公司也进行了试验性的合成。但总的来说，国内酚醛型氰酸酯的发展还处在刚刚起步的阶段，虽然在单体纯度和工业合成规模方面与美国存在较大的差距，但在合成技术方面相比于日本、欧洲等一些国家及地区仍具有一定的优势。预期再经过一段时间的研究，国内将会解决高纯度酚醛型氰酸酯单体的批量合成问题，产品质量将达到国外先进水平[21]。

对于酚醛型氰酸酯而言，高纯度单体合成与固化工艺优化，仍是国内外目前需要解决的关键问题，而化学改性或物理改性研究及在分子结构中引入新的官能团结构以实现材料的多功能化研究则是酚醛型氰酸酯能够作为材料应用的基础。

在氰酸酯改性研究方面，虽然国内外都取得了相当大的突破性进展，国内虽然有西北工业大学、北京航空材料研究院、哈尔滨理工大学、华南理工大学、渭南师范学院等单位进行了广泛的研究，但到目前还没有形成规模，也没有将其应用推向民用化，依然缺乏兼具高韧性、高强度、高耐热、高介电性能于一身的改性树脂基体，在增韧机理研究方面尚未形成特色化理论体系，对 INP 的研究缺乏实验性支持，其相结构和相分离的研究仍处在起步阶段。这些不足中的任何一方面突破，都可能将氰酸酯树脂的研究推向一个新的高潮。

何少波[12]认为，虽然氰酸酯具有相对较高的韧性，面对高端技术对材料日益苛刻的要求，还需继续改善它的性能。因此，面向应用的改性研究是目前氰酸酯研究领域的主要方向。研究者从多种途径对氰酸酯进行研究，以期对氰酸酯树脂的性能和工艺全面了解，并在透波材料、印刷电路板、先进复合材料和黏结材料的应用方面取得进展。目前，这一过程还在进行之中。对于氰酸酯树脂的改性研究，目前国外已经展开大规模的研究，广泛收集数据，以期建立较为完备的材料、性能与工艺的数据库系统。国内在这一领域的研究基础比较薄弱，不仅研究的单位较少，而且研究也不够深入，还处于起步阶段。

1.5 氰酸酯树脂的改性现状

氰酸酯树脂具有优异的性能，因此在航空航天结构/功能材料、印刷电路板、胶黏剂等领域具有重要的应用价值。图1-2为几种高性能树脂的T_g与断裂伸长率的关系，从中可以看出，氰酸酯树脂具有优异的综合性能。虽然它的T_g不如BMI、P-T等树脂高，但是氰酸酯的韧性要优于它们，并且比目前已成熟的环氧树脂的耐热性能高。然而，同其他热固性树脂一样，氰酸酯树脂也存在韧性差的问题，氰酸酯树脂虽然是高性能热固性树脂中韧性较高的一类，但在许多应用场合，其断裂韧性及复合材料的层间剪切强度还不能满足应用要求[13, 14]。另外，高纯度的氰酸酯树脂的热反应性较差，氰酸酯单体在制备复合材料预浸料过程中极易析出。这些因素都限制了氰酸酯树脂的广泛应用。因此，改性研究成为当前氰酸酯树脂应用研究的重点与热点。目前应用于改性氰酸酯树脂的方法很多，如氰酸酯树脂互穿聚合物网络改性、共聚改性、热塑性树脂和橡胶弹性体共混改性、粒子增强及一些其他方法等。

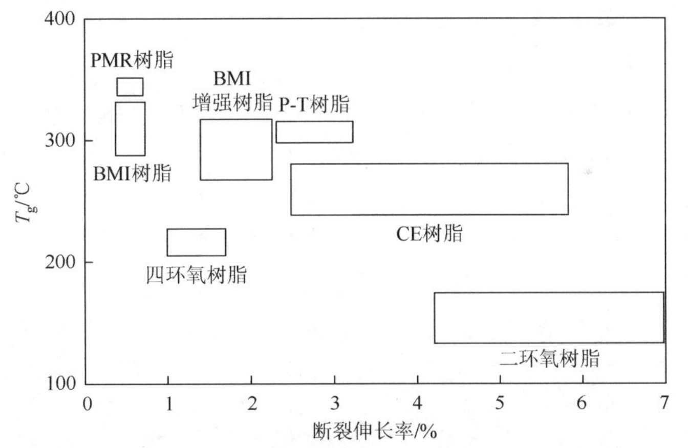

图1-2 几种高性能树脂的T_g与断裂伸长率的关系

1.5.1 采用橡胶类弹性体改性

含有活性端基（如羧基、羟基、氨基等）的液体橡胶常用来增韧CE树脂。由于CE树脂的固化可以不加固化剂，因此可以相对简单地用Flory-Huggins原理对改性体系的相分离行为进行热力学分析。许多普通的液体橡胶，如端氨基的丁腈共聚物、端羟基聚二甲基硅氧烷-聚酯嵌段共聚物、端氨基聚四氢呋喃、端酚基或端环氧基丁腈橡胶等都曾用来增韧 CE 树脂[7]，获得了良好的增韧效果，但会使 CE 树脂的抗热氧化能力和阻燃性能降低。在树脂固化过程中，这些橡胶类弹性体嵌段一般能从基体中析出，在物理上形成两相结构。橡胶相的主要作用在于诱发基体的耗能过程，而其本身在断裂过程中被拉伸撕裂所耗的能一般占次要地位。材料的断裂过程发生在基体树脂中，因此橡胶增韧最根本的潜力在于提高基体的屈服形变的能力。所以，正确地控制橡胶与热固性树脂体系的相分离过程是增韧的关键。应该指出，橡胶增韧的主要缺点是材料的玻璃化温度和模量下降，从而降低使用温度。另外，橡胶增韧 CE 树脂时需要加入抗氧剂以防止老化或使用过程中出现降解。

核-壳橡胶粒子增韧 CE 树脂是一种新型橡胶增韧的 CE 树脂体系。Dow 化学公司曾用亚微米级的 CSR 增韧线型酚醛基 CE 树脂，获得良好的增韧效果。与一般橡胶增韧相比，CSR 增韧的优点在于形态易控制，增韧效率较高。但 CSR 增韧同样出现耐热性和模量降低的缺点。透射电镜结果表明，在增韧体系中有可能出现橡胶颗粒的局部聚集及凝聚。含端氰酸酯基的聚硅氧烷可提高 CE 树脂的抗原子氧、吸湿及抗微裂纹的能力[8]。

1.5.2　互穿聚合物网络改性氰酸酯

互穿聚合物网络（interpenetrating polymer networks，IPN）是两种聚合物以网络形式相互结合，其中至少有一种聚合物是在另外一种聚合物直接存在下进行合成或交联或既合成又交联的。IPN 是热固性树脂改性的重要方法之一，是两种聚合物能在性能上相互取长补短的有效途径[140，141]。根据其形成时间的不同和所形成的形貌方式的差异，可以分为半互穿（semi-IPN）和全互穿（full sequential IPN）两种形式。有关互穿网络聚合改性氰酸酯树脂的报道很多，使用的改性剂类型很广，有热固性树脂如环氧和 BMI 等，以及热塑性树脂如聚砜、聚醚砜和聚醚酰亚胺等，还有一些弹性体如聚氨酯等。

1. 聚氨酯/氰酸酯互穿聚合物网络

聚氨酯/氰酸酯互穿网络聚合物是氰酸酯树脂 IPN 聚合物的研究热点之一，一般有两种类型的互穿网络，半互穿网络（semi-IPN）和全互穿网络（full sequential IPN）。聚氨酯/氰酸酯树脂半互穿网络常用的制备方法为，先用 4, 4′-二苯甲烷二异氰酸酯与丁二醇己二酸酯制备线性聚氨酯（PUR），再将 PUR 与双酚 A 氰酸酯溶解在环己烷溶液中，最后脱除溶剂并固化可以得到聚氨酯/氰酸酯树脂半互穿网络聚合物[142]。若先用聚醚多元醇与 2, 4-甲苯二异氰酸酯制成聚氨酯膜，再将聚氨酯膜与双酚 A 氰酸酯单体在 80℃进行溶解和溶胀，氰酸酯单体含量可以通过溶胀时间进行调节，固化后可以得到聚氨酯/氰酸酯全互穿网络[143]。Bartolotta 等[95]对聚氨酯/氰酸酯树脂互穿网络聚合物体系进行了研究。他们使用交联的 PU 和 4, 4′-二氰酸酯基-1, 1′-二苯基乙烷分别采用同步法和连续法得到了半互穿聚合物网络和全互穿网络，并对得到的两种产物的性能进行了细致研究，发现半互穿网络具有较高的密度和 T_g。DMA 分析表明半互穿网络在局部区域存在各组分的相关链段运动[96]。其他不少研究者从各个方面研究聚氨酯/氰酸酯互穿网络聚合物的性能[144, 145]。

2. 氰酸酯/BMI 互穿网络

BMI 树脂改性氰酸酯树脂是氰酸酯树脂改性成功的例子之一，其产物称为 BT 树脂（bismaleimide triazine，BT）。一种观点认为氰酸酯与 BMI 发生化学反应生成嘧啶结构，但缺乏有效的证据支持[146]。现在广为研究者接受的观点是两者形成互穿网络，因为氰酸酯的聚合反应是三嗪环化聚合，BMI 的聚合反应是双烯加成反应或 Diels-Alder 反应[147]，所以两者可以互不干扰地生成典型的连续 IPN 聚合物[148-150]。

采用双酚 A 氰酸酯（BADCy）与双酚 A 型双马来酰亚胺（BMPI）可以制备连续 IPN 聚合物。分析表明，体系通常会显示出两个 T_g，分别对应氰酸酯和 BMI 的转变温度，但是材料的使用性能取决于体系中 T_g 较低的组分。为改善氰酸酯/BMI 互穿网络聚合物的性能，研究者在上述体系中加入 4-氰酸酯基苯基马来酰亚胺（CPM）作为交联剂，制备了交联的乳胶型互穿网络（LIPN），加入 CPM 交联剂后，可以使体系的 T_g 提高近 50℃[151]。IPN 聚合物的吸水率低于氰酸酯，介电常数和介质损耗均接近于氰酸酯。

BADCy 与 BMPI 具有特别好的相容性，在 50/50 时可以达到共熔状态，熔点为 15℃，加入催化剂控制 BADCy 的固化温度低于 BMPI，这样氰酸酯和 BMI 可以达到顺序固化，在工艺上可以满足 IPN 结构化的要求[27]。固化树脂的性能与体系组成有关，在氰酸酯过量（>50%）的情况下，得到性能较好的 IPN 聚合物，但 BMPI 含量较大（>50%）时，固化树脂很脆，并且容易产生微气泡。BADCy/BMPI-IPN 聚合物的弯曲强度和冲击强度随着 BMPI 含量的增大而增大，但对拉伸性能的影响却是相反的。加入 CPM 交联剂后，体系的拉伸性能得到提高，但弯曲强度和冲击强度下降。复合材料的层间剪切强度（ILSS）提高，在 BMPI 树脂含量为 30%～40%时出现最大值。

3. 氰酸酯/环氧树脂互穿网络

氰酸酯与环氧树脂之间可以发生化学反应，要使两者形成互穿网络就必须使它们各自的反应独立进行。Gorodisher 等通过使用催化剂使环氧树脂先单独固化，然后可以与氰酸酯形成 IPN 结构[115]。IPN 的组成包括氰酸酯和脂环族环氧树脂两部分。环氧树脂的固化在 Bronsted 酸引发剂的作用下，与多元醇进行扩链反应。在氰酸酯/环氧树脂互穿网络的制备过程中，关键是控制环氧树脂和氰酸酯树脂的固化相差一定温度，以使两种组分达到顺序固化。在实际反应中，环氧树脂可以在 100～125℃快速发生聚合反应，而氰酸酯在 200℃聚合。固化后的树脂包括氰酸酯和环氧树脂两个相互贯穿的交联网络，具有较高的柔性和热稳定性。Dinakaran 等用等物质的量比的双缩水甘油醚型环氧树脂、二苯基二胺及氰酸酯（4%～12%）反应制备了 IPN 聚合物[152]，也可以在上述体系中加入 4%的 BMI 树脂，构成氰酸酯/环氧树脂/BMI 的 IPN 聚合物[153]。这两种体系都可以提高固化树脂的力学性能，但存在某种差异。如在环氧-氰酸酯体系中，弯曲强度和冲击强度均得到提高，而拉伸强度和模量降低；而在氰酸酯/环氧树脂/双马来酰亚胺体系中，拉伸、弯曲性能得到提高，而冲击强度降低。

4. 其他类型的互穿网络

Harismendy 等对聚醚酰亚胺（PEI）/氰酸酯树脂互穿聚合物网络进行了研究[154，155]。对体系中 PEI 的用量、形态与性能之间的关系进行了探讨。采用原子力显微镜和扫描电镜对形貌进行了研究，力学性能结果表明，PEI 用量在 15%～20%时体系力学性能（K_{IC}和 G_{IC}）最佳。

聚丙烯酸乙酯丙烯酸（PEAc）也可与双酚 A 氰酸酯形成 IPN 结构[156]。PEAc 与 BADCy 之间不产生化学反应，PEAc 中羧酸基团(—COOH)通过氢键与 BADCy 及三嗪环产生分子间作用力（氢键），形成均相 IPN 结构。

1.5.3 氰酸酯与环氧树脂的共聚改性

环氧改性氰酸酯是氰酸酯的改性中研究得最为深入也是最为成熟的方法，国内外研究者从理论到产品的性能等各个方面对该体系进行了细致的研究。Bauer 等[48]提出并由 Shimp[94]所证实的关于氰酸酯与环氧的反应理论为环氧改性氰酸酯提供了理论保证，现在已经为大多数研究者所接受。环氧树脂可以与氰酸酯树脂直接发生共聚反应，生成的产物可以对氰酸酯树脂的三嗪环化起到催化作用，另外环氧还可以与生成的三嗪环进一步反应生成噁唑啉酮环，从而改善纯氰酸酯树脂固化物的性能[40，48，59，157-159]。同时还有研究表明环氧树脂中的水分在环氧树脂/氰酸酯共聚体系的反应中起很重要的作用[160]。Bauer 等将氰酸酯树脂与环氧树脂共聚反应分为 5 个过程，然而共聚体系的实际情况要比所述内容复杂得多。

氰酸酯/环氧树脂共聚体系的实际反应过程以及最终固化物的结构与共聚体系的组成有很大的关系。体系中首先是氰酸酯反应形成二聚体或三嗪环，然后二聚体可进一步共聚形成三嗪环，此过程伴随着少量环氧基的聚醚反应，最后是三嗪环与剩余的环氧反应形成噁唑啉酮。因此在氰酸酯基团和环氧基团等量的条件下，固化树脂中主要是噁唑啉酮和聚醚结构，只有很少量的三嗪环结构存在；在氰酸酯基团的含量超过环氧基团含量的条件下，固化树脂主要是三嗪环和噁唑啉酮结构，聚醚结构则很少。对于聚合体系的性能而言，三嗪环所占比例越大，体系的耐热性、热分解温度等越高[161]。

Mathew 等[162]对酚醛环氧树脂改性双酚 A 氰酸酯进行改性，对改性体系的固化特性、力学性能及玻璃纤维增强复合材料进行了研究。他们还在氰酸酯树脂中加入含有酚基、环氧基和氰酸酯基的线性聚合物，研究了不同官能团、官能团含量对产物性能的影响，并对纤维增强改性体系的性能进行了研究。

李文峰研究了酚醛型氰酸酯与双酚 A 型环氧共固化反应的路径及反应机理[163]。共固化体系在150℃以下温度，主要发生的是氰酸酯的三嗪环化固化反应，环氧的加入极大地促进了氰酸酯的固化反应；但在此阶段，酚醛型氰酸酯与环氧之间没有化学反应发生；在180℃以上温度，三嗪环和环氧发生反应，异构为异氰脲酸环结构，并进一步反应生成噁唑啉酮环结构，环氧官能团的消耗速度加快，在环氧官能团的转化率-时间图中，出现倒 S 形曲线；在三嗪环的转化率图中，出现一个先有极大值后再降落的曲线。反应温度的提高有利于酚醛型氰酸酯与环氧之间的共固化反应，特别是当反应温度为220℃时，氰酸酯官能团和环氧官能团的消耗、三嗪环和唑啉酮环的生成均以较快的速率进行。从氰酸酯/环氧共聚体系的总体性能来说，氰酸酯树脂的引入可以改善环氧树脂的耐热性能和介电性能，但环氧树脂对于氰酸酯树脂的性能的影响却是相反的，体系中生成的噁唑啉酮环结构耐热性不如三嗪环的耐热性，因此氰酸酯的性能如耐热性和介电性能等下降。

同时，噁唑啉酮结构虽然有助于提高体系的弯曲性能，但会使拉伸性能降低。从改性体系的综合性能看，共聚体系的力学性能要低于聚氰酸酯的力学性能，但是其性能综合上表现较聚氰酸酯平均，共聚体系的韧性优于聚氰酸酯，还有研究者发现共聚体的吸水率比两种纯树脂的都低。此外，噁唑啉酮含量增大使体系的热分解温度下降[162]。研究者试图在环氧树脂的主链结构中引入高刚性萘环，期望改善氰酸酯/环氧树脂体系的耐热性的下降，但是没有达到预期的效果[164]。

1.5.4 氰酸酯与热塑性树脂和橡胶弹性体的共混改性

用热塑性弹性体（橡胶）和热塑性树脂共混改性热固性树脂是提高热固性树脂韧性的一个重要途径。橡胶增韧氰酸酯树脂的方法与热塑性树脂改性氰酸酯树脂相似。橡胶自身的韧性可以有效地增加氰酸酯树脂的韧性，但由于橡胶本身的耐热性较差，会降低体系的抗热氧化能力和阻燃性能。因此，橡胶增韧氰酸酯树脂有时需要加入抗氧剂以防止橡胶在固化或使用过程中出现降解。许多常见的液体橡胶，如端酚基或端环氧基丁腈橡胶[165]、端氨基丁腈共聚物[166]、端羟基聚二甲基硅氧烷-聚酯嵌段共聚物[167]等，研究者都曾对其进行过增韧氰酸酯树脂的研究。最近液体端羧基丁腈橡胶增韧氰酸酯树脂也有报道，本课题组也对其进行了一定的研究[168-172]。橡胶改性的氰酸酯树脂体系的相分离热力学分析可以用相对简单的 Flory-Huggins 公式进行计算。橡胶上带有的活性端基可以与氰酸酯树脂的氰酸酯基团反应形成嵌段，在固化体系中，这些橡胶类弹性体嵌段一般能从基体中析出，在物理上形成两相结构。正是由于这种结构，橡胶增韧热固性树脂的断裂韧性 G_{IC} 比未增韧的树脂有较大幅度的提高。在体系受力过程中，橡胶颗粒相可以诱发基体的耗能过程，而其本身在基体中被拉伸撕裂所耗的能量反而处于次要地位。橡胶增韧的最主要缺点是体系的 T_g 和模量有较大的下降，从而导致材料的使用温度降低。典型的橡胶增韧氰酸酯体系是何鲁林[173]报道的 Dow 公司的核-壳橡胶（core-shell rubber）粒子增韧的 Xu71787 树脂体系。核-壳橡胶是一种直径很小（0.1μm）且直径均匀、由轻度交联的橡胶核与树脂基体相容共聚物壳构成的颗粒。与传统的橡胶增韧氰酸酯树脂相比，核-壳橡胶粒子增韧氰酸酯树脂具有的优点为，共混体系的聚态结构可以预定且可再生，不取决于固化中的相分离；橡胶的加入对热性能的影响较小；橡胶对共混物黏度的影响较小。表 1-2[174]列出了橡胶增韧氰酸酯树脂体系的性能，可以看出，加入少量橡胶即可获得显著的增韧效果，橡胶含量以 5%为最佳。但核-壳橡胶粒子增韧氰酸酯树脂同样出现耐热性和模量降低的缺点。同时，他们还比较了端羟基丁腈橡胶 HTBN 和预制核-壳橡胶颗粒增韧效果。由于核-壳橡胶粒子增韧形成完全相分离，因而核-壳橡胶粒子对 XU71787 氰酸酯树脂的增韧效率比 HTBN 对 Arocy M-20 的增韧效率更高。但是由于 RTX-366 氰酸酯的韧性更高，所以尽管 REX-378 采用增韧效率更低的 HTBN 增韧，该体系的韧性改善效率在三个体系中还是最高。Yang 等[175]报道了 Dow 公司曾研究过用核-壳橡胶粒子增韧酚醛型氰酸酯（PT）树脂，增韧效果也很好。

表 1-2 橡胶增韧氰酸酯树脂体系的性能

性能	橡胶粒子质量分数/%			
	0	2.5	5.0	10.0
T_g/℃	250	253	254	254
吸水率/%	0.70	0.76	0.95	0.93
抗弯强度/MPa	121	117	112	101
抗弯模量/GPa	3.3	3.1	2.7	2.4
挠曲应变/%	4.0	5.0	6.2	7.5
K_{IC}/(MPa · $m^{1/2}$)	0.522	0.837	1.107	1.118
G_{IC}/(kJ/m^2)	0.07	0.20	0.32	0.63

1.5.5 采用无机刚性填料改性

各种粒子，如晶须、纳米粒子、树脂粉末、纳米粉体及纳米管等均可用于增强增韧热固性树脂，使用无机粒子增韧改性氰酸酯树脂的研究现正在积极地开展，得到的增韧效果不尽相同。Kinloch 等[176]研究了用晶须（0.1μm 的 Al_2O_3，10μm、40μm、80μm 的云母）、纳米粒子（20nm 的 Al_2O_3，20nm 的 SiO_2，20nm 的 TiO_2，20nm 的 Y_2O_3）、玻璃微球（9～13μm）及树脂粉末（PEEK<200μm、PTFE<6μm）对氰酸酯进行改性以制作胶黏剂的情况。研究结果表明，添加 10%的云母可以使断裂能提高 3 倍，但是加入 Al_2O_3、SiO_2、TiO_2、Y_2O_3 等纳米粒子反而会降低氰酸酯的断裂能；加入 PEEK 和 PTFE 等树脂粉末可以使氰酸酯的断裂能提高，在 150℃下的断裂能提高尤其显著。

纳米插层技术是粒子改性聚合物中研究得非常多的一个领域。该法是一种将单体或聚合物插入经插层剂处理后的层状硅酸盐片层（如硅酸盐类黏土、磷酸盐类、石墨、金属氧化物、二硫化物、三硫化磷络合物）之间，进而破坏硅酸盐的片层结构，制备有机/无机复合材料的技术。由于聚合物与黏土的相容性相对较差，因此需要使用有机阳离子（插层剂）对硅酸盐黏土进行改性。Ganguli 等[177，178]采用经 Cloisite30B 改性处理后的蒙脱石增强 RS9RTM 氰酸酯树脂（YLA 公司）。试样在高于氰酸酯熔点以上温度混合，经均质机高速剪切搅拌并用超声振荡处理后固化形成纳米复合材料。从改性的效果看，纳米蒙脱石增强改性氰酸酯体系的力学性能得到一定程度的改善，从动态力学分析（DMA）中体系的储能模量和损耗模量曲线可以看出，增强改性后的氰酸酯树脂在综合性能方面与未增强的氰酸酯树脂相比有质的提高，如体系的 K_{IC} 值在蒙脱石加入量为 5%时提高了 43%，T_g 提高 85℃，热分解起始温度提高 60℃，耐热氧化性能大幅度提高，特别是在 500～600℃热氧化分解明显小于未增强改性的氰酸酯树脂，改性效果非常明显。这些实验结果表明用纳米蒙脱石增强氰酸酯树脂是提高其性能的有效途径。

最近，开始有研究者研究碳纳米管对氰酸酯树脂进行增韧改性[124]。他们采用两种多壁碳纳米管（Bundled MW-CNTs 和 single MW-CNTs）对双酚 A 型氰酸酯进行了改性研究，对改性后复合材料的力学性能、热性能及微观特性进行了较为详细的研究。结果表明，碳纳米管使氰酸酯的力学性能有较大幅度的上升，同时体系的热性能也有一定程度的改善。在研究中还发现 B-MW-CNTs 因更容易在氰酸酯体系中分散而使得改性的效果优于 S-MW-CNTs。还有学者对膨润土改性氰酸酯树脂体系进行了研究[179]。

1.6 增 韧 机 理

作为聚合物的改性方法，目前共混、共聚、接枝等已发展成为其提高热固性树脂基体性能的一种卓有成效的途径[180]。但从氰酸酯树脂的发展历程来看，增韧改性一直是其面临的主要问题，对增韧机理的探讨尤其重要。

自从Ostromislensky[181]1927年申请第一个增韧聚苯乙烯的技术专利到1952年Dow化学公司的Keskkula等[182]成功开发出连续化生产高抗冲聚苯乙烯（HIPS）的新工艺，这期间的一系列发明掀开了高分子材料工业史上的一个新篇章。20世纪50年代中期Merz提出了第一个高分子材料的增韧机理，几十年来，科研工作者在该领域不断探索，从简单的定性解释逐步向分类化、模型化、微观化、定量计算化的方向发展。

1.6.1 早期定性的增韧机理

纵观高分子合金增韧机理的发展过程，可以将其分为三个阶段。第一阶段是20世纪50年代到70年代末，这一阶段的发展特点是对增韧机理进行定性描述，主要经历了微裂纹理论、多重银纹理论、剪切屈服理论（屈服的膨胀理论）和银纹-剪切屈服理论阶段。主要的贡献是确定了聚合物和聚合物共混物的主要形变机理为银纹和剪切带，同时提出了普遍为人们所接受的银纹-剪切屈服增韧机理。

1. 微裂纹理论

Merz等[183]于1956年在研究抗冲击性聚苯乙烯（HIPS）拉伸过程中发现体积膨胀和应力发白的现象后，发表了第一个橡胶增韧塑料的理论即微裂纹理论（microcrack theory）。其基本思想是，许多橡胶粒子连接着基体中一个正在增长的裂纹的两个表面，断裂过程中吸收的能量等于基体的断裂能和橡胶粒子断裂能的总和，而且橡胶粒子的断裂能高于基体的断裂能。该机理将体积膨胀归结为微裂纹的形成，将应力发白归结为微裂纹引起的光散射。这个理论的主要缺陷是将韧性提高的原因偏重于橡胶的作用而忽视了基体所起的作用，没有揭示出共混材料能量耗散的主要途径和橡胶分散相的主要作用。

2. 多重银纹理论

多重银纹（multiple crazing theory）理论是Bucknall[184]于1965年提出来的，是Merz微裂纹理论的发展。多重银纹理论首先将应力发白归因于银纹（craze）而不是裂纹（crack），同时指出HIPS在拉伸过程中产生的银纹和PS中的银纹是相同的，均是由裂纹体内高度取向的分子链束构成的微纤和空洞组成。该理论认为：由于橡胶与基体的模量不同，共混材料在断裂过程中，橡胶分散相粒子作为应力集中点既能引发银纹又能控制其增长，从而有效地耗散能量，使材料的韧性提高。多重银纹理论成功地解释了 HIPS 的抗冲和拉伸性能，包括应力发白、密度下降、橡胶含量、粒子尺寸、橡胶与基体的黏结性和温度对性能的影响等，但该理论不能解释增韧 PVC 和 ABS 在拉伸过程中显示出的明显的细颈现象。

3. 剪切屈服理论

剪切居服理论（shear yielding theory）理论是由 Newman 和 Strella[185，186]提出来的，其主要观点是橡胶粒子的应力集中所引起的基材的剪切屈服（冷拉）是韧性提高的原因。剪切屈服是指塑料在蠕变试验或拉伸过程中，分子相互滑移，产生剪切塑性流动。该理论的主要依据是腈丁基三嵌段聚合物（ABS）在拉伸试验中橡胶粒子变形的光学显微研究，他们否认形变过程中橡胶粒子吸收能量的观点，认为橡胶粒子在其周围的塑料相中建立静水张应力（hydrostatic tensile stress），使塑料相的自由体积增大，从而降低了它的玻璃化温度，使它产生塑性流动，以此来消耗能量达到增韧的目的。在两相黏结良好的前提下，形成静水张应力的原因有两种可能：一是由于热收缩不同，橡胶热膨胀的温度系数比塑料大，故从高温向低温冷却时，橡胶粒子对周围产生静水张应力；其二是力学效应，当施加拉应力时，橡胶的泊松比大（0.5），横向收缩大；塑料的泊松比小（0.35），横向收缩小，也形成静水张应力。

Bragaw[187]曾对此理论作过一些评价，他推导出一个计算静水张应力的公式

$$S_{\mathrm{HT}}=\frac{S_{\mathrm{T}}}{3}\left[1-\frac{5a^3}{2r^3}\cdot\frac{(1+\sigma_1)+(1+3\cos 2\theta)(\mu_1-\mu_2)}{(7-5\sigma_1)\mu_1+(8-10\sigma_1)\mu_2}\right] \tag{1-14}$$

式中：S_{HT} 为静水张应力，Pa；S_{T} 为施加力于 $r=\infty$ 处的简单拉伸力，MPa；a 为球状胶粒半径，mm；r 为施力点到胶粒中心的距离，mm；θ 为矢量 r 和应力 T 作用方向之间的夹角；μ_1、μ_2 分别为母体与胶粒的剪切模量，kPa；σ_1 为母体的泊松比。

Bragaw 根据上式计算出橡胶相的静水张应力引起 ABS 玻璃化温度的降低仅为 10℃左右，远达不到使脆性塑料在室温下屈服的程度。另外，该理论尽管解释了一些实验结果，尤其是对 ABS 和橡胶增韧 PVC 体系，但是对其他体系中的应力发白、密度变化、拉伸过程中没有细颈等现象的解释遇到了困难。

4. 银纹-剪切屈服理论

银纹-剪切屈服理论（crazing with shear yielding theory）是多重银纹理论和剪切屈服理论的有机结合[188]。其基本观点是：银纹和剪切带是材料在冲击过程中同

时存在的消耗能量的两种方式，只是由于材料及条件的差异而表现出不同的形式。该理论明确指出银纹的产生不仅消耗大量的能量，而且也是材料破坏的先导，橡胶粒子和剪切带的存在则阻碍和终止了银纹的发展，从而达到增韧的目的。银纹和剪切带所占的比例与基体性质有关，基体的韧性越大，剪切带所占的比例越高；同时其也与形变速率有关，形变速率增加时，银纹化所占的比例提高。

这一机理普遍为人们所接受，进入 20 世纪 80 年代以来，人们对该机理进行了丰富和补充。例如，Jang 等[189]认为银纹化和剪切屈服是两个相互竞争的机制，当银纹引发应力 σ_{cr} 小于剪切屈服引发应力 σ_{sh}，形变方式以银纹为主，呈脆性；当 $\sigma_{cr}>\sigma_{sh}$ 时，剪切屈服为主要的形变方式，材料韧性断裂；当 $\sigma_{cr}=\sigma_{sh}$ 时，发生脆韧转变。我国学者李强等[190]通过对 PSt/弹性体共混体系的研究，发现随着弹性体含量的增加，共混物在单轴拉伸过程中的体积变化逐渐趋于 0，说明体系中发生了由银纹化向剪切屈服的转变，并据此指出剪切屈服是能量耗散的有效途径，只有剪切屈服机理存在，材料的韧性才会大幅度提高。

1.6.2 增韧机理的分类化和模型化

增韧机理发展的第二阶段是 20 世纪 80 年代初到 80 年代末。这一阶段的发展特点是在银纹-剪切屈服理论的基础上，将增韧机理进行分类化、模型化和定量化。最主要的贡献如下：一是将聚合物的分子结构与形变机理联系起来，将聚合物分为脆性和韧性两种，对这两种聚合物进行增韧，其增韧机理是不同的；二是确认了橡胶粒子引起的基体和橡胶相的空化现象是橡胶增韧塑料过程中的一个重要、普遍的形变过程，从而提出了空穴化增韧机理；三是提出的橡胶增韧韧性聚合物的粒子间距模型、基体韧带模型和逾渗模型及标度理论，使橡胶增韧机理的定量化成为可能；四是非弹性体增韧塑料的出现及刚性粒子冷拉增韧机理的提出。

1. 空穴化理论

空穴化是指在低温或高速形变过程中，在三轴张应力作用下，发生在橡胶粒子内部或橡胶粒子与基材界面间的空穴化（void）现象。空穴化理论（cavitation theory）认为：橡胶改性塑料在外力作用下，分散相橡胶粒子由于应力集中而使基体和自身产生空洞；橡胶粒子一旦被空化，橡胶周围的静水张应力（三轴，弹性应变能）被释放，空洞之间薄的基体韧带的应力状态从三轴转变为单轴，并将平面应变（plane strain）转化为平面应力（plane stress），而这种新的应力状态有利于剪切带的形成。可见，空穴化本身不能构成材料的脆韧转变，它只是导致材料应力状态的转变，从而引发剪切屈服，阻止裂纹进一步扩展，消耗大量能量，使材料的韧性得以提高。这个观点是 Yee 等[191]在研究弹性体改性环氧树脂时提出的，后来在橡胶改性 PC、PVC、PBT、PA6、PA66 等体系中均发现橡胶空穴化的现象，发生空穴化现象的上述基体均具有高的缠结密度，在这些基体中以剪切带的形变为主。但是，这并不意味着橡胶空穴化现象只发生在高缠结密度的基体中。最近，Okamoto[192]在 HIPS 中也发现了橡胶空穴化的现象，并指出橡胶粒子的空穴化发生在 PSt 银纹化之后，与高缠结密度的基体所不同的是，在 HIPS 中的空穴化未发展为剪切形变。而对于高缠结密度的基体（即韧性基体），橡胶空穴化现象是必要的过程，因为只有橡胶空穴化才能促进剪切屈服[193]。我国的学者李强等[190]在研究 PP/EPDM 共混体系时发现其破坏方式是由银纹、空穴化转变为剪切屈服的过程。

2. 脆-韧转变的逾渗模型及标度方程

进入 20 世纪 80 年代，增韧机理研究的一大飞跃是从定性化向定量化的发展，这一过程中最具影响的是美国杜邦公司研究院的 Wu 博士[194]。他首先研究了尼龙 66/弹性体共混体系在冲击破坏过程中的能量耗散，用实验数据说明，对于假塑性聚合物基体，用橡胶增韧时，冲击能量有 75%消耗在使基体产生剪切屈服形变上，约 25%由基体产生银纹所消耗。其继而建立了粒子间距（interparticle distance）模型，提出粒子间距是控制增韧体系形态结构的重要因素，而这种形态结构促成体系发生脆-韧转变[195]；在粒子间距模型的基础上，Margolina 等[196]指出 Wu 提出的基体韧带厚度（matrix ligament thickness）的概念，其实质依旧是粒子间距，基体韧带厚度则从表观上更注重基体的性质，而非橡胶相粒子。

Wu 在上述研究的基础上，提出了橡胶增韧韧性聚合物基体的逾渗模型[197]（percolation model）。其中心思想是，对于橡胶增韧韧性聚合物基体，增韧体系在受外力作用时，首先橡胶粒子成为应力集中点，并在每个橡胶粒子周围基体中产生一个应力区，当应力区的体积达到逾渗阈值（percolation threshold）时，形成逾渗通道（percolation connectivity），使应力区相互渗透、遍及整个基体，体系发生宏观的剪切屈服，从而使基体耗散大量的冲击能，并导致脆-韧转变。Wu 同时提出了应力体积球的模型，其意义是：当增韧体系受到外力冲击时，橡胶粒子引发周围基体发生剪切屈服，此时橡胶粒子与其周围的应力集中区组成一个球形应力区，即应力体积球。

Wu 认为，对于给定的增韧体系，当体系受外力作用时，其应力体积球的体积分数 $\varPhi_S$ 增大到临界值 $\varPhi_{SC}$ 时，基体内各个橡胶粒子所引发的应力区会发生重叠并相互渗透，从而被增韧基体产生剪切屈服行为，耗散大量的冲击能，导致整个体系发生脆-韧转变。Wu 在上述模型研究的基础上，提出了增韧体系的韧性与临界应力体积分数间相关性的标度方程（scaling law）[194, 195]

$$G_S = A(\varPhi_S - \varPhi_{SC})^g \tag{1-15}$$

式中：G_S 为与体系冲击强度有关的力学性能指标；g 为临界力学指数；$\varPhi_{SC}$ 为增

韧体系发生脆-韧转变时的临界应力体积分数；Φ_S为体系的应力体积分数。

经计算，g=0.45±0.06，该值接近三维坐标中临界几何指数 β（约 0.44），于是 Wu 认为 g 是与橡胶粒子的形态结构有关的参数，与粒子的多分散性和不对称性相关。

以上是 Wu 提出的标度方程，其中 g 可作为非线性指数因子，用来拟合试验数据。不难看出 g 等于 0 时，G_S 与 $\Delta\Phi_S$ 间有线性关系；当 g 不等于 0 时，G_S 与 $\Delta\Phi_S$ 间有非线性关系。由此可以看出，Wu 的标度方程实质上是一个半经验的唯象方程，这一方程的最大缺陷在于不能从能量角度或水平直接考察增韧的内在过程，同时 g 缺乏明确的物理意义。

3. 非弹性体增韧理论

1984 年，日本的 Kurauchi 等[198]在研究 PC/ABS 和 PC/AS 共混体系的力学性能，特别是共混物的能量吸收时发现，尽管 AS 和 ABS 本体的力学性能差别很大，AS 硬而脆，相对而言 ABS 软而韧，但共混物的拉伸应力-应变曲线都呈高韧性行为，应变值在一定范围内高于纯 PC，在无缺口冲击样条实验中，某些组分共混物的冲击强度值也高于纯 PC。对于 PC/ABS 共混物，由于两部分都是韧性的，所以能量吸收增加不难理解；而在 PC/AS 共混物中原来几乎不形变的脆性 AS 微粒应变值可达 400%，因协同应变，其周围的基体 PC 也发生了同样大小的形变，远远大于 PC 本体时的 80%。针对这一现象，Kurauchi 和 Ohta 首次提出了非弹性体增韧理论。他们认为：在拉伸过程中，由于分散相球粒和基体的杨氏模量和泊松比之间的差别在分散相的赤道面上产生一种较高的静压力；在这种高的静压力作用下，分散相粒子易发生冷拉，形成大的塑性形变，吸收大量的冲击能量，从而使材料的韧性提高。Kurauchi 和 Ohta 将脆性材料开始发生塑性形变的临界静压力 σ_c 作为判断分散粒子是否屈服，即是否增韧的依据。对于非弹性体共混体系而言，在拉伸时，当作用在刚性分散相粒子赤道面上的静压力 σ 大于刚性粒子形变所需的临界静压力 σ_c 时，粒子将发生塑性形变而使材料增韧，这就是脆性填料/韧性基体组成的合金体系韧性提高的冷拉机理。

日本东京工业大学的 Inoue 等[199]重复了 Kurauchi 等[198]的实验，并以应力分析为基础，以冷拉概念解释增韧机理，提出以 Mises 的屈服条件判断是否增韧。公式如式（1-16）所示

$$(\sigma_x-\sigma_y)^2+(\sigma_y-\sigma_z)^2+(\sigma_x-\sigma_z)^2=6k^2 \tag{1-16}$$

式中：σ_x、σ_y、σ_z为直角坐标系轴向的应力值；k 为材料参数，其意义是当材料的形状改变比能达到某一材料固定值后，材料就会发生屈服形变。在脆性粒子与韧性基体组成的复合体系中，脆性粒子在 x、y、z 三个方向都受到应力的作用，可

直接应用 Mises 的屈服条件。当 z 轴为拉伸方向时，由于球形对称，$\sigma_x=\sigma_y$，所以上式可变为式（1-17）

$$(\sigma_x-\sigma_z)^2=3k^2 \tag{1-17}$$

因此，分散相粒子是否屈服，可由$(\sigma_x-\sigma_y)^2$的大小来判断。

目前对增韧理论的研究主要是针对两类共混增韧体系分别进行。相对而言，对于刚性粒子增韧体系，增韧机理的研究工作仍处于一种初期的探索阶段，这一理论的前提应是两种高聚物中的一种高聚物必须具有韧性或分子链中具有柔性链段。这两类增韧理论目前还没有统一起来。

增韧过程是一个极其复杂的过程，以橡胶增韧塑料及以 ROF 增韧塑料是一个问题的两个方面，即：随着分散相模量的从小到大（从软到硬），基质将经历从以橡胶增韧塑料到以 ROF 增韧塑料的整个增韧过程的变化，也就是说：目前的以橡胶增韧塑料和以 ROF 增韧塑料是塑料的整个增韧过程的两个极端。这一点 Yee 等[191]也表示过同样的见解，他认为 ROF 增韧理论来源于橡胶增韧机理。

1.6.3 增韧机理的微观化和定量化

橡胶增韧机理的第三个发展阶段是 20 世纪 80 年代末到现在。这一阶段的发展特点是橡胶增韧机理的微观化和定量化。80 年代以前，学者们已充分认识到基体和聚合物共混物的形变过程对橡胶增韧塑料的韧性有重要的影响，进入 90 年代，人们对缺口冲击断面的表面和内部进行了充分的微观研究，研究手段主要是各种显微技术；定量化的研究主要是建立在聚合物共混物形态结构的基础上，用统计理论对具有各种形态的聚合物共混物的韧性进行定量描述，这一方面已取得很好的实验结果并有发展前景的是建立在 JGR 群子统计理论基础上的群子标度理论。

今日光的模糊群子论创立于 1978 年[200]，并逐步发展成线性和非线性统计理论[201-207]。群子论认为，不论事物性质如何纷繁复杂、表现形式如何，其发生、发展的动力都是正反两方面因素相互竞争和作用的结果。这也正是任何过程在运动本质上的共同点，如机械运动中的动力和阻力，电子运动中的电动势和电阻，化学过程中原子的排斥和吸引力等。在运动过程中事物的有关性质由正反两方面因素的数量和竞争能力所决定。群子论为这样一种辨证的运动观提出了一个统一的观点，也就提供了用以描述运动过程的模型。近年来，群子论在高分子材料高性能化的理论研究过程中不断得到运用和验证，提出了多相聚合物在形态发展过程中两大类情形：一是遵循能量最低原则，二是遵循能量最高原则[208，209]，逐步形成了一套高分子材料高性能化及多功能化的新概念。第四统计力学——群子统计理论自从创立以来已经在很多领域得到了验证和成功应用，其中包括：表面吸附、气液平衡、液液平衡、高分子溶液位力系数、高分子结晶过程、共聚反应、共聚物序列、化学反应、高分子合金、应力-应变模拟、电流变效应、细观增强高分子材料、共聚物玻璃化温度、复合型导电聚合物、相对分子质量分布、微发泡聚合物、聚合物相容性、高分子合金的流变性能及生命科学等多个领域。在多相共混体系的结构-形态-性能研究中，体系的力学性能、流变性能和热性能等均与其多相结构的亚微相态及其分布密切相关。因此，科学地描述多相共混体系的亚微相态结构及其分布十分重要。

多相共混体系中分散相粒径分布不仅受共混工艺的影响，还与共混体系的配方有密切关系。在这个领域里，群子统计理论是比较行之有效的表征粒子粒径分布，建立粒径分布与宏观力学性能之间内在联系的系统理论。本学科方向的研究人员在这方面做过大量的工作，将群子统计理论应用于多种不同的共混体系，圆满地解释了体系各项性能与微观相态的关系，同时也充分验证了群子理论的正确性和有效性。汪晓东[210]在高强超韧尼龙的研究中，对具有球状分散相的尼龙6/EVA/Nucrel（乙烯-丙烯酸共聚物）、尼龙 6/EVA/Elvaloy（乙烯-乙酸乙烯-丙烯酸共聚物）体系进行了系统研究，结果这些体系遵守最佳秩序原则，即随着粒子均匀度的增加，体系的力学性能提高。

同样，白宗武[211]在具有棒状结构的初生态高分子/尼龙 6 体系中，冯威[212]在具有网状结构的 PPO/SEBS-g-MA 和 PPO/SEBS-g-MA/PA6 体系中，也发现了类似现象，证明这些体系也遵守最佳秩序原则。然而，当汪晓东[210]在用壳-核型共聚物粒子作为改性剂来增韧尼龙 6 时，发现粒子均匀度的过分增加反而导致体系力学性能变差，这样的体系符合最自由秩序原则。

王君龙[180]根据大量实验，对所得数据进行归纳总结，依据金日光等[206]提出的群子统计理论，对 PP/POE/纳米 SiO_2 共混合金体系中的 POE 弹性体粒子粒径分布进行定量表征。结果表明，应用群子统计理论可以成功地表征粒径分布，并将粒孔分布与共混体系的宏观力学性能定性、定量地联结起来。

聚合物的增韧改性是一个复杂的过程，受多方面的因素影响，且影响因素间相互交织并具有多层性。至少存在两层条件，一层是从静态亚微相态出发，如橡胶增韧塑料的群子标度理论和 Wu 提出的逾渗理论等；另一层是冲击过程中亚微相态的变化，是动态变化方式，如空穴化机理等。总之，研究增韧理论应针对不同体系及各自特点做到具体问题具体分析。

参 考 文 献

[1] 李志军. 先进树脂基复合材料的发展[J]. 工程塑料应用，1999，27（4）：34-36.

[2] 娄宝兴. 氰酸酯树脂的结构与性能[J]. 覆铜板资讯，2005，26（5）：33-37.

[3] 王晓洁，梁国正，张炜. 氰酸酯树脂在航空航天领域应用研究进展[J]. 材料导报，2005，19（5）：70-72.

[4] Frame B J. Characterization and process development of cyanate ester resin and composite[C]. 41th International Sampe Symposia & Exhibition，Long Beach，Educational & Professional Group，March，1996，313（4）：24-26.

[5] Parvatareddy H，Wilson J Z，Dillard D A. Composites science and technology[J]. Polymer Mater Science Engineering，1996，56（10）：1129-1140.

[6] Bogan G W，Lyssy M E，Memmeral G A，et al. High performace therosets[J]. SAMPE Journal，1998，24（6）：19-25.

[7] Gu A J，Liang G Z. Application of polymer[J]. Internation Journal Polymeric Mater，1997，35（4）：29-37.

[8] Gu A J，Liang G Z. Polymer compstites property and application[J]. Polymer Compsites，1997，18（1）：151-154.

[9] 闫福胜. 氰酸酯树脂的研究进展[J]. 高分子材料，1996，4（2）：14-16.

[10] 王胜杰，许元泽. 氰酸酯聚合物的研究[J]. 化学通报，1996，17（12）：28-30.

[11] 李齐方，杨庆泉，今日光. 氰酸酯树脂的研究进展及其在微电子工业的应用[J]. 工程塑料应用，2002，30（2）：34-36.

[12] 何少波.半互穿网络结构改性氰酸酯树脂体系研究[D]. 西安：西北工业大学硕士学位论文，2007.

[13] Hamerton I. Chemistry and Technology of Cyanate Ester Resins[M]. London：Blackie Academic &Professional，1994：3-4.

[14] Reghunadhan N C P，Mathew D，Ninan K N. Cyanate ester resins recent developments[J]. Advance in Polymer Science，2001，155（6）：1-3.

[15] Grigat E. New reactions with cyanic esters[J]. Angewandte Chemie International Edition，1972，11（11）：949-963.

[16] Osei-Owusu A，Martin G C，Gotro J T. Catalysis and kinetics of cylotrimerization of cyanate ester resin systems[J]. Polymer Engineer and Science，1992，32（2）：535-541.

[17] Sorth A W. The synthesis manufacture and characterization of cyanate ester monomers[M]. New York：Springer Netherlands. Groningen，Educational & Professional Group，1994：7-9，16-18.

[18] Grigat E，Lin R H，Su A C，et al. Glass transition temperature versus conversion relationship in the polycyclotrimerization of aromatic dicyanates[J]. Journal of Geophysical Research Atmospheres，1992，97（4）：4599-4627.

[19] Jensen K A，Dyrssen D，Lemmich J，et al. Kinetic features of the oxidation of aliphatic dialdehydes by quinolinium dichromatel[J]. Aeta Chemical Scandinavica，1965，19（4）：439.

[20] Martin D，Milligan E，Zapata V，et al. An initial investigation of spinal mechanisms underlying pain enhancement induced by fractalkine a neuronally released chemokine[J]. Angaw Chemical，1964，76（4）：303-308.

[21] 郭艳宏. 氰酸酯树脂的合成、性质及应用[J]. 应用科技，2004，34（5）：66-68.

[22] 陈祥宝. 高性能树脂基体[M]. 北京：化学工业出版社，1999：32-33.

[23] Gernier-Loustalot M. Mechanism of thermal polymerization of cyanate ester systems：Chromatographic and spectroscopic studies[J]. Journal Polymer Science（Part A），1996，34（4）：2955-2966.

[24] Fang T，Shimp D A . Polycyanate esters：science and applications[J]. Progress in Polymer Science，1995，20（4）：61-66.

[25] 秦华宇，梁国正，张明习，等. 氰酸酯树脂的合成与表征[J]. 化工新型材料，2008，26（10）：33-34.

[26] 闫福胜. 氰酸酯树脂研究[D]. 西安：西北工业大学硕士学位论文，1998.

[27] Nair C P R，Francis T. Blends of bisphenol a-based cyanate ester and bismaleimide：Cure and thermal characteristics[J]. Journal Appllied Polymer Science，1999，74（14）：3365-3375.

[28] Simon S L，Gillham J K. Cure kinetics of a thermosetting liquid dicyanate ester resin/High T_g polycyanurate material[J]. Journal Appllied Polymer Science，1993，47（3）：461-485.

[29] 杨洁颖. 氰酸酯基透波复合材料研究[D]. 西安：西北工业大学博士学位论文，2005.

[30] Gaku M，Kimbara H. Process for producing polyfunctional cyanate ester polymer：US，4820855. 1989.

[31] 李文峰. 应用于 RTM 工艺的氰酸酯树脂基体研究[D]. 西安：西北工业大学硕士学位论文，2000.

[32] Jakubek V，Lees A J，Fuerniss S J，et al. Photocatalytic and photoinitiating properties of iron organometallic complexes in solution and aromatic dicyanate esters[C]. 21th ACS National Meeting，San Frandisco，California，Educational & Professional Group，Educational & Professional Group，1997：13-17.

[33] Shimp D A，Christenson J R，Ising S J. Cyanate esters：An emerging family of versatile composite resins[C]. 34th Internation SAMPE Exhibition，Educational & Professional Group，Washington，US，1989：222-233.

[34] Korshak V V，Gribkova P N，Dmitrienko A V，et al. Thermal and oxidative thermal degradation of polycyanates[J]. Vysokomol Soed，1974，A16（1）：15-21.

[35] Smolin E M，Rapoport L. s-Triazines and Derivatives in the chemistry of hetercyclic compounds[J]. Polymer Mater Science Engineering，2002，13（5）：14-18.

[36] Yasuo U，Mitsuo I，Saburo N. Properties of unreinforced cyanate ester matrix resins[M]. New York：Springer Netherlands，Professional Publishing Group，1994，193-229.

[37] Scheehan D，Bentz A P，Petropoulos J C. The relative thermal stability of polymer model compounds[J]. Journal Applied Polymer Science，1962，19（6）：47-56.

[38] Shimp D A，Hudock F A，Bobo W S. Toughening cyanate functional resins for structural composite matrix application[C]. 18th International SAMPE Techical Confrence，Educational & Professional Group，Washington，US，1986，18（1）：851-862.

[39] Shimp D A. Thermal performance of cyanate functional thermosetting resins[J]. Journal Appllied Polymer Science，1987，19（1）：41-46.

[40] Shimp D A，Hudock F A，Ising S J. Co-reaction of epoxide and cyanate resins[C]. Proceedings of the 33rd International SAMPE Symposium and Exhibition，Educational & Professional Group，Seattle，US，1988，33（4）：754-766.

[41] Shimp D A，Ising S J. New cyanate ester resin with low temperature（125℃-200℃）cure capability[C]. Proceedings of the 33rd International SAMPE Symposium and Exhibition，Educational & Professional Group，Seattle，US，1990，35（5）：1045-1056.

[42] Shimp D A，Ising S J. Moisture effects and their control in the curing of polycyanate resins[C]. Abstracts of Papers of PMSE，American Chemical Society，Educational & Professional Group，Washington，US，1992，203（2）：258-262.

[43] Shimp D A. Thermal performance of cyanate functional thermosetting resins[C]. 32 nd International SAMPE Symposium and Exhibition，Educational & Professional Group，Seattle，US，1987，32（5）：1063-1072.

[44] Grigat E，Pütter R. Synthesis and reactions of cyanic esters[J]. Angewandte Chemie International Edition England，1967，6（3）：206-218.

[45] 任鹏刚. 高模量碳纤维增强氰酸酯树脂基复合材料研究[D]. 西安：西北工业大学博士学位论文，2005.

[46] Shimp D A，Chin B.Electrical properties of cyanate ester resins and their significance for applications[C]// Hamerton I. Chemistry and Technology of Cyanate Ester Resins. Glasgow：Blackie Academic and Professional，1994，22（8）：23-25.

[47] Snow A W，Armistead J P. Comparative cyanate and epoxy resin hydrogen bonding studies[J]. Journal of Adhesion，1992，66（4）：508-509.

[48] Bauer M，Bauer J，Kuhn G. Kinetics and modeling of thermal polycyclotrimerization of aromatic dicyanates[J].

Acta Polymer Sinica，1986，37（11）：715-719.

[49] Shevchenko V I，Kulibaba N K，Kirsanov A V. Phosphorylation of aromatic cyanates[J]. Chemistry of Heterocyclic Compounds，1969，39（5）：1689-1693.

[50] Martin D，Weise A. Cyanic acid ester as dienophiles in 1，3-cycloadditions[J]. Chemische Berichte，1966，99（1）：317-327.

[51] Cercena J L. The effect of indenter heating on indentation creep testing of MgO[J]. Journal of Materials Science Letters，2001，20（19）：1819-1821.

[52] Fyfe C A，Niu J，Rettig S J，et al. High-resolution ^{13}C and ^{15}N-NMR investigations of the mechanism of the curing reactions of cyanate-based polymer resins in solution and the solid state[J]. Macromolecules，1992，25（1）：6289-6301.

[53] Belsky A J，Brill T B. Spectroscopy of hydrothermal reactions 14 kinetics of thepH-sensitive aminogu-anidine-semicarbazide-cyanate reaction network[J]. The Journal Physical Chemmistry A，1999，103（5）：7826-7833.

[54] 李文峰. 改进的卤化氰-酚法合成氰酸酯研究[D]. 西安：西北工业大学博士学位论文，2004.

[55] 李春雪. 纳米氧化钕多步接枝基甲基丙烯酸甲酯改性氰酸酯树脂的制备及其性能研究[D].西安：西安科技大学硕士学位论文，2015.

[56] Grenier-Loustalot M F，Lartigau C，Grenier P. A study of the mechanisms and kinetics of the molten state reaction of non-catalyzed cyanate and epoxy-cyanate systems[J]. Europe Polymer Journal，1995，31（4）：1139-1153.

[57] 李文峰，辛文利，梁国正，等. 氰酸酯的固化反应及其催化剂[J]. 航空材料学报，2003，23（2）：56-62.

[58] Bauer J，Bauer M. Curing of cyanates with primary amines[J]. Macro Chemical Physics，2001，202（11）：2213-2220.

[59] Bauer M，Bauer J，Ruhmann R，et al. Reaktionen polyfunktioneller cyansäureester mit polyfunktionellen glycidethern. 2. reaktionsmodell[J]. Acta Polymer，1989，40（6）：395-401.

[60] Bauer M，Tanzer W，Much H，et al. Reaktionen polyfunktioneller cyansäureester mit polyfunktionellen glycidethern. 1. Identifizierung der gebildeten Strukturelemente[J]. Acta Polymer，1989，40（5）：335-340.

[61] 国家自然科学基金委员会工程与材料科学部. 有机高分子材料科学[M]. 北京，科学出版社，2006：2-4.

[62] 丁孟贤，何天白. 聚酰亚胺新型材料[M]. 北京：科学出版社，1998：17-18.

[63] 朱兴松，刘丽丽，程子霞，等. 环氧树脂与氰酸酯共固化反应的研究：Ⅰ-固化反应行为、机理及其固化物结构特征[J]. 纤维复合材，2001，54（3）：8-10.

[64] Fyfe C A，Niu J，Mok Y. Synthesis and characterization of polyfunctional crosslinking agents for cyanate resin[J]. Journal Polymer Science，Part A：Polymer Chemical，1995，33（2）：1191-1202.

[65] Lin K F，Shyu J Y. Early cure behavior of a liquid dicyanate ester resin[J]. Journal Polymer Science，Part A：Polymer Chemical，2001，39（18）：3085-3092.

[66] Shimp D A，Wentworth J H. Cyanate ester cured epoxy resin structural composites[C]. 37 th International SAMPE Symposium，March，Anaheim，Educational & Professional Group，CA，1992，37（5）：293-305.

[67] Lin R H，Hsu J H. *In situ* FT-IR and DSC investigation on the cure reaction of the dicyanate-diepoxide-diamine system[J]. Polymer Internation，2001，50（6）：1073-1081.

[68] Semenovych H M，Fainleib O M，Slinchenko O A，et al. Influence of carbon fiber on formation kinetics of crosslinked copolymer from bisphenol a dicyanate and epoxy oilgomer[J]. Reactive & Functional Polymers，1999，40（1）：281-288.

[69] Grigat E，Rolf P，Cologne S，et al.Phenolic resins containing cyanic ester groups[P]：US，34480791. 1969.

[70] Loudas B L. Cyanic acid ester as dienophiles in 1，3-cycloadditions[J]. Chemische Berichte，1966，99(1)：317-327.

[71] Shimp D A. The translation of dicyanate structure and cyclotrimerization efficiency to polycyanurate properties[J]. Proc ACS PMSE，1986，54（3）：107-113.

[72] Fyfe C A，Niu J，Rettig S J，et al. Spectroscopy of hydrothermal reactions kinetics of the pH-sensitive amino guanidinese micarbazide cyanate reaction network[J]. Journal Physics Chemical Part A，1999，103(1)：7826-7833.

[73] Hans W，Grenier L M，Lartigau C，et al. A study of the mechanisms and kinetics of themolten state reaction of non-catalyzed cyanate and epoxy-cyanate systems[J]. Europea Polymer Hournal，1995，31（31）：1139-1153.

[74] Ernst G，Rolf P. Angew static and dynamic mechanical properties of modified bismaleimide and cyanate ester interpenetrating[J]. Chemical，International edition，1972，11（11）：949-957.

[75] Masaharu D，Hideo I，Yoshio U. Production of cyanate group-containing phenolic resin[P]：JP，592149918. 1984.

[76] Masaharu D，Hideo I. Electrode catalyst for electrochemical reaction process for producing the electrode catalyst and electrode for electrochemical reaction having the electrode catalyst[P]：JP，58234822. 1983.

[77] Woo E P，Murray D J. Novel polyaromatic cyanates and polytriazines prepared therefrom[P]：EP，0147548. 1985.

[78] Sajal D. Cyanato group containing phenolic resins，phenolic triazines derived thereform[P]：US，4831086. 1989.

[79] 李文峰，陈淳，王国建. 酚醛型氰酸酯树脂的研究与应用[J]. 材料导报，2006，20（6）：44-48.

[80] 郭艳宏. 高性能热固性树脂基体——氰酸酯树脂[J]. 华工科技，2003，11（6）：59-62.

[81] 秦华宇. 环氧树脂改性氰酸酯树脂复合材料的研究[J]. 纤维复合材料，1999，16（2）：1-4.

[82] 梁国正. 双酚 A 型氰酸酯树脂的改性研究[J]. 化工新型材料，1999，27（6）：29-31.

[83] Liang G Z，Gu A J，Lan L W. Plastics rubber and compostites processing and application[J]. European Polymer Journal，1996，25（9）：423-426.

[84] 郭宝春，汪磊，贾德民. 氰酸酯树脂的增韧改性方法[J]. 中国塑料，2001，15（4）：10-14.

[85] 赵磊，梁国正，孟季茹，等. 氰酸酯树脂在导弹材料中的应用[J]. 兵器材料科学与工程，2000，23（6）：43-46 .

[86] 陈祥宝. 高性能树脂基体[M]. 北京：化学工业出版社. 1999：123-126.

[87] 赵磊，梁国正，秦华宇，等. 氰酸酯树脂在宇航复合材料中的应用[J]. 宇航材料工艺，2000，54（2）：19-22 .

[88] 郭笑坤. 低介质损耗雷达罩用复合材料的研究进展[J]. 高科技纤维与应用，2003，28（6）：29-33 .

[89] Hexcel J S. Composites curing cyanate matrix[J]. Product Data Management，2003，45（7）：55-62.

[90] 房红强. 高性能 PTFE 基透波复合材料的研究进展[J]. 化工新型材料，2004，32（5）：20-21.

[91] 岑潭. 聚氰酸酯的工业应用及其聚合机理的探讨[J]. 化工新型材料，1994，11（5）：33-35.

[92] Facciano A L. High-temperature organic composites applications for supersonic missile airf rames1[J]. SAMPE Journal，2000，36（1）：9-13.

[93] 房红强. 高性能 PTFE 基透波复合材料的研究进展[J]. 化工新型材料，2004，32（5）：22-23.

[94] Shimp D A. Metal carboxylate/alcohol curing catalyst for polycyanate ester of polyhydric phenol[P]：US，4608434. 1986 .

[95] Bartolotta A，Di M G，Lanza M. Thermal and mechanical properties of simultaneousand sequential full-interpenetrating polymer networks Materials[J]. Science and Engineering A，2004，370（4）：288-292.

[96] Pissis P，Georgoussis G，Bershtein V A，et al. Dielectric studies in homogeneous and heterogeneous polyurethane/polycyanurate interpenetrating polymer networks[J]. Journal of Non-Crystalline Solids，2002，305（8）：150-158.

[97] Matsumoto T. On the performance of high modulus Pitch-based carbon fiber/toughed polycyanate ester resin composite[C]. 37th Intenration SAMPE Symposium，New York，US，Educational & Professional Group，1992：9-12，137.

[98] Robitaille S. RS-3polycyanate ester resin-the satellites community choice for high-performance composites[R]. YLA Inc Advanced Composite Materials，2000：l-5.

[99] Hoffman C N. Development of composite（K1100/CE）satellite bus structure[C]. 41st SMAPE symposium，Washington，Educational & Professional Group，1996，814（12）：24-26.

[100] Wienhold P D. The development of high temperature composite solar array substrate panels for messenger spacecraft[C]. 34th Iternational Technical Conference，New York，Educational & Professional Group，2002，308（12）：4-7.

[101] Brand R A. Evaluation of high-modulus pitch/cyanate material systems for dimensionally stable structures[C]. SPIE Design of Optical Instruments，Wasgington，Educational & Professional Group，1992，309（8）：35-39.

[102] Harry D. Modular composite spacecraft structures[C]. 28th International SAMPE Technical Conference，Chicago，Educational & Professional Group，1996，523（11）：4-7.

[103] Mold C A. Siloxane modified cyanate ester resins for space applications[C]. 37th International SAMPE Symposium，New York，Educational & Professional Group，1992，206（4）：9-12.

[104] Sabyasachi G. Chemorheology of cyanate ester-organicaly layered silicate nanocomposites[J]. Polymer，2003，44（3）：6-9.

[105] Sabyasachi G. Mechanical properties of intercalated cyanate ester-layered silicate nanocomposites[J]. Polymer，2003，44（6）：13-15.

[106] 李春华，齐暑华，王东红. 耐高温有机胶粘剂研究进展[J]. 中国胶粘剂，2007，16（10）：41-46.

[107] 郭宝春，贾德民，邱清华. 氰酸酯树脂及其胶粘剂[J]. 中国胶粘剂，2000，9（1）：31-34.

[108] Shimp D A. Polycyanate esters of polyhydric phenols blended with the moplastic polymers[P]：US，4983683. 1991.

[109] Ryang H S. Themosetting resin systems containing secondary amineterminated siloxane modifiers[P]：US，4847154. 1989.

[110] Boyd J D，Sitt H，Ryung H S，et al. Structures exhibiting improved transmission of ultrahigh frequency electromagnetic radiation and structural materials which allow their construction[P]：US，4956393. 1990.

[111] Sachdev K G，Berger M，Call A J，et al. Aryl cyanate and/or diepoxide and hydroxyl methylated phenolic or hydroxyl styrene resin[P]：US，5955543. 1999.

[112] Shimp D A. Metal carboxylate/alkylphenol curing catalyst for polycyanate esters of poly hydric phenols[P]：US，4604452. 1986.

[113] Shimp D A. Metal acetylacetonate alkylphenol curing catalyst for policyanate esters of poly hydric phenols[P]：US，4785075. 1988.

[114] Shimp D A.Polycyanate esters of polyhydric phenols blended with thermo-plastic polymers[P]：US，4902752. 1990.

[115] Gorodisher I，Palazzotto M C. Epoxy-Cyanate ester compositions that form interpenetrating net-works via a Bronsted acid[P]：US，5494981. 1996.

[116] Grieve A，Zhou X Q，Wevick H，et al. Long and short-chain cycloaliphatic epoxy resin with cyanate ester[P]：US，6057402. 2000.

[117] 蓝立文. 氰酸酯树脂及其胶黏剂[J]. 粘接，1999，18（4）：33-37.

[118] Pokorny R J.Cyanate resin adhesive for polyimide film[P]：US，5350635. 1994.

[119] Pearce E，Dcbona B T，Dryer F L，et al. Fire and smoke resistant interior materials for commercial transport

aircraft[M]. Washington DC：National Academy Press，1995：21-26.

[120] Sajal D，Prevorsek D C. Fibers made from cyanato group containing phenolic resins and phenouc triazines resins[P]：US，5194 331. 1993.

[121] 赵颖，刘晓辉，张立国，等. 氰酸酯树脂及其胶黏剂的研究概况[J]. 化学与黏合，2008，30（6）：50-54.

[122] 颜红侠，梁国正，马小燕，等. 聚苯醚改性氰酸酯树脂的研究[J]. 西北工业大学学报，2004，22（3）：301.

[123] 任鹏刚，梁国正，卢婷利，等. ZnO 晶须改性石墨纤维/双酚 A 二氰酸酯复合材料[J]. 复合材料学报，2005，12（2）：46-51.

[124] Fang Z P，Wang J G，Gu A J. Structure and properties of multiwalled carbon nanot ubes/cyanate ester composites[J]. Polymer Engineering and Science，2006，46（2）：670-679.

[125] 周宏福，刘润山. 氰酸酯树脂的改性研究[J]. 纤维复合材料，2009，41（1）：3-5.

[126] Connel S J. Lightweight space miorrrs from carbon fiber composites[J]. SAMPE Jounral，2002，38（4）：46-50.

[127] 唐玉生，曾志安，陈立新，等. 氰酸酯树脂改性及应用概况[J]. 航空材料学报，2004，32（10）：67-69.

[128] 赵磊，秦华宇，梁国正，等. 氰酸酯树脂的研究进展[J]. 工程塑料应用，1999，27（12）：41-43.

[129] 祝保林. 纳米粒子表面改性对氰酸酯复合材料性能的影响[D]. 西安：西安理工大学硕士学位论文，2013.

[130] Sajal D，Prevorsek D C，Rhee S K，et al. Friction resistant composition[P]：US，4920159. 1990.

[131] Couch B P，Mca Uister L. E_1 Phenolic$_2$t riazine resin finish of carbon fibers[P]：US，51678801. 1992.

[132] 左瑞霖，梁国正，常鹏善，等.热固性液晶树脂的研究进展[J]. 材料导报，2003，17（3）：22-26.

[133] 白战争，赵秀丽，罗雪方，等. 环氧灌封材料的研究进展[J]. 材料导报，2009，23（1）：24-27.

[134] 宋谦. 环氧灌注材料在电子器件上的应用及发展动向[J]. 电子工艺技术，2001，22（2）：47-50.

[135] 冯煜. 氰酸酯树脂改性体系的研究[D]. 杭州：浙江大学博士学位论文，2005.

[136] 杨建业，强军锋，余竹焕. 氰酸酯树脂改性的研究现状[J]. 化工新型材料，2005，33（4）：13-15.

[137] Hamerton I. Chemistry and Technology of Cyanate Ester Resins[M]. Glasgow：Blackie Academic and Professional，Springer Netherlands，Educational & Professional Group，2010：87-111.

[138] 秦华宇，梁国正，张明习，等. 氰酸酯树脂的合成与表征[J]. 化工新料，1998，112（10）：33-34.

[139] 包建文，唐邦铭. 氰酸酯的合成与表征[J]. 热固性树脂，1998，53（1）：18-21.

[140] 吴培熙，张留城. 聚合物共混改性[M]. 北京：中国轻工业出版社，1996：15-17.

[141] 斯柏林 L H. 互穿聚合物网络和有关材料[M]. 黄宏慈，欧玉春，译. 北京：科学出版社，1987：3-5.

[142] Georgoussis G，Kyritsis A，Bershtein V A，et al. Dielectric studies of chain dynamics in homogeneous semi-interpenetrating polymer networks[J]. Journal Polymer Science Part B：Polymer Physics，2000，38（23）：3070-3087.

[143] Fainleib A，Kozak N，Grigoryeva O，et al. Structure-thermal property relationships for polycyanurate-polyurethane linked interpenetrating polymer networks[J]. Polymer Degradation and Stability，2002，76（3）：393-399.

[144] Vatalisa A，Delidesa C，Georgoussis G，et al. Characterization of the rmoplastic interpenetrating polymer networks by various thermal analysis techniques[J]. Thermochimica Acta. 2001，371（3）：87-93.

[145] Bartolotta A，Marco G D，Carini G，et al. Relaxation in semi-interpenetrating polymers network of linear polyurethane and heterocyclic polymer networks[J]. Journal of Non-Crystalline Solids，1998，235（5）：600-604.

[146] Wang C S，Jang H. Bismaleimide-triazine resin and production method thereof[P]：US，5886134. 1999.

[147] 梁国正，顾媛娟. 双马来酰亚胺树脂[M]. 北京：化学工业出版社，1999：17-18.

[148] Hu X，Fan J，Yue C Y. Rheological study of crosslinking and geltion in bismaleimide ester interpenetrating polymer network[J]. Journal Applied Polymer Science，2001，80（13）：2437-2445.

[149] Fan J，Hu X，Yue C Y. Static and dynamic mechanical properties of modified bismaleimide and cyanate ester

interpenetrating polymer networks[J]. Journal Applied Polymer Science，2003，88（7）：2000-2006.

[150] Fan J，Hu X，Yue C Y. Dielectric properties of self-catalytic interpenetrating polymer network based on modified bismaleimide and cyanate ester resins[J]. Journal Polymer Science，Part B：Polym Phys，2003，88（8）：1123-1134.

[151] Fan J，Hu X，Yue C Y. Thermal degradation study of interpenetrating polymer networkbased on modified bismaleimide and cyanate ester[J]. Polymer Internation，2003，52（2）：15-22.

[152] Dinakaran K，Alagar M. Preparation and characterization of epoxy-cyanate ester interpenetrating network matrices/organoclay nanocomposites[J]. Polyer Advanced Technology，2003，14（12）：574-585.

[153] Dinakaran K，Alagar M，Kumar R S. Preparation and characterization of bismaleimide/1，3-dicyanatobenzene modified epoxy intercrosslinked matrices[J]. European Polymer Journal，2003，39（8）：2225-2233.

[154] Harismendy I，Rio M D，Eceiza A，et al. Morphology and thermal behavior of dicyanate ester polyetherimide semi-IPNS cured at different conditions[J]. Journal Applied Polymer Science，2000，76（5）：1037-1047.

[155] Harismendy I，Rio M D，Marieta C. Dicyanate ester polyetherimide semiinterpenetrating polymer networks. II. effects of morphology on the fracture toughness and mechanical properties[J]. Journal of Applied Polymer Science，2001，80（3）：2759-2767.

[156] Hong J L，Lin H J. Hydrogen-bond interactions between poly[（ethyl acrylate）-co-（acrylic acid）]and polycyanate derived from bisphenol a dicyanate[J]. Macromol Chemical Physics，1999，200（8）：845-851.

[157] Martin D. Möglichkeiten and grenzen in der anwendung moderner biochemischer analysenverfahren[M]. Washington：Fresenius Zeitschrift Für Analytische Chemie，Educational & Professional Group，Professional Publishing Group，1965：64-77.

[158] Bauer J，Bauer M. Kinetic structural model for the network build-up during the reaction of cyanic acid esters with glycidyl ethers[J]. Journal Macromol Sci-Chem，1990，A27（4）：97-116.

[159] Shimp D A. Electrical properties of cyanate ester resins and their significance for applications[C]. 37th Wentworth. Society for the Advancement of Material and Process Engineering International，Springer Netherlands，Professional Publishing Group，Washington，1992，55（4）：292-293.

[160] Fyfe C A，Niu J，Rettig S J，et al. NMR investigations of the possible cross reactionsbetween cyanate and epoxy resins[J]. Journal Polymer Science，Part A：Polymer Chemical，1994，32（6）：2203-2221.

[161] Martin M D，Ormaetxea M，Harismendy I，et al. Cure chemo-rheology of mixtures based on epoxy resins and ester cyanates[J]. Euopean Polymer Journal，1999，35（1）：57-68.

[162] Mathew D，Nair C P，Ninan K N. Bisphenol a dicyanate-novolac epoxy blend：cure characteristics physical and mechanical properties and application in composites[J]. Journal Applied Polymer Science，1999，74（7）：1675-1685.

[163] 李文峰，梁国正，陈淳，等. 酚醛型氰酸酯与双酚A型环氧共固化反应的FT-IR 研究[J]. 高分子学报，2006，22（6）：804-809.

[164] Wang C S，Lee M C. Synthesis characterization and properties of multifunctional naphthalene-containing epoxy resins cured with cyanate ester[J]. Journal Applied Polymer Science，1999，73（9）：1611-1622.

[165] Uhlig C，Bauer J，Bauer M. Toughening of highly crosslinked polycyanurates with epoxy and phenol terminated butadiene-acrylonitrile rubbers[J]. Macromol Symp，1995，93（5）：69-79.

[166] Cao Z Q，Mechin F，Pascault J P. Effects of rubbers and thermoplastics as additives on cyanate polymerization[J]. Polym International，1994，34（1）：41-48.

[167] Pascault J P，Galy J，Mechin F. Chemistry and Technology of Cyanate Ester resins[C]. Hamerton I，Blackie

Academic and Professional，Glasgow，Springer Netherlands，Professional Publishing Group，1994.

[168] Wang J L，Liang G Z，Zhao W，et al. Modification of bisphenol A dicyanate ester by carboxyl-terminated liquid butadiene-acrylonitrile and its composites[J]. Polymer Engineering and Science，2006，46（2）：581-587.

[169] 王结良，梁国正，赵雯，等. 液体端羧基丁腈橡胶增韧改性氰酸酯树脂[J]. 复合材料学报，2005，22（1）：1-6.

[170] Feng Y，Fang Z，Gu A J. Toughening of cyanate ester resin by carboxyl terminated nitrile rubber[J]. Polymer for Advanced Technology，2004，15（1）：628-635.

[171] Feng Y，Fang Z，Gu A J. Structure and properties of CE/CTBN/EP blends：II Effect of EP on the mechanical properties and thermostability of the CE/CTBN system[J]. Polymer International，2005，54（12）：369-373.

[172] 朱雅红，马晓燕，姚雪莉，等. 液体端羧基丁腈橡胶改性氰酸酯树脂的结构与性能[J]. 青岛科技大学学报，2005，26（3）：234-237.

[173] 何鲁林. 氰酸酯树脂的发展概况[J]. 航空材料学报，1996，16（4）：54-61.

[174] Borraji J，Riccardi C C，Williams R J J，et al. Rubber modified cyanate esters：Thermodynamic analysis of phase separation[J]. Polymer，1995，36（18）：3541-3547.

[175] Yang P C，Woo E P，Bishop M T，et al. Rubber toughening of thermosets a system approach，Proceedings of the ACS Division of Polymeric Materials Science and Enhineering[J]. Journal Applied Polymer Science，1990，63：315-321.

[176] Kinloch A J，Taylor A C. The toughening of cyanate-ester polymers Part I：Physical modification using[J]. Journal of Materials Science，2002，37（6）：433-460.

[177] Ganguli S，Dean D，Jordan K，et al. Chemorheology of cyanate ester-organically layered silicate nanocomposites[J]. Polymer，2003，44（10）：6901-6911.

[178] Ganguli S，Dean D，Jordan K，et al. Mechanical properties of intercalated cyanate ester-layered silicate nanocomposites[J]. Polymer，2003，44（4）：1315-1319.

[179] Feng Y，Fang Z，Mao W，et al. Study on the structure and properties of cyanate ester/bentonite nanocomposite[J]. Journal of Applied Polymer Science，2005，96（1）：632-637.

[180] 王君龙. 纳米二氧化硅改性氰酸酯树脂的研究[D]. 西安：西北工业大学博士学位论文，2007.

[181] Ostromislensky I I. Method of producing beta-tetrachlor-ketonaphthalene[P]：US，1613673. 1927.

[182] Keskkula H，Platt A E，Boyer R F. Encyclopedia of chemical technology[C]. 2nd ed. New York：Whiley-Interscience，1952，19（6）：44-46.

[183] Merz E H，Claver G C. Studies on heterogeneous polymeric systems[J]. Journal of Polymer Science，2003，22（11）：325-341.

[184] Bucknall C B. Smith R R. Stress-whitening in high-impact polystyrenes[J]. Polymer，1965，6（8）：437-446.

[185] Newman S，Strella S J. Stress&mdash；strain behavior of rubber-reinforced glassy polymers[J]. Journal of Applied Polymer Science，1965，42（9）：2297-2310.

[186] Strella S. Rate effects in the measurement of polymer transitions by differential scanning calorimetry[J]. Journal of Applied Polymer Science，2003，13（7）：1373-1380.

[187] Bragaw C G. The Theory of rubber toughening of brittle polymers-multicomponent polymer systems-advances in chemistry（ACS Publications）[M]. New York：Multicomponent Polymer Systems，Educational & Professional Group，1971：86-106.

[188] Bucknall C B. Toughened plastics[M]. London：Applied Science Publishers，Springer Nether lands，1977，46（4）：315-317.

[189] Jang B Z，Uhlmann D R，Ver S J. Ductile&ndash brittle transition in polymers[J]. Journal of Applied Polymer Science，1984，29（11）：3409-3420.

[190] 李强，郑文革，漆宗能，等. PP/EPDM 共混体系脆韧转变的损伤研究[J]. 中国科学（B 辑），1993，23（5）：469-472.

[191] Yee A F，Pearson R A. Toghening mechanisms in elastomer-modified epoxies[J]. Mater Science，1986，21（6）：2475-2482.

[192] Okamoto Y. New cavitation mechanism of rubber dispersed polystyren[J]. Macromolecules，1993，26（1）：6547-6548.

[193] Wu S H. Impact fracture mechanism in polymer blends：Rubber-toughened nylon[J]. Polymer Science Physics Education，1983，21（6）：699-702.

[194] Wu S H. Dynamic Thermal analyzer for monitoring batch processes[J]. Chemical Engineering Progress，1985，81（5）：57-61 .

[195] Wu S H. Margolina a percolation model for brittle-tough transition in nylon/rubber blends[J]. Polymer，1988，29（8）：2170-2175.

[196] Margolina A，Wu S H. Comments percolation model for brittle-tough transition in nylon/rubber blends[J]. Polymer，1990，31（5）：972-976.

[197] Wu S H，William Y H. The origin of chain entanglement：Correlations between entanglement and chain structure[J]. Polym Engineering & Science，1993，33（4）：229-235.

[198] Kurauchi T，Ohta T. Energe absorption in blends of polycarbonate with ABS and SANa[J]. Journal Polymer Science：Polymer，1984，19（3）：1699-1706.

[199] Inoue T，Koo K K，Miyasaka K. Toughened plastics consisting of brittle particles and ductile matrix[J]. Polymer Engineering Science，1985，43（2）：119-126.

[200] 金日光. 群集统计理论在某些自然科学领域中的应用[J]. 北京化工学院学报，1978，21（4）：22-26.

[201] 金日光. 第四统计力学——JRG 群子统计理论的现状与展望[J]. 北京化工学院学报，1993，20（3）：12-25.

[202] 金日光. 模糊群子论[M]. 哈尔滨：黑龙江科学出版社，1985：36-41，72-73.

[203] 金日光. 用群子统计理论研究高分子溶液第二维利系数[J]. 北京化工学院学报，1984，42（2）：1-7.

[204] 金日光. 用群子统计理论探讨物理吸附方程[J]. 北京化工学院学报，1979，47（2）：24-26.

[205] 金日光. 汽-液平衡组成计算中群集统计方法的应用[J]. 化学工程，1981，62（3）：25-29.

[206] 金日光，丁师杰. 共聚型聚合物玻璃化温度-组成关系的群子理论//全国高分子学术论文报告预印集[C]，1992，61（2）：745-746.

[207] 金日光. 流变学进展[M]. 北京：化学工业出版社，1996：5，36-40，62-63.

[208] Prausnita J M，Lichtenthaler R N. Edmundo gomes de azevedo molecular thermodynamics of fluid-phase equilibria[C]. 2nd ed. New York：Englewood Cliffs，USA，Educational & Professional Group，1986.

[209] Koningsveld R，Kleintjens L A. Thermodynamics of polymer mixtures[J]. Journal Polymer Science，1977（61）：221-249.

[210] 汪晓东. 多相高分子材料高强超韧化机理与群子标度间相关性的研究[D]. 北京：北京化工大学博士学位论文，1996.

[211] 白宗武. 原位聚和初生态刚性链聚甲酰胺/活性阴离子聚合己内酰胺分子复合材料亚微形态与性能研究[D]. 北京：北京化工大学博士学位论文，1995.

[212] 冯威. 聚苯醚合金的超韧化机理及其亚微相态与群子参数关系的研究[D]. 北京：北京化工大学博士学位论文，1997.

第 2 章　双马来酰亚胺改性氰酸酯树脂

双马来酰亚胺（BMI）树脂是以马来酰亚胺为活性端基的一类双官能团化合物。它具有与环氧树脂类似的固化方法，固化物有良好的耐热性、耐湿热性、低的吸湿率和膨胀系数。氰酸酯和 BMI 进行共聚既可提高固化物的韧性，同时可获得较好的介电性能和耐温湿性能。这类树脂称为双马来酰亚胺-三嗪树脂（bismaleimide triazine resin，BT 树脂），其已大量应用于高性能电路板[1]。已商品化的 BT 树脂系列就是氰酸酯和 BMI 之间的反应产物，BT 树脂的固化物既提高了 BMI 树脂的抗冲击强度、电学性能和加工工艺性，也改善了氰酸酯的耐水解性，BT 树脂固化物的耐热性介于 BMI 树脂和氰酸酯树脂之间。

2.1　聚酰亚胺树脂的发展

就飞机上使用的复合材料树脂基而言，主要有环氧树脂、双马来酰亚胺树脂、某些热塑性树脂（如 PEEK 和 PPS 等）及近年来开发的引人注目的氰酸酯树脂，这些树脂基复合材料用于机身、垂尾和平尾。用于舱内装饰的树脂基体主要有改性酚醛树脂、BIM 和某些阻燃的热塑性树脂。用于发动机冷端部件的主要有聚酰亚胺树脂（PI）和其他芳杂环树脂[2]。而 BMI 属于聚酰亚胺树脂大类中的一种。

2.1.1　聚酰亚胺树脂简介

聚酰亚胺树脂的 T_g 高达 250℃，耐热性能、高频介电性能、力学性能、电气性能、耐化学性及尺寸稳定性优良，是电子工业、机械工业及航空航天工业中极具发展前景的商品。PI 树脂主要有反应型聚酰亚胺和双马来酰亚胺[3]。

作为复合材料树脂基体的热固性聚酰亚胺，通常采用加聚型聚酰亚胺，除反应型聚酰亚胺和双马来酰亚胺外，还有降冰片烯封端的 PI 和乙炔基封端的 PI[4]，它们是由美国国家航空航天局（NASA）的 Lewis 等中心为了满足航天工业和飞机发动机冷端复合材料需要而开发的，耐热性高于 BMI 树脂，最高耐温可达 371℃，但加工工艺条件苛刻。降冰片烯封端的 PI 多以 PMR（*in-situ* polymerization for monomer reactants）名字出现。利用单体反应物的溶液浸渍纤维，制成预浸料，在预浸料固化时，单体反应物加聚形成三向结构的 PI，T_g=335℃。

PMR-Ⅱ的区别在于用对苯二胺代替 4, 4′-二氨基二苯甲烷（DDM），二酐的酮基改为六氟异丙烷基，聚合度 n 由 2.087 变为 1.67，T_g 提高为 371℃，并提高树脂的热氧稳定性。Larc-160 由于用结构较乱的液体聚亚甲基苯胺 Jeffamine AP-22 代替 PMR-15 的 DDM，制备复合材料的工艺性得到改善。可用热塑性聚酰亚胺粉末 Matrimid5218 增韧 PMR-15，获得半互穿网络结构的树脂基体。中国科学院长春应用化学研究所研制了类似 PMR-5 的聚酰亚胺复合材料 T300/KH-304，T_g 为 304～320℃。

30 多年来，我国在各种类型的有机高分子树脂的研发方面取得了显著成绩[5]。首先，在双马来酰亚胺树脂的研发方面，“七五”“八五”期间，我国就已经成功研制和开发出了多种双马来酰亚胺树脂系列，这些自主研发的双马来酰亚胺树脂系列无论是在耐热性还是介电性能方面，都已经可以满足各行各业的使用要求。例如，北京航空工艺研究所的 QY8911 双马来酰亚胺树脂、北京航空材料研究所和西北工业大学共同自主研制开发的 5450，以及西北工业大学自主研发的 4501、4502 系列等。其中，值得一提的是 QY8911 和 5405，这两种双马来酰亚胺树脂常态下的工作温度范围为 130～150℃。4502 双马来酰亚胺树脂由于介电损耗角正切极低，可作为军用、民用雷达罩制备方面的特殊原材料树脂。但是，上述双马来酰亚胺树脂仍然存在许多缺点，如固化后树脂韧性不足、制备时的工艺性能还不是十分理想，同时，生产的产品质量还不是十分稳定。由于存在上述缺点，对双马来酰亚胺树脂系列的研究，目前国内的热点是针对双马来酰亚胺树脂的增韧改性。其次，是在生产过程及成型过程中对双马来酰亚胺树脂进行工艺性能的改进（工艺性能的改进包括降低成型过程中的固化温度，合适的催化剂缩短双马来酰亚胺树脂的固化时间，开发新工艺及新试剂改善预浸料的黏度，延长预浸料的储存期等）。目前，为了解决上述问题，研究人员应根据各行业的不同要求，开发新型双马来酰亚胺树脂改性剂及研发新型双马来酰亚胺树脂单体。随着中国大飞机产业链的启动，研发耐湿热性能好、吸湿率低、膨胀系数低的新型双马来酰亚胺树脂及在成型工艺性方面与环氧树脂相当，且常态工作温度能达到 250℃以上的新型双马来酰亚胺树脂将成为该领域研究的前沿。

中国大飞机产业链的启动，对大飞机机体材料、制造成本等方面提出了新的要求。新材料的研发必须从三个方面着手：尽可能减轻飞机发动机质量、提高飞机发动机性能和降低发动机制造成本。国外一直把研发耐高温树脂作为重点。目前，在飞机制造方面，已经将常态工作温度范围在 316～340℃的耐高温树脂应用于飞机发动机的外涵道、芯帽、整流罩、压气机叶片、中介机甲匣及发动机喷管等部位，国内研发的重点也正向此方向转移。伴随着各类型新型喷气式发动机的问世，发动机上所涉及的新型高分子树脂基材料，必须能在 316℃的常态温度下长期保持理想状态，因此国外第二代热氧化性稳定的新型 TRW 聚酰亚胺树脂已经问世，并正在被推广。新型 TRW 聚酰亚胺树脂在结构上部分实现了氟化，可在 316～371℃长期稳定工作。

对于国内，近年来已经推出热降冰片烯封端的 PI 和乙炔基封端的 PI 树脂。其中，以中国科学院化学研究所自主研发的 KH-304PI 树脂（T_g 达 360℃）及中国科学院长春应用化学研究所自主研发的 PMR-2 树脂（T_g 达 400℃）最为典型，这两类树脂首先是韧性优良，其次是常态使用温度都在 316℃以上，具有很大的开发潜能。目前正在进行预浸料的研发、复合材料成型工艺的优化及整体性能的最终评价。因此，国内领域对其期望很高，希望加速研发，尽快在中国大飞机产业链中得到应用，以填补国内空白。

但是，这两类树脂并非尽善尽美，仍需在其他方面进行改性和完善，研发可在 371℃以上进行常态工作的新一代聚酰亚胺树脂，为复合材料结构件在新型发动机上的使用，提供更好的高分子基体材料。

由于聚酰亚胺树脂的成型温度较高，成型工艺过程中需要配备相应的高温成型设备和相应的辅助成型材料。

2.1.2 BMI 的结构与合成

双马来酰亚胺树脂（BMI）是以马来酰亚胺为活性端基的一类双官能团化合物，其通式如图 2-1 所示。它具有与环氧树脂类似的固化方法，固化物有良好的耐热性、耐湿热性、低的吸湿率和膨胀系数[6]。

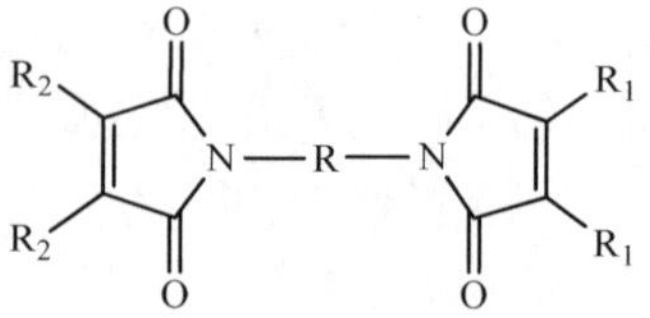

图 2-1 BMI 的结构

20 世纪 60 年代末，陈祥宝[7]指出法国罗纳-普朗克公司首先研制出 M-33BMI 树脂及其复合材料。从此，由聚酰亚胺树脂单体制备的聚酰亚胺树脂材料开始引起人们的重视。聚酰亚胺树脂具有与典型的热固性树脂相似的可模塑性和流动性，这就决定了目前用于环氧树脂成型的工艺，都可用于聚酰亚胺树脂的加工和成型；同时又由于聚酰亚胺树脂基体自身具有良好的耐高温、耐辐射、耐湿热、吸湿率低及热膨胀系数小等优点，因此，近三十年来，该类型树脂得到了迅速发展和广泛应用[8]。70 年代初，我国就已经开始了聚酰亚胺树脂的研发工作，但当时聚酰亚胺树脂的应用面有限，主要应用于电器绝缘材料、砂轮的黏合剂、各类橡胶产品的交联试剂及各类型塑料的塑料添加剂[9]。80 年代以后，我国才开始着手于将新型聚酰亚胺树脂用于各种类型的复合材料基体方向的研究，发展至今天，已经取得了一定的研究成果。

梁国正等[10]指出美国人 Searle 在 1948 年成功申请了聚酰亚胺树脂合成的第一个专利。此后，该专利的合成方法经过不断改进，利用此方法已经成功研发出了多种结构的聚酰亚胺树脂单体。一般来说聚酰亚胺树脂的合成路线如图 2-2 所示。

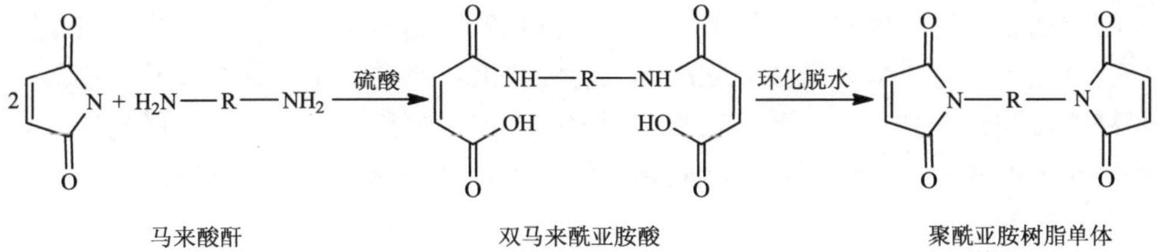

马来酸酐　双马来酰亚胺酸　聚酰亚胺树脂单体

图 2-2　BMI 的合成反应方程式[10]

首先马来酸酐与二元胺按照 2∶1 的物质的量比例定量反应，生成过渡中间体双马来酰亚胺酸，双马来酰亚胺酸生成后再经过脱水过程和环化过程，最终得到产物聚酰亚胺树脂单体。在此合成过程中，若选用不同结构的二元胺和不同结构的马来酸酐，并在合成制备过程中采用不同的反应条件、工艺配方、提纯方法及分离方法，就可得到不同结构与不同性能的聚酰亚胺树脂单体。

聚酰亚胺树脂单体一般条件下都为晶体，脂肪族的聚酰亚胺树脂单体整体具有较低的熔点，而芳香族聚酰亚胺树脂单体熔点则相对较高；聚酰亚胺树脂单体的取代基不同，则会给树脂引入不对称因素，导致聚酰亚胺树脂分子单体对称性降低，使聚酰亚胺树脂晶体的结晶完整程度降低，从而导致熔点降低。一般来说，在保证聚酰亚胺树脂固化物使用特性不致降低的前提下，为了改善聚酰亚胺树脂的工艺性，聚酰亚胺树脂单体的熔点越低越好。常用的聚酰亚胺树脂单体较难溶解于常规有机溶剂（如丙酮、乙醇等），只能溶解于二甲基甲酰胺（DMA）、*N*-甲基吡咯烷酮（NMP）等特殊的强极性溶剂。

又由于聚酰亚胺树脂单体分子结构内，处于相邻位置的两个羰基的吸电子作用，五元环内的双键成为贫电子双键，相对来说更容易断裂开键，决定了聚酰亚胺树脂单体可以通过五元环内的双键与多元胺（二元胺）、酰肼类物质、酰胺类物质、含硫氰基类物质、含氰尿酸类物质及羟基类物质中的活泼氢产生加成反应；此外，聚酰亚胺树脂单体也可以与环氧树脂、各类含有不饱和键的化合物及其他类型的聚酰亚胺树脂单体产生共聚反应；若直接在催化剂及加热作用下，聚酰亚胺树脂单体也同样可以发生自身聚合反应。聚酰亚胺树脂单体的固化及后固化温度则取决于聚酰亚胺树脂单体自身的结构。

聚酰亚胺树脂经特定工艺实现固化后，固化产物由于具有酰亚胺结构及交联密度较大的特点，决定了固化产物具有优良的耐热性能，固化产物的常态使用温度一般在 177～230℃，玻璃化温度一般大于 250℃。对于脂肪族聚酰亚胺树脂固化产物，随着分子结构内亚甲基的增多，固化产物的起始热分解温度（T_d）会有所下降；对于芳香族的聚酰亚胺树脂，它的起始热分解温度往往高于脂肪族聚酰亚胺树脂固化产物，同时起始热分解温度也受到固化产物体系内的交联密度影响。在特定的范围内，起始热分解温度与体系的交联密度成正比，体系的交联密度越大则起始热分解温度越高。聚酰亚胺树脂固化产物结构致密，固化产物自身缺陷少，决定了双马来酰亚胺酸固化产物具有较高的模量和强度。聚酰亚胺树脂固化产物的交联密度大、分子链刚性强，同时也决定了聚酰亚胺树脂固化产物宏观表现出较强的脆性，聚酰亚胺树脂固化产物冲击强度较低，抗冲击性能差，断裂韧性低，断裂伸长率较小。

BMI 是一类工作温度在 150～250℃的树脂基体。它的耐热性优于多官能环氧树脂，但低于聚酰亚胺树脂，吸湿率较环氧树脂低，通过改性可获得韧性和耐湿热性优于耐热环氧树脂、工艺性又优于聚酰亚胺而接近环氧的树脂基体，以满足高速飞机主受力结构用复合材料的需要。

目前应用于电路板基板的主要是 BMI 型的 PI 树脂。20 世纪 80 年代，日本首先将改性 BMI 树脂用于覆铜箔层压板（CCL）。日本三菱瓦斯化学公司将 BMI 和氰酸酯共聚。由于共聚产物分子结构中含有对称性很好的三嗪环而并不含极性基团，故改性树脂的耐热性和电学性能较好。自 80 年代推出工业化产品 BT 树脂至今，其介电性能已接近介电性能很好的氰酸酯树脂。后来，三菱瓦斯化学公司将溴化环氧树脂加入 BT 树脂以提高其阻燃性[11]。

目前，国外主要的 BMI 树脂基覆铜板生产厂家有三菱、日立化成、住友电木和松下电工[12]。在我国，704 厂（现为咸阳华电电子材料科技有限公司）于 1990 年研制出 TB-73 型 BMI 板，其各项性能均达到美军 MIL-P13949/10A 标准[13]。武汉标准化研究院的彭永利等[14]研究出具有优良电绝缘性能的环氧/双马来酰亚胺树脂，ε 为 3.5l，$\tan\delta$ 为 0.0038，体积电阻率为 $6.025\times10^{16}\Omega/\text{cm}$。树脂的抗吸水性优良，是一种耐湿热的电绝缘材料。西北工业大学的赵磊等[15]以 BMI、二氨基二苯甲烷、二烯丙基双酚 A、溴化环氧树脂、双氰胺等为主要原料，采用预聚法工艺获得性能优良的改性树脂体系，以改性树脂为基体树脂，玻璃纤维为增强材料，丙酮为主要溶剂的体系制得的 CCL，电学性能、耐热性、力学性能、吸水性等均有明显提高，与铜箔的黏结性能与 FR-4 相当。近年来，BMI 的改性树脂具有较好的电学性能、耐热性和韧性[16-21]。另外，日立化成从大型计算机所需高速信号传输特性出发，合成出低介电常数的马来酰亚胺-苯乙烯树脂，制成的 CCL 的介电常数为 3.7（1MHz），用于制作大型计算机（HITAC-M-880）的 46 层多层板[12]。它的平均信号传送速度比原用的 BMI 树脂基材缩短了 20%～30%，金属钻孔的可靠性也有大幅度提高。

几种已商品化的 BMI 板的主要性能及对应的 IPC4101/42 标准见表 2-1。

表 2-1　几种 BMI 板的主要性能及 IPC4101/42 标准[12]

性能	IPC4101/42	704 厂	住友电工	松下电工		日立化成
				R-4705	R-4775	
介电常数（1MHz）	5.4	4.15	3.6	3.4	4.6	—
介电损耗角正切（1MHz）	0.035	0.007	0.015	0.004	—	—
玻璃化温度/℃	200～250	250	220	220～230	250	240～260

2.1.3　聚酰胺酸的酰亚胺化新工艺

聚酰亚胺树脂的开发推动力是 20 世纪 60 年代发展航空航天技术的需求，80 年代以来，不仅它在航空航天工业有广泛市场，而且电子电气工业已成为它继续发展的主要经济基础。美国 20 多年来对 PI 的需求情况表明，电子电气领域对聚酰亚胺树脂的应用量是最大的，占 PI 总量的 83%，而在这些聚酰亚胺树脂中聚酰亚胺薄膜占总需求量的 59%，其中绝大部分用于挠性印刷电路板、电缆电线等部门[22]。表 2-2 为聚酰亚胺薄膜在美国电子电气工业中的应用情况。仅 1995 年，聚酰亚胺薄膜在挠性印刷电路板中的应用量就达 1095t，约占当年美国电子电气行业总用量的 70%，而且年增长很快。日本在电子电气中所消耗的聚酰亚胺薄膜有 60%也作为挠性印刷电路板应用[23]。可见，在发达国家，电子电气工业已成为聚酰亚胺薄膜的最大市场。

表 2-2　聚酰亚胺薄膜在美国电子电气中的应用情况

应用	1987 年		1990 年		1995 年	
	用量/t	所占比例/%	用量/t	所占比例/%	用量/t	所占比例/%
挠性印刷电路板	477	60.8	727	66.5	1095	69.0
电线和电缆	148	18.9	170	15.6	227	14.3
电动机、变压器及发动机	100	12.8	114	10.4	136	8.6
压敏胶带	20	206	25	2.3	36	2.3
自动黏结带	9	1.1	16	1.5	23	1.5
其他	30	3.8	41	3.8	68	4.3
总用量	784	—	1093	—	1585	—

由于酰亚胺化比较完全的聚酰亚胺树脂固化物是既不熔化又不溶解的树脂，聚酰亚胺树脂一旦完全固化，就难于再次进行二次加工，所以常规的聚酰亚胺类薄膜的生产，一般均采用二步法工艺进行：采用具有可溶性的聚酰胺酸制备薄膜前驱体——聚酰胺酸薄膜，薄膜成型后，经过高温工艺，使前驱体聚酰胺酸薄膜完成酰亚胺化的成环反应，反应过程中脱出小分子——水，从而转变为聚酰亚胺。二步法工艺制得的聚酰亚胺薄膜类产品，由于反应过程中有小分子水产生，并在高温下汽化放出，导致薄膜类产品会产生许多微孔，决定了最终薄膜类产品的质量不均匀。宏观测试表明，此类产品的物理性能、机械性能较低，介电常数较高，从而影响了薄膜类产品在具体应用中的使用特性，特别是该类产品在电子行业的应用。鉴于此，近年来一些学者在研究中发现，在二步法制备聚酰亚胺薄膜类物质的工艺过程中，如果在聚酰胺酸合成工艺的后期，在体系中加入某种特殊的脱水试剂，如 *N*, *N'*-二环己基碳化二亚胺（DCC），就可以改变工艺温度，使聚酰胺酸在室温下实现脱水，从而生成一种有别于原产物的聚酰亚胺异构体——聚异酰亚胺[24]。图 2-3 为聚异酰亚胺的化学反应工艺路线，此工艺已经较为完善，保证了聚异酰亚胺最终产率可以达到 99%以上。

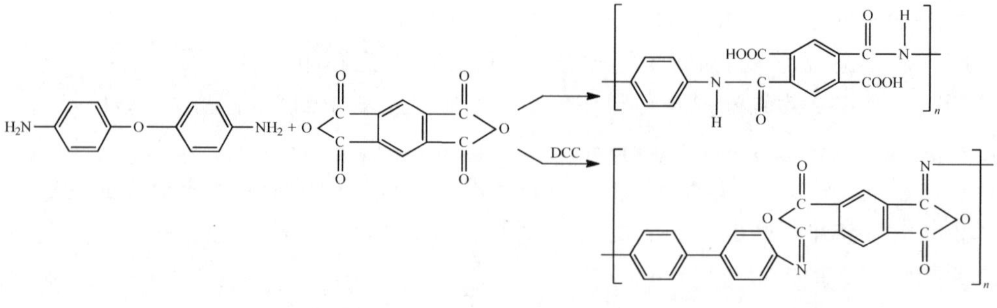

图 2-3　聚异酰亚胺的化学合成反应

聚异酰亚胺一般为花色固体。它的玻璃化温度比相应的聚酰亚胺的玻璃化温度更低一些，见表 2-3。

表 2-3　聚异酰亚胺与相应的聚酰亚胺的 T_g[25]

聚异酰亚胺 T_g/℃		聚酰亚胺 T_g/℃	
A	223	A′	242
B	175	B′	225
C	143	C′	212
D	118	D′	155
E	99	E′	141

聚异酰亚胺固化物在其玻璃化温度以下时，相当稳定。在其玻璃化温度以上时，也表现出一定的稳定性。但当温度上升到固化物的异构化温度以上时，容易产生异构化反应，分子异构化为聚酰亚胺，尤其是在酸、碱及乙酸盐存在时，由于酸、碱及乙酸盐对该异构化反应存在催化作用，该异构化反应将会加速进行。但是，这种从聚异酰亚胺转变为聚酰亚胺的异构化反应，整个反应过程中没有低相对分子质量的水分释放出来，因此可以得到高性能的聚酰亚胺产品。下式为聚异酰亚胺转变为聚酰亚胺的异构化反应方程式[26]

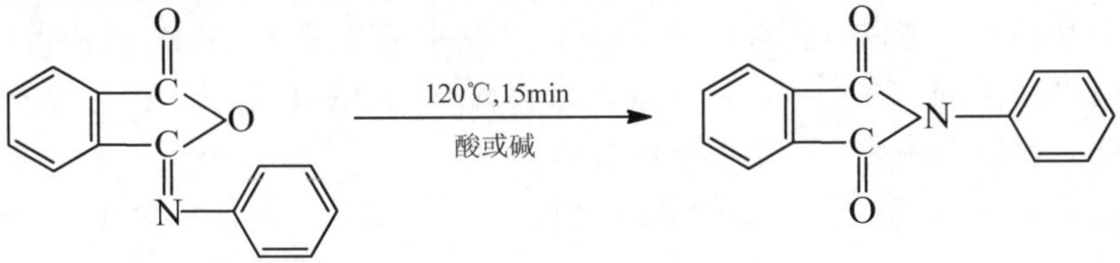

120℃,15min
酸或碱
(2-1)

采用这种特殊的成环工艺，既可以得到高质量的聚酰亚胺产品，消除微孔影响，又可以制得耐高温的黏合剂类产品、感光聚酰亚胺正性胶及活性中间体产品。因此，这种特殊的成环工艺已经在电子工业领域得到了推广。

2.1.4　马来酰亚胺结构材料的发展

近年来，高分子材料应用范围的迅速扩大，对其耐热性也提出了越来越高的要求。聚合物的耐热性是由其结构决定的，提高聚合物的耐热性可以通过四个途径实现：在高分子主链或侧基引入极性、刚性基团或芳杂环；提高结晶度；交联；共混和复合。这都是提高聚合物材料耐热性的有效途径。

在乙烯基单体聚合物中引入 *N*-取代马来酰亚胺，可有效地提高其耐热性，制成耐热通用塑料，这是一个十分有价值的研究方向[27]。

当前有关耐热聚合物材料的研究方向之一是合成含马来酰亚胺结构的一类材料，这种耐热聚合物不仅可以代替氯化聚氯乙烯（CPVC）等旧一代耐热聚合物用于制碱工业等，还可进一步代替某些工程塑料，用于电器、汽车等行业[27]。日本三菱孟山都公司首次合成出了 St-*N*-取代马来酰亚胺共聚物（商品名为 Superex）[28]，并于 1985 年开始销售。日本触酶化学公司于 1992 年建立了年产 5000t 的 St-*N*-苯基马来酰亚胺（PMI）共聚物工厂[29]，其产品具有无毒、热稳定性和耐热性良好、与各种热塑性树脂相容性好等优点，是具有代表性的一类耐热通用树脂。无规共聚的 St-PMI 共聚物已被广泛用于汽车、电视机、电冰箱等方面，而且应用范围正逐步扩大。

N-取代马来酰亚胺的 C ═ C 双键有很高的贫电子性，活性很高，容易进行亲核加成反应，如 Diels-Alder（双烯合成）和 Michael 反应，也容易进行阴离子聚

合反应、光敏诱导聚合反应和自由基聚合反应及共聚反应，其反应活性与取代基的性质密切相关[30-32]。

聚 *N*-取代马来酰亚胺具有优异的热稳定性，各种 *N*-取代马来酰亚胺均聚物均能耐 200℃以上高温，*N*-苯基取代的马来酰亚胺均聚物在 300℃以下没有明显的变化。但是此类聚合物不溶不熔且性脆，不宜单独使用，因此 *N*-取代马来酰亚胺单体常用作耐热改性单体与其他单体共聚形成耐热性好、综合性能优异的共聚物。

N-取代马来酰亚胺是一类刚性的改性单体，种类繁多，根据价格和耐热改性效果，*N*-苯基马来酰亚胺（PMI）和 *N*-环己基马来酰亚胺（CHMI）是两种最重要的树脂耐热改性剂。它们各有其优缺点，前者改性效果好，成本相对较低；后者熔点较低，在聚合物和单体中的溶解性好。

由此可见，对于 St 与 PMI 的共聚合反应，有无电子转移络合物（charge-transfer-complex，CTC）参与是一个十分重要的问题。前人的大量研究表明，*N*-取代马来酰亚胺与苯乙烯可以形成电子转移络合物，如 *N*-丁基马来酰亚胺、*N*-冰片基马来酸亚胺等[33]，*N*-苯基马来酰亚胺同样可以与苯乙烯形成 CTC。

2.2 BT 树 脂

在较低的温度下，BMI 与 CE 之间就可发生共聚反应[34]。氰酸酯树脂官能团（—OCN）与 BMI 的马来酰亚胺环上不饱和双键上的活泼氢发生反应，得到 BT 树脂。BT 树脂的玻璃化温度高达 250℃以上，具有较低的介电常数和介质损耗因数、优良的冲击性能，通常用作高性能印刷电路板的基体树脂。

2.2.1 新型 BT 树脂的合成

BT 树脂是以双马来酰亚胺和三嗪环（triazine）为主树脂成分形成的高性能热固性树脂。BT 树脂的研制开发始自 20 世纪 70 年代。随着当时 Bayer、Ciba-Geigy、Dow 化学及三菱瓦斯化学公司相继成功地实现双酚 A 型氰酸酯及其预聚物的商品化，CE 所特有的优异综合性能日益受到人们的青睐[35]。李胜方等[36]指出 1978 年日本三菱瓦斯化学公司（Mit subishi Gas Chemical）的 Gaku 等申请了关于 BT 树脂的专利，1999 年台湾的王春山等开始制备出一系列的 BT 树脂。近几年西北工业大学、浙江大学等单位对 BT 树脂也开展了广泛研究。

闫红强等[37]利用新型含有萘环和醚键结构的双马来酰亚胺[2, 7-二（4′-马来酰亚胺）]醚基萘（BMPN）单体，BMPN 和氰酸酯（2, 7-二氰酸酯基萘单体，DNCY），将其共混固化生成新型含萘环双马来酰亚胺三嗪树脂的 BT 树脂，并通过元素分析（EA）、傅里叶变换红外光谱（FT-IR）及核磁共振（^{1}H-NMR）等手段对其共固化反应机理及固化物结构进行了表征分析。结果表明：萘环的引入可以改善树脂的耐热、介电性能，降低吸水率，使树脂具有更好的综合性能[38]。BMPN/DNCY 树脂的固化反应主要是以 BMPN/DNCY 共聚反应生成两种六元环结构的共聚物为主，兼有少量 BMPN 单体自聚。不同配比的共固化结构双马来酰亚胺三嗪树脂热分解的 T_g 差别不是很大，在 700℃时的残炭率都在 60%左右。

新型含萘 BT 树脂的制备方法为，将 2, 7-二氰酸酯基萘单体和 2, 7-二（4′-马来酰亚胺）醚基萘单体以不同配比复配，并在玛瑙研钵中研磨使之混合均匀，得到的混合物用于共混体系固化反应[38]。

1. 新型氰酸酯单体的合成

新型氰酸酯单体（DNCY）是通过两步法合成制得的[39]。DNCY 的产率是 83.2%，纯度为 97.8%，熔点为 138～139℃，$C_{12}H_6N_2O_2$ 元素分析结果为：C 68.49%、H 2.89%、N 13.53%，与计算结果（C 68.57%、H 2.86%、N 13.33%）极为接近。DNCY 单体的红外谱图如图 2-4 所示。图中显示，在 2266cm^{-1} 波数存在一个强的吸收峰，这是氰基的存在而引起的伸缩振动吸收峰；与此同时，在 3500～3400cm^{-1} 波数附近由羟基引起的吸收峰已基本消失，这说明羟基已基本完全被氰基取代。DNCY 单体的核磁氢谱图如图 2-5 所示。图 2-5 表明，在 9.54 位置处不存在原料 2, 7-二羟基萘结构中羟基氢质子的化学位移；在 7.46～8.05 存在三种氢质子的化学位移，它们的面积比为 1.000∶0.972∶0.961，基本符合 1∶1∶1 的比例，因而说明这三个氢质子的化学位移分别是萘环上三个氢质子的化学位移。综合元素分析、红外谱图及核磁氢谱图的结果，可以判断所合成的物质为 DNCY。

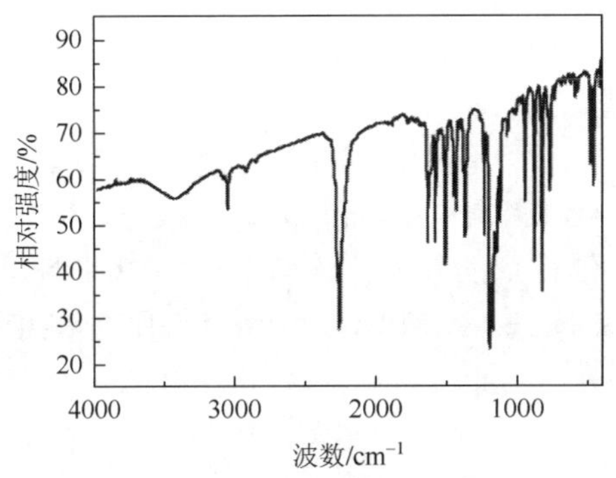

图 2-4　DNCY 单体的红外谱图

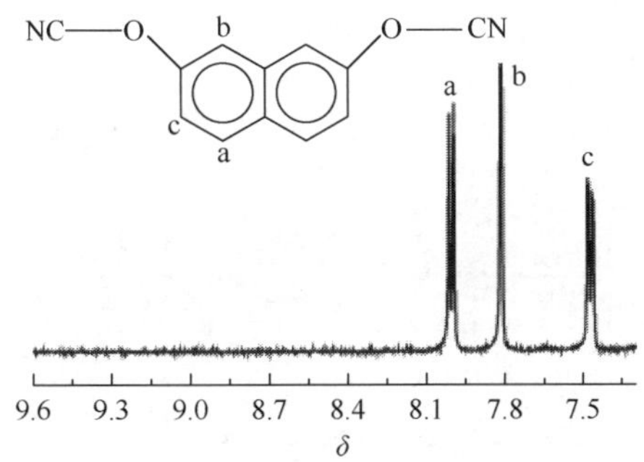

图 2-5　DNCY 单体的核磁氢谱

2. 新型双马来酰亚胺单体的合成

新型双马来酰亚胺单体（BMPN）是通过四步反应制得的[40]。BMPN 的产率是

92.2%，纯度为 97.6%，熔点为 163～164℃，$C_{30}H_{18}N_2O_6$ 元素分析结果为：C 71.81%、H 3.53%、N 5.49%，与计算结果（C 71.71%、H 3.59%、N 5.58%）极为接近。BMPN 单体的红外谱图如图 2-6 所示。从图中可以看出，在 1395cm^{-1}、1712cm^{-1} 及 690cm^{-1} 附近分别出现了叔氨基的伸缩振动吸收峰、酰亚胺环中羰基的伸缩振动吸收峰及马来酰亚胺环中双键的═C—H 面外弯曲振动吸收峰。这说明马来酰亚胺酸已基本完成分子内脱水环化生成马来酰亚胺环。BMPN 单体的核磁氢谱图如图 2-7 所示。图 2-7 表明，单体中含有六种氢质子的化学位移，其中两个是单峰，四个是双峰。它们的面积比 a∶b∶c∶d∶e∶f 为 1.00∶1.20∶1.15∶0.60∶0.51∶0.51，大约为 2∶2∶2∶1∶1∶1，六个峰的面积比和结构中六种氢质子个数比相同。从化学位移判断，a 峰为马来酰亚胺环结构中双键氢质子的化学位移；b 和 c 峰为苯环结构中质子的化学位移；d、e 和 f 峰为萘环结构中质子的化学位移。综合元素分析、红外谱图及核磁氢谱图的结果，可以判断所合成的物质为 BMPN。

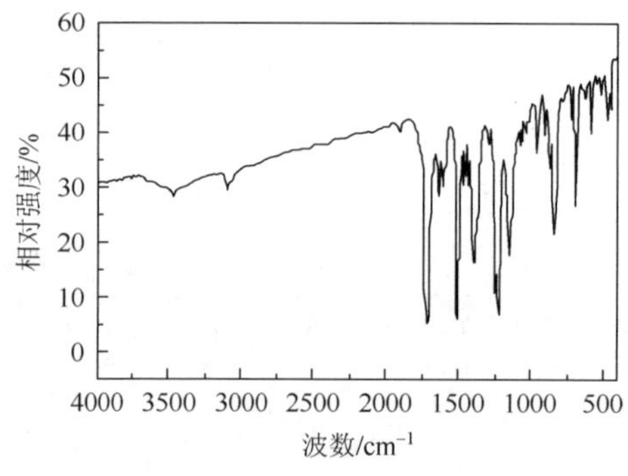

图 2-6　BMPN 单体的红外谱图

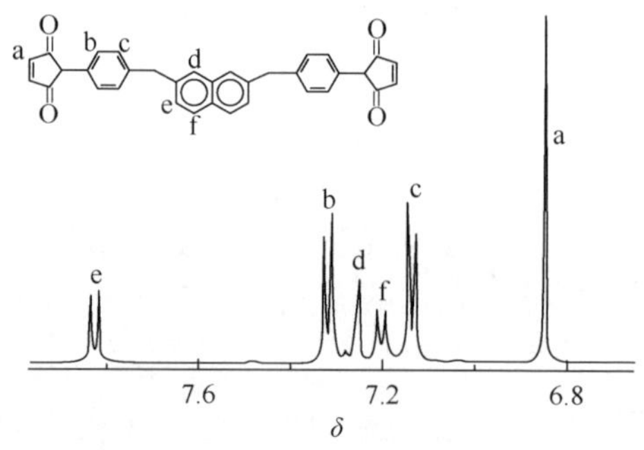

图 2-7　BMPN 单体的核磁氢谱图

3. 新型 BMPN/DNCY 共聚产物的结构

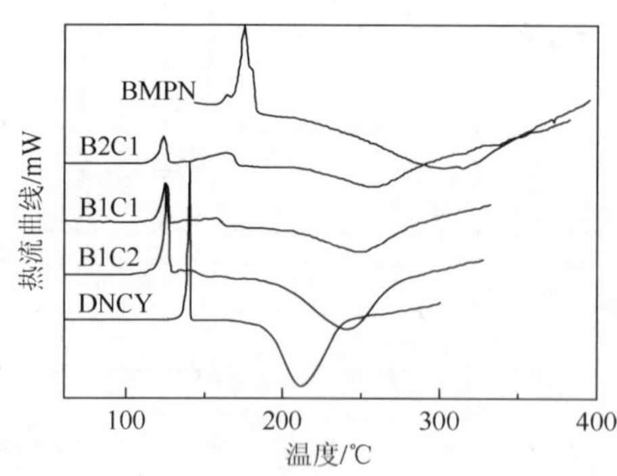

图 2-8　BMPN、DNCY 及 BMPN/DNCY 共混体系以升温速度为 10℃/min 的 DSC 曲线[41]

图 2-8 是 BMPN、DNCY 及其不同配比共混体系动态 DSC 曲线图。在不含催化剂的共固化体系中，将 BMPN 和 DNCY 单体以不同比例（物质的量比为 2∶1、1∶1、1∶2，分别记作 B2C1、B1C1、B1C2）混合，将样品进行 DSC 扫描。

从图 2-8[41]可以看出，BMPN 单体的结晶熔融峰在 174℃，并且固化起始温度（T_i）、峰值温度（T_p）、终止温度（T_f）分别是 210℃、306℃、355℃。而 DNCY 单体的结晶熔融峰在 141℃，其

固化 T_i、T_p、T_f分别是在 196.4℃、227.8℃、254.4℃。不含催化剂的 DNCY 单体之所以在较低的温度条件下可以进行固化反应，主要是单体中含有微量的羟基化合物和水分对其固化反应起催化作用。不管是 BMPN、DNCY 单体的均聚体系，还是二者共混体系，DSC 曲线都只有一个固化反应峰，这表明体系中只存在一种固化反应。因而说明，共混体系中主要发生的是共聚反应，而不是各自的均聚反应。在 BMPN/DNCY 共混体系中，随着 DNCY 单体含量的增加，共固化向低温偏移，且固化放热峰也变窄。这说明了氰酸酯组分含量的增加有利于体系共聚反应的发生。

采用原位 FT-IR 法研究 BMPN/DNCY 为 1∶2（物质的量比）不含催化剂体系的共固化反应，其固化温度分别为 200℃和 250℃，并分别进行定时红外光谱扫描以跟踪固化反应，如图 2-9[42]所示。在红外光谱中，BMPN 单体的反应官能团═C—H 面外弯曲振动吸收峰出现在 690.7cm^{-1}，氰酸酯单体的氰基（—CN）的伸缩振动吸收峰出现在 2263.5cm^{-1}，氰基通过环化反应生成的三嗪环的吸收峰出现在 1568.7cm^{-1} 和 1360.5cm^{-1}。

从图 2-9 中可以看出，随着固化反应时间的延长和温度的升高，690.7cm^{-1}、2263.5cm^{-1} 的吸收峰都在逐渐减弱，并最终完全消失。这说明单体已完全固化。归属于三嗪环的 1568.7cm^{-1} 和 1360.5cm^{-1} 吸收峰没有出现，说明在固化反应过程中无三嗪环结构生成。因此，在起始固化阶段氰酸酯单体没有发生自聚的环化反应，而是和双马来酰亚胺单体进行共聚反应。在其固化过程中，1598cm^{-1} 的吸收峰略有增大，这可能是由氰酸酯单体和双马来酰亚胺单体共聚反应生成的共聚物结构Ⅰ和Ⅱ（图 2-10）引起的[43]。图 2-9 显示，在氰酸酯单体已反应完全时仍有部分双马来酰亚胺单体未反应，并在固化后期发生自聚反应生成双马来酰亚胺树脂。因此，在 BMPN/DNCY 不含催化剂体系共聚过程中，固化反应主要包括二者之间的共聚反应及少量双马来酰亚胺单体的均聚反应，其固化体系中可能存在的固化反应如图 2-10 所示。图 2-10 中Ⅰ、Ⅱ和Ⅲ结构是 BMPN/DNCY 不含催化剂体系共固化产物可能存在的结构。产物Ⅱ是 BMPN 和 DNCY 体系在比例为 2∶1 的条件下定量反应生成的，而产物Ⅰ是 BMPN 单体和 DNCY 单体在比例为 1∶2 的条件下定量反应生成的。由于在固化反应过程中，DNCY 单体的固化反应速率比 BMPN 单体的快，因而在反应初期生成产物Ⅱ的可能性不大，只有在反应中后期氰酸酯单体量较少时才可能生成。由此可推测，产物中结构Ⅰ生成的量应比结构Ⅱ多。同时，DNCY 单体的固化速度较快，也会导致少量的双马来酰亚胺单体在

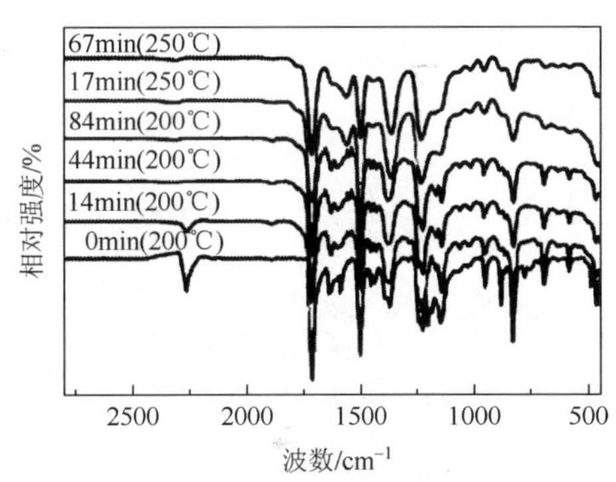

图 2-9　BMPN/DNCY 共混体系在不同固化时间及固化温度条件下的红外谱图[43]

固化反应后期发生自聚反应。

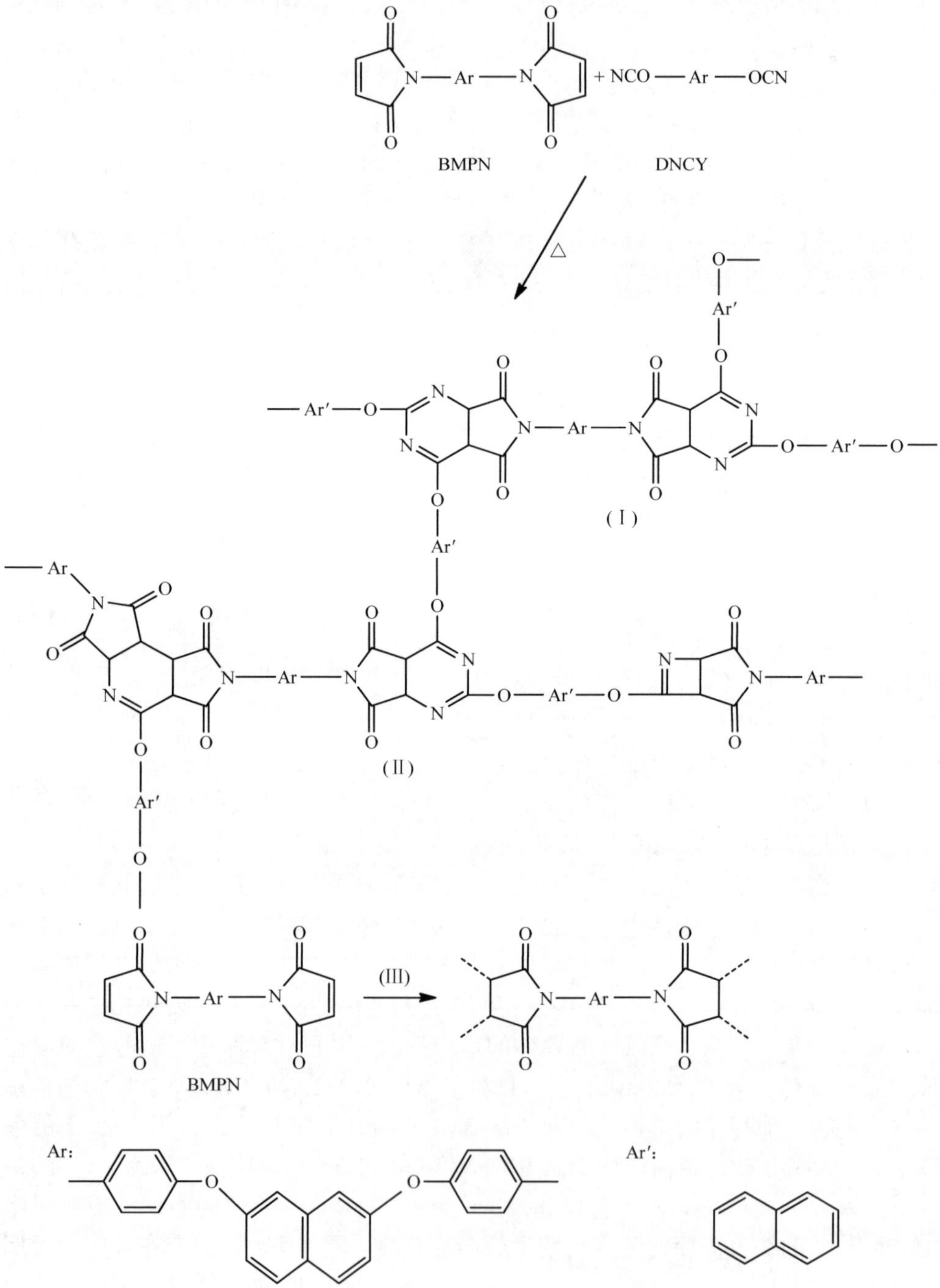

BMPN　DNCY

(Ⅰ)

(Ⅱ)

(Ⅲ)

BMPN

Ar:　Ar′:

图 2-10　BMPN/DNCY 及其共固化产物的结构

结合 DSC 和 FT-IR 的分析，在 BMPN/DNCY 不含催化剂体系共聚反应过程中，主要是以 BMPN/DNCY 共聚反应生成Ⅰ、Ⅱ结构的共聚物，同时兼有少量 BMPN 单体自聚。

2.2.2　BT 树脂的新发展

当今世界，航空工业和电子通信工业迅猛发展，人们的生活、工作已经焕然一新，高科技给人们的工作和生活带来了极大的方便。但航空工业和电子通信工业的迅猛发展，对新材料方面，即电子通信工业所需基本材料和航空工业所需材料方面提出了更高的要求。当今社会，电子通信工业的迅猛发展所面临的电子仪器小型化、轻量化和高频化的问题，对高频印刷板线路基板的材料外观、尺寸精度及稳定性问题、板材的耐热性问题、线路基板的介电常数、介电损耗角正切值、热机械性能都提出了更高的要求[43]。同时，航空工业的发展，也对所需的复合材料的耐热性能、力学性能、耐磨损性能都提出了新的更高的要求。

为了适应当今形势，满足工业发展的需求，世界各国的科研工作者在该领域进行着不懈的努力。自从 20 世纪 60 年代初法国的罗纳-普朗克公司及德国的 Bayer 公司成功推出聚酰亚胺树脂和氰酸酯树脂以来，氰酸酯树脂和聚酰亚胺树脂对促进当时工业的迅速发展，起到了很大的作用。但是聚酰亚胺树脂和氰酸酯树脂由于在结构和性能上都有各自的缺陷和不足，也限制了聚酰亚胺树脂和氰酸酯树脂的发展和应用。研究人员通过将聚酰亚胺树脂和氰酸酯树脂共聚，研发出新型双马来酰亚胺三嗪环（BT）树脂，以期弥补两者缺陷，拓展其应用领域。

20 世纪 70 年代初，双马来酰亚胺三嗪环树脂问世[44]，并于 1977 年基本实现工业化生产。90 年代初，双马来酰亚胺三嗪环树脂的 PCB 基材已经趋于成熟，形成了系列性的产品并得到推广。代表类产品有 PPE 改性双马来酰亚胺三嗪环树脂的基材（HL2870）。90 年代末期，该公司又成功推出最新的双马来酰亚胺三嗪环树脂的覆铜板，牌号为 CCL2ML955。该类型覆铜板采用低介电常数的无纺布制成，覆铜板的介电常数为 2.19（4GHz），比常规的 FR-4 基材介电常数降低了 33%左右，介电损耗因子为 1.35×10^{-3}（4GHz），玻璃化温度（T_g）为 230℃[45]。早期双马来酰亚胺三嗪环树脂中的聚酰亚胺树脂单体适宜芳香二胺为骨架结构，其结构如图 2-11 所示。其中研究最多和最成熟的是双酚 A 型的和二苯甲烷型的双马来酰亚胺三嗪环树脂[46]。但这种结构的聚酰亚胺树脂及双马来酰亚胺三嗪环树脂的韧性较差，后期 Reghuadhan 等[47]又采用新方法制备了含有醚键的聚酰亚胺树脂单体，其结构如图 2-12 所示。

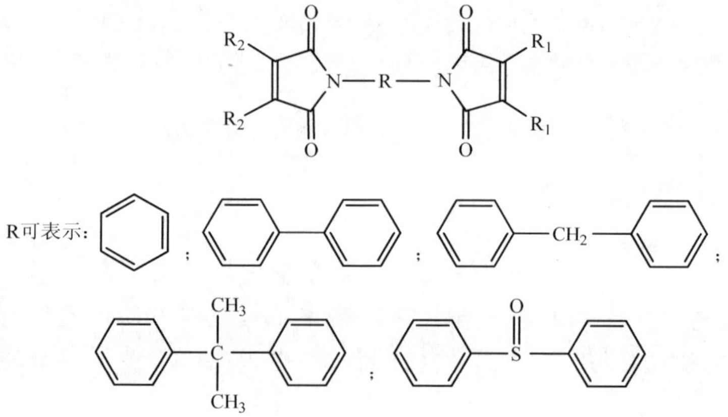

图 2-11 早期 BT 树脂中 BMI 单体的结构

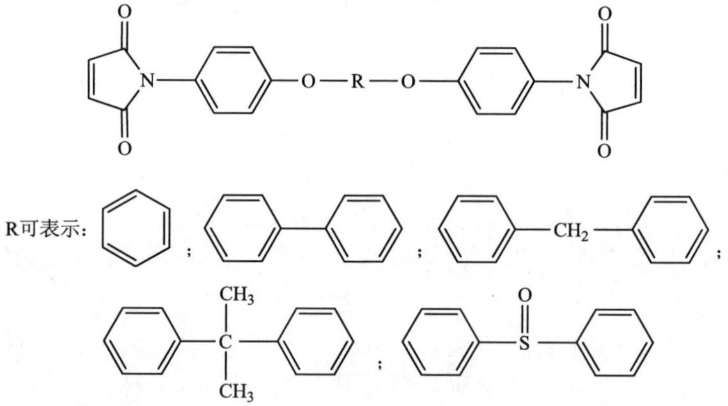

图 2-12 含有醚键的 BMI 单体

Reghuadhan 等制备的新型树脂单体分子结构中的醚键具有较高的柔韧性，从而使具有醚键的双马来酰亚胺三嗪环树脂固化物具备了良好的抗冲击性能，同时，又不会大幅度降低双马来酰亚胺三嗪环树脂原有的耐热性能和力学性能。在此基础上，Wang 等[48]将萘环引入聚酰亚胺分子结构中，制备了含有萘环的聚酰亚胺树脂单体，其结构如图 2-13 所示。萘环的引入，很大程度上弥补了分子中含有醚键所造成的固化产物耐热性能下降的问题。这种新型双马来酰亚胺三嗪环树脂单体与前述聚酰亚胺类单体相对比，虽然在单体聚合为固化物时活性有所降低，但固化产物在耐热性能、抗冲击性能方面都大有提升，并且新型双马来酰亚胺三嗪环树脂固化产物在吸水性能方面也大大降低，优于原聚酰亚胺类树脂固化产物。因此，此类含有萘环的新型双马来酰亚胺三嗪环树脂在高性能树脂应用方面更具备良好的应用前景[49]。

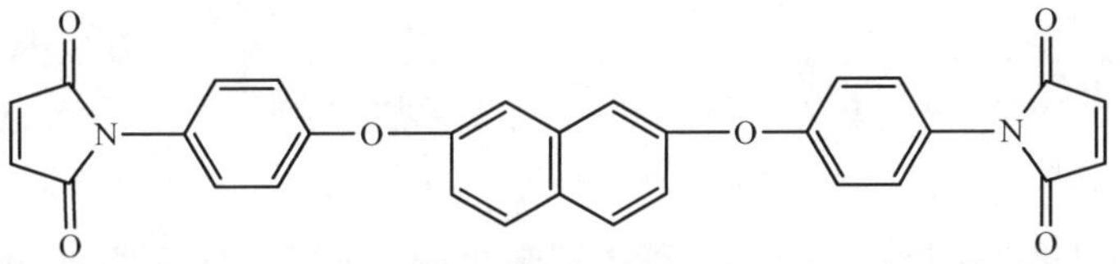

图 2-13　Wang 等[48]给出的含有萘环的 BMI 单体

除 Wang 外，马建文[50]又合成出了一种新型双马来酰亚胺三嗪环树脂单体（DAPNPT），这种新型双马来酰亚胺三嗪环树脂单体结构如图 2-14 所示，将 DAPNPT 与聚酰亚胺树脂以适当比例进行共聚交联，即可获得韧性、耐热性能及力学性能优良的共聚固化产物。

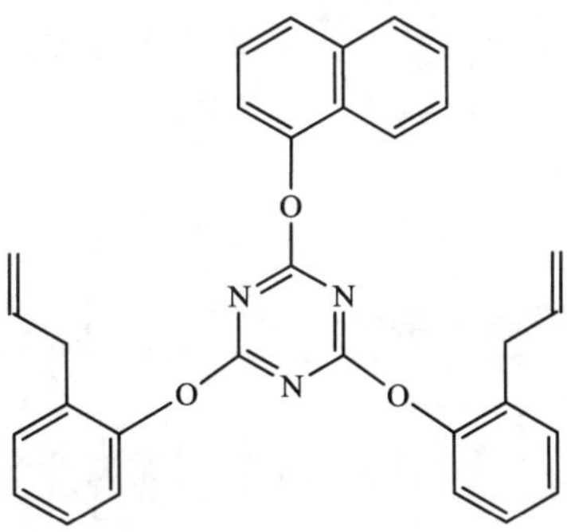

图 2-14　新型 DAPNPT 单体

2.3　CE/BMI 共聚机理

双官能团的 CE 与 BMI 共聚最终获得的产物是由三嗪环、酰亚胺环等氮杂环结构组成的高聚物。共聚树脂的性能与固化反应关系极大，所以固化反应机理是高性能树脂研究的一个重要内容。但到目前为止 CE/BMI 的固化机理一直存在争论，没有哪个理论能解释实验中的所有现象[51]。

2.3.1　BMI 与 CE 直接共聚反应

国家自然科学基金委员会[43]认为，BMI 树脂与 CE 树脂改性在不同条件下有不同的机理：一种机理认为 BMI 和 CE 直接共聚；另一种机理是加入 CE 固化的催化剂，使 BMI 与 CE 在不同条件下共聚，形成互穿网络而达到增韧改性的效果。

Lin[51]通过 DSC、原位红外光谱、DMA 及广义二维相关分析来研究双酚 A 型氰酸酯（BADCY）和 4, 4′-双马来酰亚胺二苯甲烷（BDM）固化反应机理，发现 BDM 和 BADCY 共混固化存在两种固化机理，即自聚和共聚。在没有催化剂或加入壬基酚（NP）催化剂时，BADCY 和 BDM 各自固化。但加入对甲苯磺酸（PTSA）时，BDM 和 BADCY 就会发生共固化反应，形成均匀网状结构。因此，BDM 和 BADCY 固化机理依赖于催化剂。Lin[52, 53]对 BDM/BADCY 及 BDM/1, 1′-双（4-苯氰酸基）乙烷的固化反应进行研究，通过 DSC 和红外光谱证明，当没有催化剂时，共固化反应仍然能发生。

BMI 与 CE 的直接共聚就是不加任何催化剂，BMI 的固化温度和 CE 和固化温度相差不多，基本在 250～300℃。在加热的条件下，BMI 与 CE 单体随机发生反应，其结果是 BMI 和 CE 单体相互反应，形成交联网络结构。日本三菱瓦斯化学公司开发的 BT 树脂系列，是一大类 CE 和 BMI 树脂共固化反应的产物。BT 树脂最基本的成分就是双酚 A 型二氰酸酯和二苯甲烷双马来酰亚胺，其主要反应方程式如图 2-15 所示[43]。

2.3.2 BMI 和 CE 互穿网络结构

Nair[54]通过 DSC 分析发现 BMI 和 CE 固化时会有两个“平台”，即各自组分的自聚，此现象也得到 DMA 的确认。同时在降解时，也发现有两个“平台”。

如果要使 BMI 和 CE 形成互穿网络（IPN）结构，就应分别控制它们在不同条件下的反应，这样就需要固化前在 CE 和 BMI 混合物中加入催化剂，通常使用的催化剂是金属有机盐（如乙酰丙酮的锰、钴、铜、锌盐）和酚类化合物（如壬基酚），其中酚类化合物作为助催化剂。也可以用二丁锡二月桂酸酯作催化剂。在固化过程中，这种催化剂可使 CE 在较低温度下进行固化（在不加催化剂固化时，CE 需要在 280～350℃高温下才能固化，而加入催化剂后，CE 只需在 130℃左右就可发生固化）。因此，固化工艺可分为两个阶段，第一阶段是低温下 CE 单体先固化；第二阶段是将温度升至 BMI 固化所需要的温度使 BMI 再固化，从而形成互穿网络结构。国家自然科学基金委员会[43]指出，Hamerton 等的研究已经证明了这个固化机理。他们研究发现，经过这种工艺固化的树脂具有两个玻璃化温度，从而证明体系中存在两相，而不是一相共聚基体，故说明了树脂固化时不是 BMI 和 CE 共固化，而是 BMI 和 CE 分别独自交联形成 IPN 结构。CE 和 BMI 形成 IPN 结构的固化分别和它们独自固化机理基本一致，其固化机理如图 2-16 所示[43]。

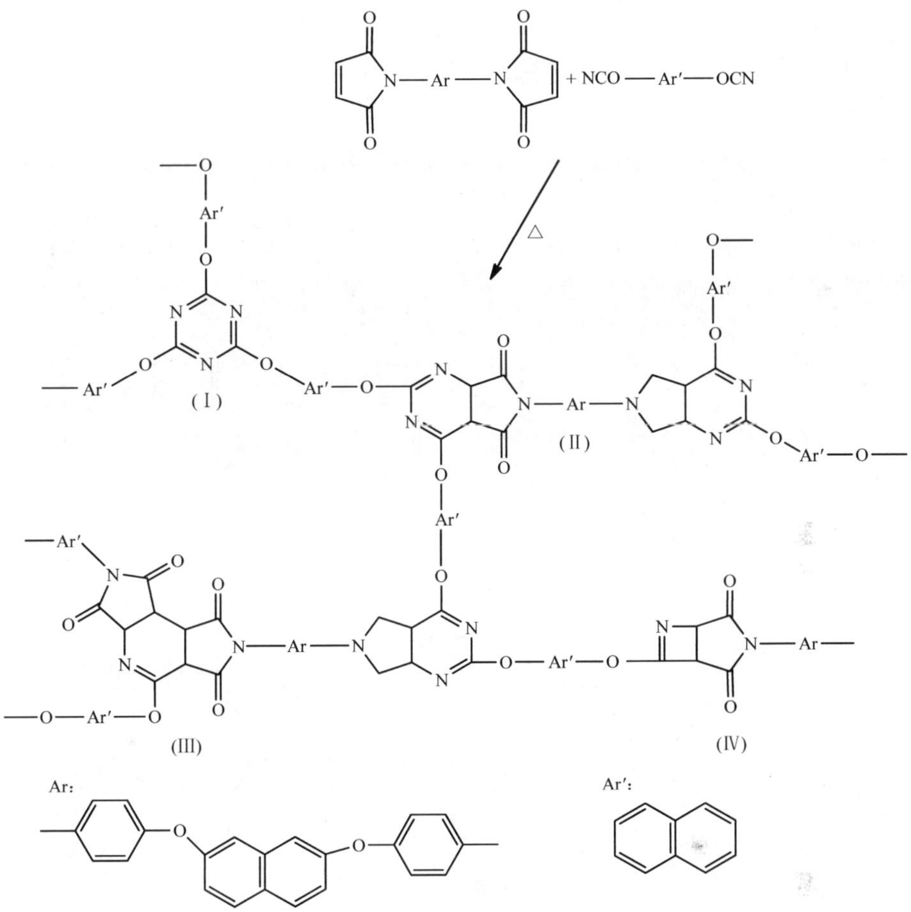

图 2-15　BMI 与 CE 直接共聚反应

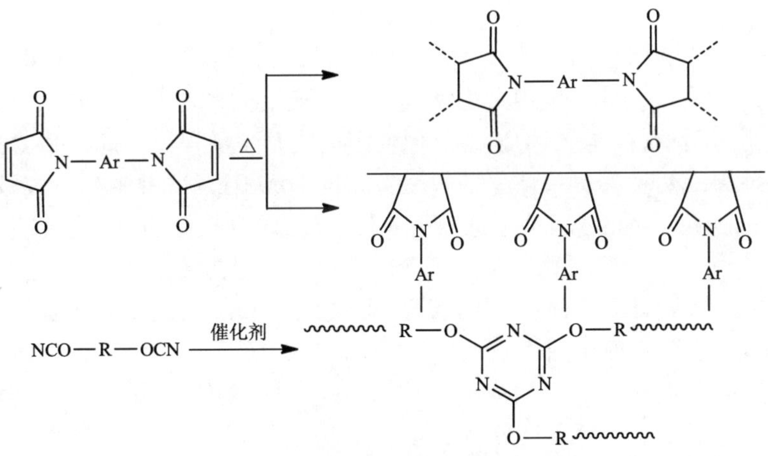

图 2-16　BMI 和 CE 互穿网络结构

2.3.3 BT 树脂的环状聚合结构反应

祝大同[55]认为 BT 树脂是通过对含有氰酸酯基（～Ar—O—CN）官能团的单体或预聚物加热，形成三嗪环，然后与马来酰亚胺的不饱和双键进行加成而形成环状结构的聚合物（图 2-17）。但一些学者认为，BMI 和 CE 的共聚固化物主要是两种单体的自聚物组成的互穿聚合物网络结构（IPN）[56]。

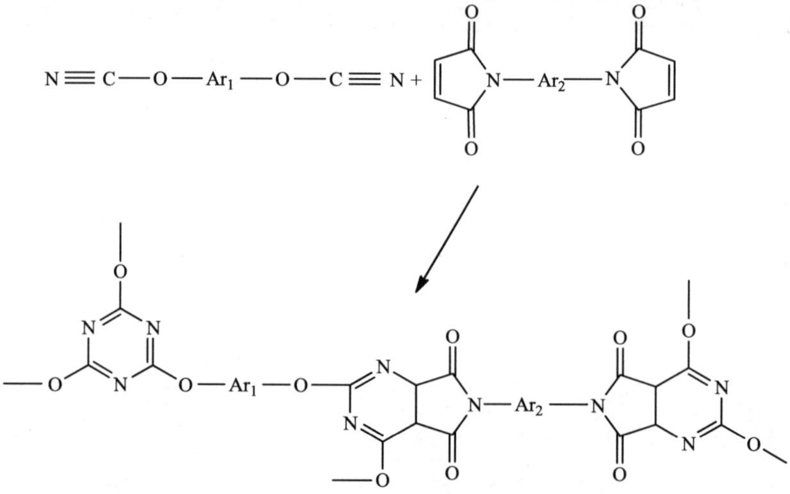

图 2-17 BT 树脂的环状聚合结构反应

2.3.4 Barton 烯丙基 CE 与 BMI 共聚反应机理

Barton[57, 58]选用含烯丙基的 CE 与 BMI 共聚，用核磁共振（NMR）研究了 CE 与 BMI 的反应机理，发现过去所提出的共聚反应机理并未被实验所证实，没有迹象表明体系中有嘧啶结构出现，他们根据实验现象提出的烯丙基 CE 与 BMI 的反应机理为：两种共聚单体先各自发生均聚形成不连续的网络，然后这些网络通过类似 ene/Diels-Alder 反应生成线性互穿网络（LIPN）。20 世纪 90 年代中期，Chaplin[59]合成了系列含烯丙基的有四个或六个亚苯基的 CE 齐聚体，用 DSC 分析了烯丙基 CE 齐聚体和 BMI 的共聚，结果进一步证实了 Barton 等提出的烯丙基 CE 与 BMI 的共聚机理（图 2-18）。

但 Hong[60]研究了不同物质的量比时 BT 树脂的固化反应。研究表明：当 BDM∶BADCY=2∶1 时，红外波谱显示体系中的确发生了环化三聚合反应，当 BDM∶BADCY=1∶1 时，没有证据显示发生了环化三聚合反应。

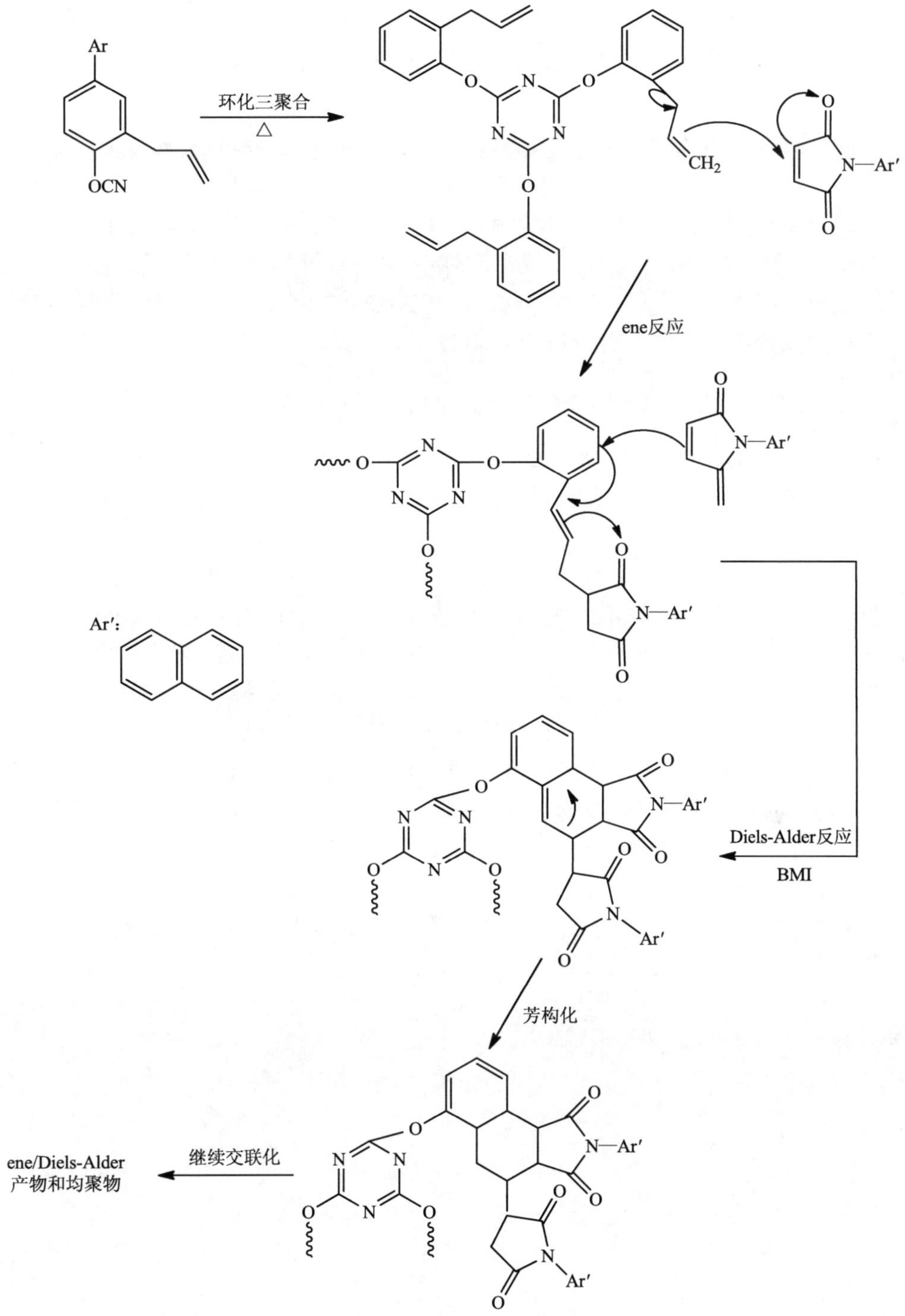

图 2-18　Barton 等提出的烯丙基 CE 与 BMI 共聚反应机理[57, 58]

2.3.5 闫红强的新型含萘 CE/BMI 固化反应机理

闫红强等[61]以 2, 7-二氰酸基萘（DNCY）和 2, 7-二（4-马来酰亚胺）醚基萘（BMPN）为原料，通过红外光谱法跟踪不含催化剂和含催化剂下 DNCY 的固化反应，以及新型含萘 CE 和 BMI 的固化反应。结果表明，不含催化剂和含催化剂下 DNCY 的固化反应差别不大，氰酸酯体系所发生的固化反应都是氰基通过环化反应生成三嗪环；但在两者共混固化时，以 BMPN/DNCY 共聚反应生成两种六元环结构的共聚物为主，兼有少量的 BMPN 单体自聚。

1. DNCY 不含催化剂和含催化剂的固化反应机理

实验采用原位 FT-IR 法研究 DNCY 不含催化剂及含催化剂体系的固化反应机理。DNCY 不含催化剂体系的固化条件为：固化温度 190℃，后处理温度 220℃；而含催化剂体系的固化条件为：固化温度 160℃，后处理温度 190℃。在上述固化条件下分别进行定时红外光谱扫描以跟踪固化反应，在红外光谱中，2263.5cm^{-1} 吸收峰归属为氰酸酯单体反应官能团氰基（—CN）的伸缩振动，1568.7cm^{-1} 和 1360.5cm^{-1} 归属为氰基通过环化反应所生成的三嗪环的伸缩振动[62]。在固化反应过程中萘环并不发生变化，因此以萘环的 1512.2cm^{-1} 伸缩振动吸收峰作内标，分别计算出的在反应过程中各时期相应氰基和三嗪环峰的浓度。

由 DNCY 体系在各固化温度和不同固化时间的红外吸收数据可知，氰基的伸缩振动吸收峰随着固化时间的延长及固化温度的升高逐渐减弱，直至完全消失；同时，在 1568.7cm^{-1} 和 1360.5cm^{-1} 处出现三嗪环的吸收峰，并随着固化时间的延长及固化温度的升高逐渐增强[63]。测定数据中不含催化剂和含催化剂体系的红外吸收峰的变化规律一致，因而说明无论添加催化剂与否，氰酸酯体系所发生的固化反应都是氰基通过环化反应生成三嗪环，其可能的反应历程如图 2-19 所示[64]。加入催化剂可明显加快氰酸酯体系固化反应速率，降低固化反应温度。

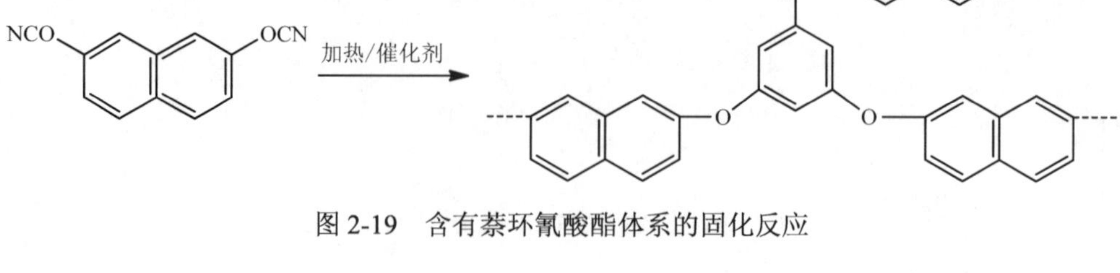

图 2-19 含有萘环氰酸酯体系的固化反应

2. 新型含萘 CE/BMI 固化反应机理

实验采用原位 FT-IR 法研究 BMPN/DNCY 不含催化剂体系共固化反应机理。物质的量比为 1∶2、1∶1 的 BMPN/DNCY 不含催化剂体系的固化条件为：固化温度 200℃，后处理温度 250℃。在上述固化条件下分别进行定时红外光谱扫描以跟踪固化反应。在红外数据中，BMPN 单体反应官能团马来酰亚胺中双键的═C—H 面外弯曲振动吸收峰出现在 690.7cm^{-1}，氰酸酯单体的氰基（—CN）的伸缩振动吸收峰出现在 2263.5cm^{-1}，氰基通过环化反应生成的三嗪环的吸收峰出现在 1568.7cm^{-1} 和 1360.5cm^{-1}[65]。由于 BMPN/DNCY 不含催化剂体系在共固化反应过程中，马来酰亚胺五元环中羰基 1714.4cm^{-1} 的吸收峰随固化反应没有发生变化。因此，以羰基 1714.4cm^{-1} 吸收峰作内标，可计算反应过程中马来酰亚胺环中 C═C 键在体系中的浓度。

由数据可知，随着固化反应时间的延长和温度的升高，690.7cm^{-1}、2263.5cm^{-1} 的吸收峰都在逐渐减弱。最终，这两个吸收峰完全消失，这说明单体已完全固化。但归属于三嗪环的 1568.7cm^{-1} 和 1360.5cm^{-1} 吸收峰没有出现，说明无三嗪环结构生成。因此，在起始固化阶段氰酸酯单体没有发生三聚的环化反应，而是和双马来酰亚胺单体进行共聚反应。在其固化过程中，1598cm^{-1} 的吸收峰略有增大，这可能是由氰酸酯单体和双马来酰亚胺单体共聚反应生成的共聚物结构Ⅰ（图 2-20）引起的[66]。在氰酸酯单体已反应完全时仍有部分（有 20%左右）双马来酰亚胺单体未反应，并在固化后期发生自聚反应生成双马来酰亚胺树脂。因此，在 BMPN/DNCY 不含催化剂体系共聚过程中，固化反应主要包括二者之间的共聚反应及少量双马来酰亚胺单体均聚，其固化体系中可能存在的固化反应如图 2-20 所示。图 2-20 中Ⅰ、Ⅱ和Ⅲ结构是 BMPN/DNCY 不含催化剂体系共固化产物可能存在的结构。产物结构Ⅱ是 BMPN 和 DNCY 体系在比例为 2∶1 的条件下定量反应生成的[67]。由于在固化反应过程中，DNCY 单体的固化反应速率要比 BMPN 单体快，因而在反应初期生成此结构的可能性不大。只有在反应后期氰酸酯单体量较少时才可能生成产物结构Ⅱ。产物结构Ⅰ是 BMPN 单体和 DNCY 单体在比例为 1∶2 的条件下定量反应生成的。根据 BMPN 单体和 DNCY 单体的固化特点推测，产物中结构Ⅰ生成的量应比结构Ⅱ多。同时，BMPN 单体和 DNCY 单体的固化速度不一致，也会导致少量的双马来酰亚胺单体发生自聚反应[68]。

结合 DSC 和 FT-IR，在 BMPN/DNCY 不含催化剂体系共聚反应过程中，主要是以 BMPN/DNCY 共聚反应生成Ⅰ、Ⅱ结构的共聚物为主，兼有少量 BMPN 单体自聚，其固化反应比较复杂。

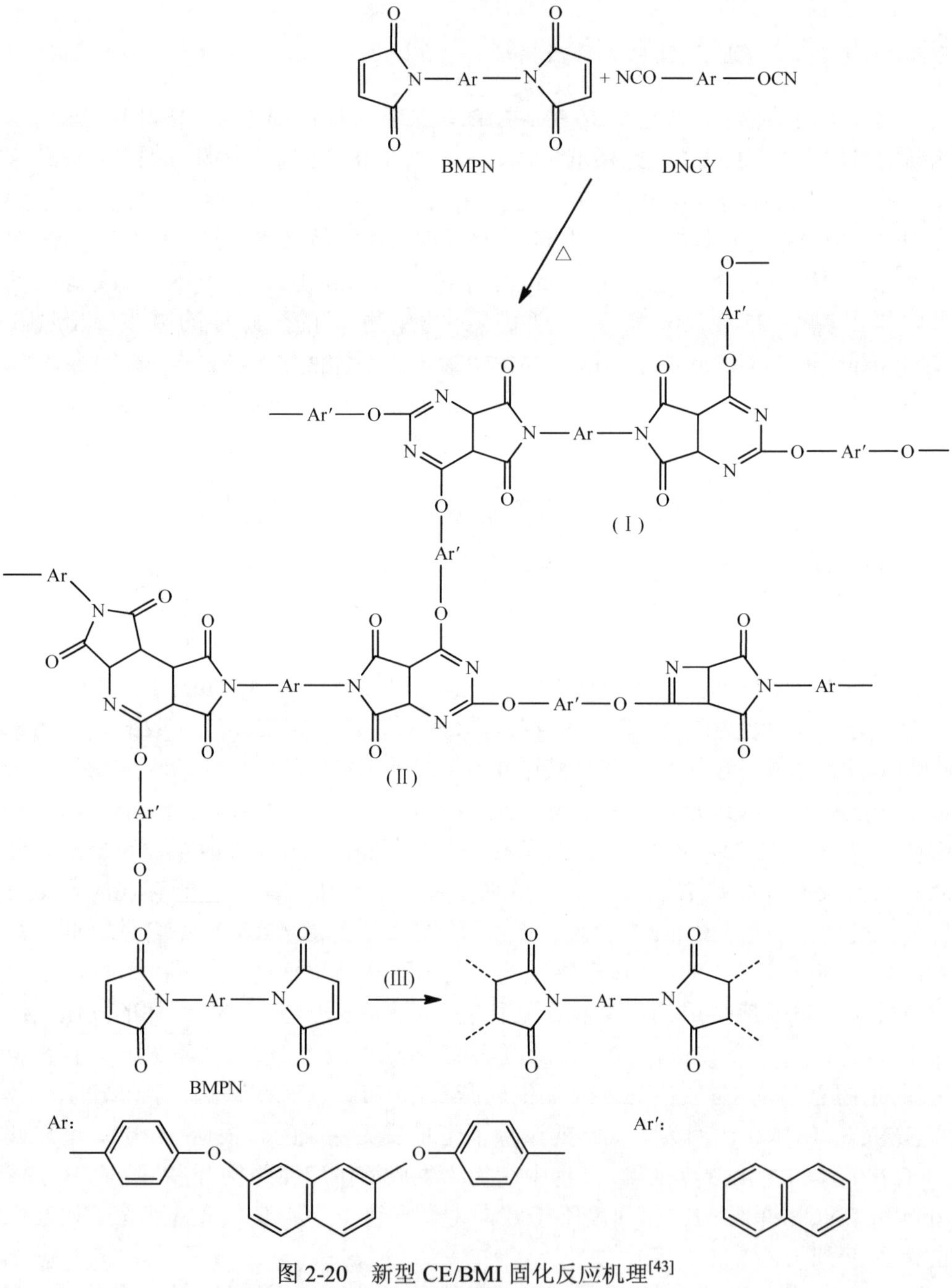

图 2-20　新型 CE/BMI 固化反应机理[43]

2.3.6　方芬的 CE/BMI 三步聚合反应

方芬等[69]用傅里叶红外光谱（FT-IR）跟踪研究了 4, 4′-双马来酰亚胺二苯基甲烷/O, O′-二烯丙基双酚 A 为主要组分的双马来酰亚胺预聚体（BMI）与 BCE 的固化反应机理，发现在反应的前 150min，三嗪环的生成率随反应时间的增加而升高，此时体系以不断生成三嗪环的 BCE 自聚反应为主；在反应的后期三嗪环的生成率随反应时间的增加而降低，说明 BCE 的自聚反应已不再占优势，而是以 BMI 与 BCE 的共聚反应为主。因此，他们认为：BMI/BADCY 体系的反应主要包括 BADCY 自聚反应、BMI 自聚反应及 BCE 与 BMI 之间的共聚反应，在反应前期主要以 BCE 自聚为主，到反应后期则以 BCE 与 BMI 之间的共聚反应为主。结合文献[70，71]，分析整个体系可能存在如图 2-21 所示的反应。

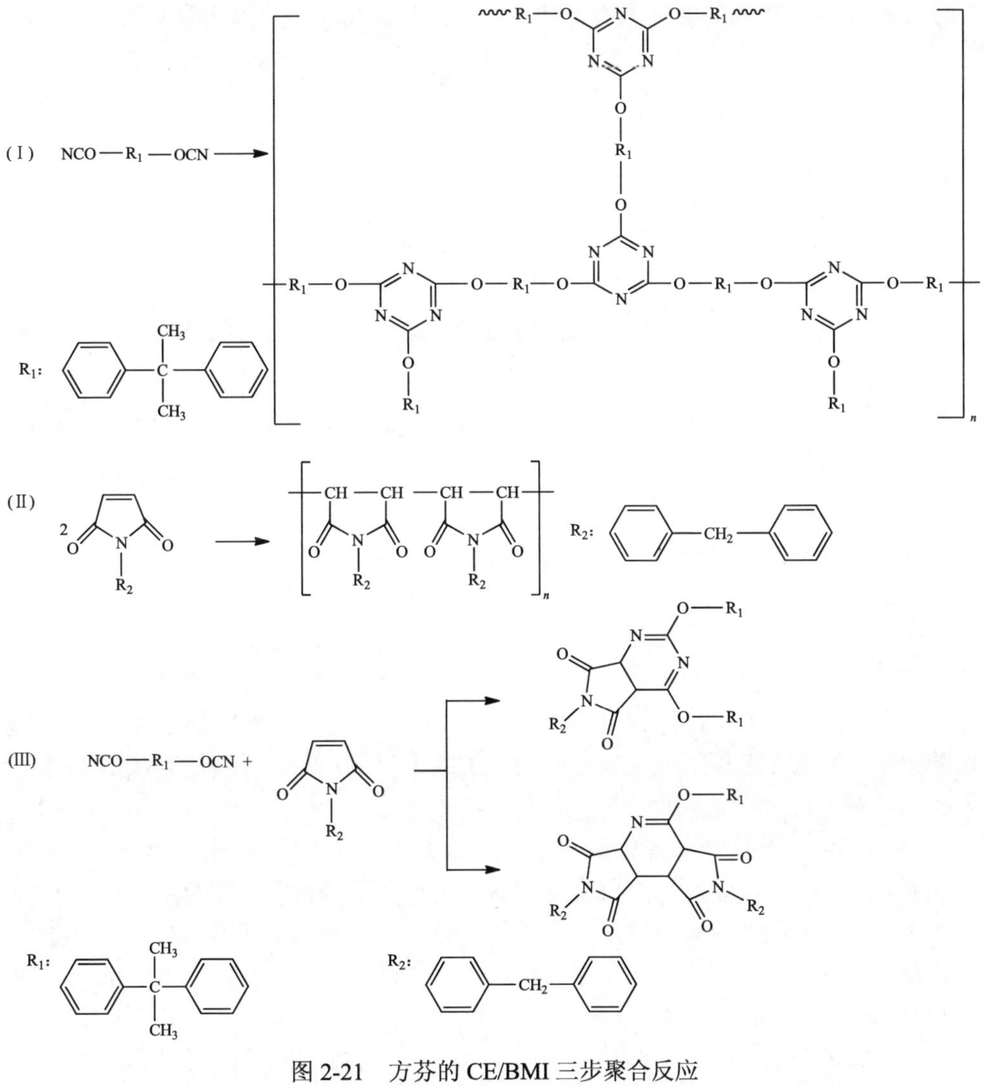

图 2-21　方芬的 CE/BMI 三步聚合反应

（Ⅰ）BCE 的自聚反应，生成三嗪环；（Ⅱ）BMI 自聚反应；（Ⅲ）BCE、BMI 之间的共聚反应

2.4 CE/BMI 固化动力学

方芬等[72]用双酚 A 型氰酸酯和双马来酰亚胺共聚，研究它们之间的化学反应性。主要用品有：双酚 A 氰酸酯，白色颗粒，济南航空特种结构研究所，工业品；双马来酰亚胺，淡黄色粉末，湖南峰光化工厂，工业品。图 2-22 是在同一升温速率下，BMI 质量分数为 33%的 CE/BMI 混合体系和纯 CE 的 DSC 曲线。由图 2-22 可看出，混合体系在 150℃左右开始固化，而纯 CE 则在 200℃左右才开始固化，说明 BMI 对 CE 树脂的固化具有催化作用，可以降低 CE 的固化温度。

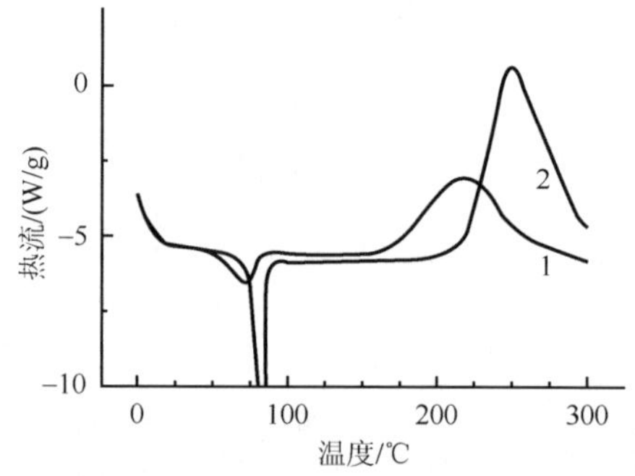

图 2-22 纯 CE 和 CE/BMI 复合材料的 DSC 图

1 表示 CE/BMI；2 表示纯 CE

图 2-23 为试样经不同温度固化后的 FT-IR 谱图。可以看出，随着固化反应的进行，2270～2236cm^{-1} 处的—OCN 特征峰在 140℃时已经消失，而在 1371cm^{-1}、1565cm^{-1} 处的三嗪环特征峰从 110℃到 140℃逐渐增强，说明 BMI 树脂对 CE 自聚反应有良好的催化作用；在 829cm^{-1}、686cm^{-1} 处的 BMI 特征峰在 110～140℃基本保持不变。随着温度继续升高，在 829cm^{-1}、686cm^{-1} 处的 BMI 特征峰有减小的趋势，有可能是 BMI 与 CE 之间发生了共聚反应，也有可能是 BMI 发生自聚反应。

张文根等[73]利用非等温差示扫描量热法，研究了 4, 4′-双马来酰亚胺二苯基甲烷/*O*, *O*′-二烯丙基双酚 A 为主要组分的双马来酰亚胺预聚体（BMI）与 BCE 的固化反应机理及固化反应动力学，求得固化工艺参数：凝胶温度为 139.06℃，固化温度为 175.97℃，后处理温度为 214.05℃。固化动力学参数：表观活化能为 39.27kJ/mol，频率因子为 499.12s^{-1}，反应级数为 0.83。

由树脂体系在不同升温速率下固化 DSC 曲线得到的放热峰峰值温度列于表 2-4。

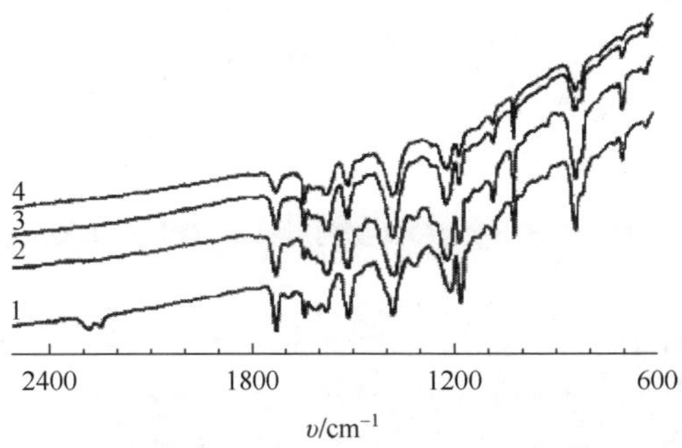

图 2-23　CE/BMI 在不同固化温度下的 FT-IR 图

1 表示 110℃；2 表示 140℃；3 表示 150℃；4 表示 180℃

表 2-4　不同升温速率下固化 DSC 曲线上放热峰的峰值温度

升温速率/(℃/min)	起始温度/℃	峰值温度/℃	终止温度/℃
5	149.34	193.47	232.33
10	157.88	217.10	263.45
15	164.09	238.64	292.69
20	178.44	252.10	300.00

由以上峰值温度经线性回归得到体系的凝胶温度为 139.06℃、固化温度为 175.97℃及后处理温度为 214.05℃。

固化反应的表观活化能可用 Kissinger 方程[74]求得

$$\frac{\mathrm{d}\left[\ln(\beta/T_{\mathrm{m}}^2)\right]}{\mathrm{d}(1/T_{\mathrm{m}})}=-\Delta E/R \tag{2-2}$$

式中：β 为升温速率，K/min；T_{m} 为峰顶温度，K；R 为摩尔气体常量，8.314J/(mol·K)；ΔE 为表观活化能变化量，J/mol。

以 $-\ln(\beta/T_{\mathrm{m}}^2)$ 对 $1/T_{\mathrm{m}}$ 作图可得-直线方程

$$-\ln(\beta/T_{\mathrm{m}}^2)=0.52012+4722.7(1/T_{\mathrm{m}}) \tag{2-3}$$

由直线斜率求得的表观活化能 E 为 39.27kJ/mol。

固化反应级数 n 可由 Crane 方程[75]求得

$$\frac{\mathrm{d}\ln\beta}{\mathrm{d}(1/T_{\mathrm{m}})}=-\frac{\Delta E}{nR}-2T_{\mathrm{m}} \tag{2-4}$$

当 $\Delta E/nR>2T_{\mathrm{m}}$ 时，$2T_{\mathrm{m}}$ 可以忽略，故以 $\ln\beta$ 对 $1/T_{\mathrm{m}}$ 作图。线性回归方程如下：

$$\ln\beta=13.88-5711.08(1/T_{\mathrm{m}})$$

由直线斜率可求得固化反应级数为 0.83，是非整数，表明 BMI/BCE 反应机理复杂[76]。利用 Kissinger 方法[74]可求得频率因子 A（s^{-1}）

$$A \approx \frac{E\beta \exp(E/RT_{\mathrm{m}})}{RT_{\mathrm{m}}^{2}} = 499.12\mathrm{s}^{-1}$$

2.5 CE/BMI 共聚物（BT 树脂）的合成、性能及应用

2.5.1 BT 树脂的应用领域

当今电子通信工业和航空工业正在以日新月异的速度发展，对电子通信工业所需基体材料和航空工业材料提出了更高的要求。但传统的环氧树脂由于存在吸湿性大、尺寸稳定性和介电性能差等缺点，已不能满足它们在宇航电子设备、航空工业、军用电子通信设备等方面的应用。因此，高性能的基体树脂如双马来酰亚胺树脂（BMI）、氰酸酯树脂（CE）、聚酰亚胺树脂（PI）等已被广泛研究和应用。BMI 树脂[77]由于具有优异的力学、耐热及电学等性能而被广泛应用于先进复合基体材料，但 BMI 成型温度高、固化物脆性大等缺点使其应用受到了极大的限制。CE 树脂具有良好的力学、电学及极低的吸水率等性能，并具有和环氧树脂相似的加工性能和韧性，但在耐热性能方面逊色于 BMI 树脂[78]。利用 BMI 和 CE 共聚制成的双马来酰亚胺三嗪树脂（BT）[78, 79]具有良好的工艺操作性、耐热性、尺寸稳定性、抗冲击性、电学性能及力学性能等综合性能，克服了上述缺点。因而，BMI/CE 共聚体系的固化物，既提高了 BMI 树脂的抗冲击性、电绝缘性和工艺操作性，也改善了 CE 的耐水解性。BT 树脂具有极好的发展前景，也成为目前该领域的研究热点。

2.5.2 新型 BMI 和 CE 的合成

通过合成新型的 BMI 和 CE 来得到性能更佳的 BT 树脂是改性 BT 树脂的一种重要方法。Hwang[80]合成了一种新型的 BMI-二环戊二烯双马来酰亚胺树脂（DCPDBMI），并用合成的 DCPDBMI 制备出一系列 DCPDBMI/三嗪树脂，然后同 2, 6-二甲基苯酚-二环戊二烯二氰酸酯（DCPDCY）进行交联固化。测试数据表明，该固化树脂与 BDM/BADCY 固化树脂相比具有更优良的抗湿性能、更低的介电常数和介质损耗因数。

闫红强[81]合成新型含有萘环结构的双马来酰亚胺（BMPN）和氰酸酯（DNCY），研究表明：在耐热性方面，BMPN/DNCY 共固化所得 BT 树脂的热分解起始温度（T_{e}）都在 440℃以上，具有很好的热稳定性。不同配比的共固化结构的此类 BT 树脂热分解的差别不是很大，700℃时残炭率都在 60%左右[82]。

BT 树脂是一种新型复合材料基体树脂，该树脂既提高了 BMI 的抗冲击性能、

电学性能和工艺操作性，也改善了 CE 的耐水解性和固化过程的操作控制性能[83, 84]。未固化（B 阶段）的 BT 树脂，具有以下特性[85]：①对人体安全：毒性低、皮肤刺激性低、积蓄性低。②具有很好的加工工艺性：黏度低，与增强材料有很好的浸润性；可使用一般有机溶剂（醇类溶剂除外）；固化温度低。③可用许多树脂改性。④通过对催化剂的选择，可调整它的凝胶速度。固化成形的 BT 树脂，具有以下特性：①优异的耐热性：T_g 为 200～300℃，长期耐热温度 160～230℃。②低介电常数，ε=2.8～3.5（1MHz）、低介电损耗角正切，tanδ=1.5×10^{-3}～3.0×10^{-3}（1MHz）。③高耐金属离子迁移性，吸湿后仍保持优良的绝缘性。④有优良的机械性、尺寸稳定性、耐药品性、耐放射性、耐磨性、耐化学品性、耐油性及优异的黏结力。BT 树脂与其他树脂固化物特性对比见表 2-5。

表 2-5　几种基板材料常用树脂固化物特性比较

特性方面	特性比较（优→劣）
耐热性（T_g）	PI>APPE>BT>耐热性 EP>EP
介电性（ε，tanδ）	PTFE>APPE>BT>PI>耐热性 EP>EP
耐金属离子迁移	BT>PI>APPE>耐热性 EP>EP
经济性	EP>耐热性 EP>APPE>BT>PI

注：PI 为聚酰亚胺树脂；APPE 为热固性（A）的聚苯醚（PPE）树脂；BT 为双马来酰亚胺/三嗪/环氧树脂；EP 为环氧树脂；PTFE 为聚四氟乙烯。

BT 树脂除了上述特性外，可以同时进行阴离子催化聚合和自由基聚合，故使用范围非常广。在印刷电路板应用中，有很长一段时期内（从 20 世纪 90 年代中期起至 21 世纪最初的几年），BT 树脂制出的覆铜板，占 IC 有机封装基板用各种基板材料市场 80%以上的份额，至今其仍拥有相当大的占有率。这类封装基板用的改性 BT 树脂-玻纤布基 CCL 的绝大多数产品的提供者是日本三菱瓦斯化学公司。目前，三菱瓦斯化学公司已开发成功八大类十多个牌号的 BT 树脂，分别用于高温、高频、高速、大功率、封装基板等不同需求的场合。除了印刷电路板行业外，BT 树脂也可用于制作军用飞机和气象探测飞机上的室内雷达天线，飞机结构材料、刹车衬里、高性能涂料和黏合剂等[86]。总之，就性能而言，BT 树脂优于环氧树脂等传统热固性基体树脂，随着 BT 树脂应用技术的发展，其应用领域将不断扩大。

2.5.3　新型 BT 树脂耐热性能的研究

闫红强等[87]对合成出的 BMPN/DNCY 单体以不同比例混合进行固化，得到了新型含萘环的双马来酰亚胺三嗪树脂，并分别记为 B2C1、B1C1、B1C2。采用TGA 在氮气条件下对双马来酰亚胺三嗪树脂进行耐热性能分析。结果表明，在耐热性能方面，共固化所得双马来酰亚胺三嗪树脂的热分解起始温度(T_e)都在 440℃以上，具有很好的热稳定性；不同配比的共固化结构双马来酰亚胺三嗪树脂热分解的 T_e 差别不是很大，在 700℃时的残炭率都在 60%左右。

双马来酰亚胺三嗪树脂的热分解起始温度（T_e）都在 440℃以上，这说明双马来酰亚胺三嗪树脂具有很好的热稳定性。不同配比的双马来酰亚胺三嗪树脂的 T_e（B2C1、B1C1、B1C2 树脂分别为 447.9℃、444.6℃、440.8℃）差别不是很大，且介于 BMPN 树脂（477.0℃）和 DNCY 树脂（435.8℃）之间；不同配比树脂热分解的 T_p 都大于 455.0℃，树脂在 700℃时的残炭率都在 60%左右。在共混体系中，不管 BMPN 单体和 DNCY 单体以何种配比混合，所得固化产物的分子结构主要是以相似的六元环结构为主，因而它们具有在高温条件下相近的残炭率。不同配比所得的双马来酰亚胺三嗪树脂在热分解过程中都存在两种热分解反应。第一个热分解峰随双马来酰亚胺含量的增加向高温偏移，这可能是由于配比不同，树脂体系中Ⅰ和Ⅱ两种六元环及双马来酰亚胺结构含量不同。第二种热分解速率比较小，并且与树脂的配比没关系，可以说明第二种热分解可能是由树脂中少量的双马来酰亚胺树脂引起的。

2.5.4　BT 树脂的特性

BT 树脂是一种新型复合材料基体树脂，该树脂既提高了 BMI 的抗冲击性能、电学性能和工艺操作性，也改善了 CE 的耐水解性和固化过程的操作控制性能[88]。未固化的 BT 树脂，具有以下特性[89]：

（1）对人体安全：毒性低、皮肤刺激性低、积蓄性低。

（2）具有很好的加工工艺性：黏度低，与增强材料有很好的浸润性。可使用一般有机溶剂（醇类溶剂除外）；固化温度低。

（3）可用许多树脂改性。

（4）通过对催化剂的选择，可调整它的凝胶速度。

吕洪久[90]、闫红强等[91]指出三菱瓦斯化学公司已成功开发八大类十多个牌号的 BT 树脂，分别用于高温、高频、高速、大功率、封装基板等不同需求的场合。除了印刷电路板行业外，BT 树脂也可用于制作军用飞机和气象探测飞机上的室内雷达天线，飞机结构材料、刹车衬里、高性能涂料和黏合剂等[92–99]。

总之，就性能而言，BT 树脂优于环氧树脂等传统热固性基体树脂，随着 BT 树脂应用技术的发展，其应用领域将不断扩大[100, 101]。

2.5.5　双马来酰亚胺树脂改性氰酸酯树脂的研究

BMI/CE 共混或共聚也是热固性树脂改性 CE 的一个较为活跃的研究领域[102, 103]。BMI 虽然具有较高的耐热温度，但其固化温度高达 250℃，固化物脆性大，成型工艺也较为复杂。近年来国内外学者针对 BMI 的抗冲击性和工艺性能，以及应用 BMI 改性 CE 等方面进行了广泛而深入的研究。

BMI 改性 CE 最直接的一种方法是 BMI 与 CE 熔融混合得到均相的体系，在较低温度下即可发生共聚。CE 中的—OCN 官能团与 BMI 的双马来酰亚胺环中不饱和双键上的活泼氢发生反应，得到 BT 树脂（双马来酰亚胺-三嗪树脂）[81, 91]。BT 树脂韧性优于纯 CE 树脂和纯 BMI 树脂，玻璃化温度达 250℃以上，具有较低的介电常数和介电损耗因数、优良的抗冲击性能，通常用作高性能印刷电路板的基体树脂[92]。BT 树脂体系的玻璃化温度随 BMI 含量增加而提高，但机械性能及工艺性能等变差[88]。

2.5.6　双马来酰亚胺三嗪环树脂的应用

目前，双马来酰亚胺三嗪环树脂由于具有耐热性高、绝缘性优良及介电常数极低等优点，有望在下列领域拓展其应用。

（1）在航空航天结构件制造领域，双马来酰亚胺三嗪环树脂有望成为首选有机高分子材料，该类型树脂容易与新型碳纤维材料产生层间键合作用，可用于制备连续纤维增强型复合材料，这种连续纤维增强型复合材料可用于军用飞机、民用飞机、航空航天器件的承力及非承力构件的制造[93]。具体来说就是可用于飞机的机翼表皮、飞机的尾翼、垂尾、飞机机身及飞机骨架制造的首选材料。

（2）绝缘材料。双马来酰亚胺三嗪环树脂在绝缘材料制造方面，主要作为高温浸渍漆、耐高温压层板、高频电路板基板覆铜板及作为特殊用途的模压塑料基体使用[94]。

（3）耐磨材料。双马来酰亚胺三嗪环树脂在重负荷砂轮、金刚石砂轮、车用新型耐磨刹车片及耐高温轴承黏合剂制造方面，正在被日益推广[95]。

（4）可作为新型功能性复合材料基体使用[96]。

双马来酰亚胺三嗪环树脂也有缺点，就是原材料成本高，限制了该类型树脂推广。但将双马来酰亚胺三嗪环树脂作为改性剂，对传统的印刷电路板基体材料——环氧树脂进行改性，这样不仅可以弥补传统的印刷电路板基体材料——环氧树脂板材的缺陷，而且可以大大降低生产成本。

2.5.7 热固性树脂改性氰酸酯树脂

将氰酸酯树脂与其他热固性树脂共聚或共混改性是氰酸酯树脂改性的重要途径之一。氰酸酯树脂中加入热固性树脂可以降低固化物的交联密度，同时还能与氰酸酯生成一些韧性基团，加入不同种类的热固性树脂可以得到不同支化度和微观结构的网络。目前主要用 EP（环氧）、BMI（双马来酰亚胺）或两者并用与氰酸酯树脂共聚进行增韧改性，而且已取得了较大的进展。

1. 氰酸酯树脂与 BMI 共聚改性

BMI 虽然具有较高的耐热温度，但其固化温度高达 250℃，固化物脆性大，成型工艺也较为复杂。氰酸酯树脂与 BMI 共聚或共混改性体系是改善 BMI 冲击性能和工艺性的一个较为活跃的研究领域[100]。最直接的方法就是将 BMI 与氰酸酯树脂熔融混合得到均相的共混体系，在较低的温度下就可发生共聚反应。氰酸酯树脂官能团（—OCN）与 BMI 的马来酰亚胺环上不饱和双键上的活泼氢发生反应，得到 BT 树脂[43]。

BT 树脂的玻璃化温度高达 250℃以上，具有较低的介电常数和介质损耗因数、优良的冲击性能，通常用作高性能印刷电路板的基体树脂。

2. 双马来酰亚胺（BMI）增韧

BMI 虽然具有较高的耐热温度，但其固化温度高达 250℃，固化物脆性大，成型工艺也较为复杂。近年来国内外的研究者针对 BMI 的抗冲击性和工艺性能进行了广泛而深入的研究。其中 CE/BMI 共混或共聚改性是一个较为活跃的研究领域[97]。BMI 改性 CE 最直接的一个方法就是 BMI 与 CE 熔融混合得到均相的共混体系，在较低的温度下即可发生共聚。CE 官能团（—OCN）与 BMI 的马来酰亚胺环上的不饱和双键上的活泼氢发生反应，得到 BT 树脂[97]。

BT 树脂的玻璃化温度达 250℃以上，具有较低的介电常数和介质损耗角正切，优良的抗冲击性能，通常用作高性能印刷电路板的基体树脂[49]。

方芬等[72]用双酚 A 氰酸酯和双马来酰亚胺共混，研究其共聚产物的力学性能和耐热性能。

3. CE/BMI 体系的力学性能

CE/BMI 固化物体系的弯曲强度及冲击强度随不同配比而变化。体系的弯曲强度及冲击强度先是随着 BMI 含量的增加而逐渐增强，当 BMI 质量分数达到 33%时，弯曲、冲击强度分别由原来的 95.6MPa 和 9.24kJ/m^2 提高到 153.7MPa 和

18.6kJ/m^2，BMI 含量继续增加，弯曲、冲击强度下降。分析其原因，当 BMI 含量较小时，以 CE 自聚为主，生成的三嗪环使体系的交联密度大，韧性较差；随着 BMI 含量的增加，BMI 与 CE 反应概率增大，反应生成了嘧啶结构和吡啶结构，从而减小了体系的交联密度；但当 BMI 含量增加到一定量后，BMI 的自聚反应成为优势，体系的交联密度相对变化小，但仍然起到了增韧作用[72]。

图 2-24 是纯 CE 和 CE/BMI 体系（BMI 含量为 33%）冲击断面的 SEM 图片，图 2-24（a）～（c）是纯 CE 的 SEM 图片，可看出冲击断面比较光滑，断裂源范围大；图 2-24（d）～（f）是 CE/BMI 体系的 SEM 图片，可以看出其冲击断面呈鱼鳞状凹凸面，与图 2-24（a）～（c）比较可看出，CE/BMI 体系的断裂源及河流区的细纹的长径比都比纯 CE 体系的小，且单位面积上的韧窝较纯 CE 的要多，同时 CE/BMI 体系有明显的大韧窝存在。以上表明，BMI 对 CE 有明显的增韧作用，且在 BMI 含量为 33%时体系的韧性及强度最好。

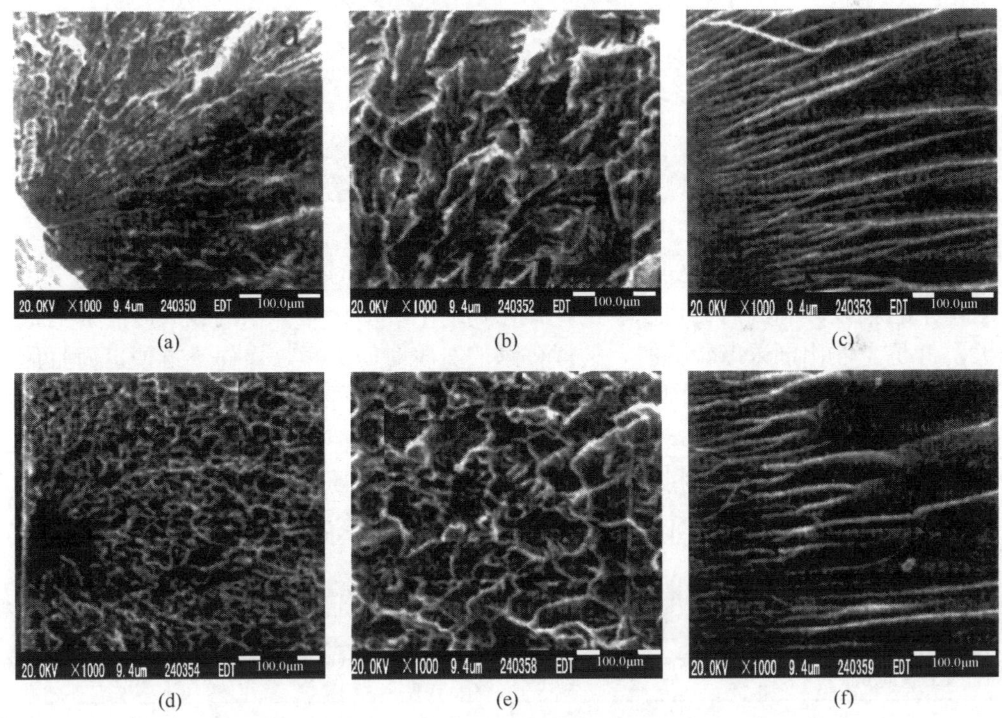

图 2-24 纯 CE 和 CE/BMI 体系固化产物的 SEM 图片

（a）、（b）、（c）为纯 CE；（d）、（e）、（f）为 CE/BMI[w（BMI）=33.3%]

2.6 CE/BMI/EP 固化机理及性能

EP/CE 改性体系降低了 CE 原有的模量、耐热性及耐化学腐蚀性能；BMI/CE

改性体系的增韧效果不太明显，且其工艺性能较差，成本较高。因此，许多研究者应用这三种树脂共混，以期得到性能更佳的树脂体系。在 CE/BMI/EP 三元体系中，EP/CE 的共聚结构与 BMI 形成互穿网络结构，使体系的工艺和韧性比二元体系有了较大的提高。

2.6.1 固化工艺对三元体系性能的影响

谢文峰等[98]研究了双酚 A 型二氰酸酯树脂（BCE）与双马来酰亚胺树脂（BMI）、环氧树脂（CYD-127，EP）的共聚反应，通过差示扫描量热法（DSC）对其性能进行表征，发现固化工艺、催化剂及加料的先后顺序对三元共聚物的性能有一定影响。

通过不同方法合成的氰酸酯其固化反应速率非常缓慢。要使高纯度的氰酸酯单体发生聚合反应，必须加入两种催化剂：一是带有活泼氢的化合物，如单酚、水等；二是金属催化剂，如路易斯酸、有机金属盐等。由于氰酸酯官能团含有孤对电子和给电子 π 键，因此它易与金属化合物形成络合物。有机金属化合物是目前研究最多、应用最为广泛的氰酸酯催化剂。选用过渡金属有机化合物二月桂酸二丁基锡作为催化剂。在氰酸酯固化过程中，催化剂的含量对固化反应有很大的影响。

表 2-6 列出了催化剂的不同含量对树脂体系凝胶时间的影响。从表 2-6 中树脂体系的凝胶时间的对比可以看出，催化剂的浓度对树脂体系的凝胶时间影响很大，但是当催化剂浓度较大时，树脂体系的凝胶时间太短，操作不方便，而且催化剂浓度过高，会对树脂固化物的性能产生影响。另外研究发现，当氰酸酯与环氧树脂的混合树脂共固化反应时，少量的氰酸酯树脂即能促进环氧树脂固化，而环氧树脂也能促进氰酸酯树脂的固化反应，也就是说反应中氰酸酯与环氧树脂相互催化。因此，综合各方面的因素，选用的催化剂浓度应确定为 100×10^{-6}mol/L。

表 2-6 催化剂的含量对树脂凝胶时间的影响（140℃）

浓度/($\times10^{-6}$mol/L)	50	100	200	500
凝胶时间/min	25	20	8	2

尹剑波等[99]用环氧（F-51）、BMI 和 CE 制成三元共聚体系进行研究，发现共聚树脂中的组分配比和固化条件也对其性能有影响。

梁国正等[100]、秦华宇等[101]研究了不同工艺对 CE/BMI/EP 三元改性体系的性能的影响。结果表明，在 160～300℃的宽广的温度范围内有一个单一的反应放热峰，表明树脂各组分之间的反应基本同步，这对于控制固化反应是非常有利的。固化树脂具有较佳的综合力学性能，良好的耐热性、耐湿热性和优异的介电性能。

树脂的物理性能与树脂体系的组分含量和预聚工艺有关，从表 2-7[102]可看出，在预聚工艺一定的情况下，随着 BDM 用量的增加树脂体系的软化点和溶解性变差，这主要是因为 BDM 的熔点较高（大约 150℃），溶解性较差，只能溶于二甲基甲酰胺等强极性溶剂中。当 BDM 和 CE 预聚后，它的结构规整性得到破坏，溶解性得到提高。在配方确定的情况下，预聚工艺对树脂体系的物理性能影响很大，从表 2-8 中可看出 LC2 的软化点低，溶解性良好，而 LC1 的软化点较高，溶解性一般，LC3 的物理性能介于 LC1 与 LC2 之间。

表 2-7　组分用量对树脂软化点和溶解性的影响[102]

BCE∶E51∶BDM	软化点/℃	丙酮中溶解性
50∶10∶40	65	差
50∶20∶30	51	一般
50∶30∶20	44	良
50∶40∶10	38	良
40∶20∶40	61	差
40∶30∶30	47	一般

注：实验原料：4, 4′-双马来酰亚胺基二苯甲烷（BDM）；双酚 A 氰酸酯树脂（CE）；E51 环氧树脂。
预聚工艺：BCE 和 E51 在 100～130℃预聚一定时间，然后加入 BDM 再预聚一定的时间。

表 2-8　预聚工艺对树脂体系物理性能的影响

性能	LC1	LC2	LC3
软化点/℃	51	39	46
丙酮中溶解性	一般	良	良

注：LC1：BCE 和 E51 在 100～130℃预聚一定时间，然后加入 BDM 再预聚一定的时间。
LC2：BCE 先和 BDM 在 100～130℃预聚一定时间，然后加入 E51 搅拌均匀。
LC3：BCE、BDM 和 E51 一起在 100～130℃预聚一定时间。

表 2-9 是由 DSC 曲线求得的不同树脂与工艺的特征温度，从中可以看出 BCE 的峰始、峰顶、峰终温度分别为 188℃、239℃和 280℃，BCE/E251 的峰始、峰顶、峰终温度分别为 123℃、170℃和 201℃，这表明环氧树脂与氰酸酯树脂的共聚反应活性大于氰酸酯树脂的自聚反应活性。LC1 的峰始、峰顶、峰终温度分别为 165℃、232℃和 287℃，LC2 的峰始、峰顶、峰终温度分别为 197℃、249℃和 308℃，

LC3 的峰始、峰顶、峰终温度分别为 172℃、238℃和 289℃，其反应活性顺序为 LC1>LC3>LC2。它们的共同特征为在宽广的温度范围内有一个单一的反应放热峰，这对于控制固化反应是非常有利的。

表 2-9　树脂各组分间的反应特征温度

温度	BCE	BDM	BCE/E51	BCE/BDM	LC1	LC2	LC3
$T_{始}$/℃	188	190	123	156	165	197	172
$T_{顶}$/℃	239	252	170	218	232	249	238
$T_{终}$/℃	280	310	201	265	287	308	289

注：LC1、LC2、LC3 同表 2-8 注。

表 2-10 是固化树脂的性能数据，从中可看出它们具良好的力学性能，LC1 的模量大于 LC2 和 LC3，但从断裂伸长率和冲击强度可看出纯 BEC 的韧性最差，LC1 的韧性虽比 CE 高得多，但还是低于 LC2 和 LC3。这主要是由于后两者有部分环氧树脂没有参加固化反应，其在体系中起到增塑剂的作用，因此 LC2 和 LC3 的耐热性、耐湿热性也低于 CE 和 LC1。

表 2-10　固化树脂的性能

性能		BCE	LC1	LC2	LC3	测试标准
密度/(g/cm^3)		1.21	1.21	1.21	1.21	
拉伸强度/MPa		71	78.4	80.1	77.9	GB 3354—84
拉伸模量/GPa		3.7	3.75	3.48	3.63	GB 3354—84
断裂伸长率/%		2.2	2.4	2.8	2.6	GB 3354—84
弯曲强度/MPa		104	118	110	115	GB 3356—82
弯曲模量/GPa		3.71	3.73	3.52	3.65	GB 3356—82
冲击强度/(kJ/m^2)		6.0	11.3	14.5	12.8	GB 1024—79
玻璃化温度/℃		258	270	224	256	—
HTD/℃	常态	250	253	205	238	ASTM 648—56
	水煮 100h	215	214	156	196	—
起始分解温度/℃		445	440	425	432	—
吸水率（水煮 100h）/%		1.8	2.2	3.5	2.7	—

后处理工艺对树脂体系的耐热性影响较大，表 2-11 和表 2-12 分别是后处理时间和后处理温度对树脂体系热变形温度（HDT）的影响数据，从中可看出随着后处理时间的延长，HDT 相应提高，当时间超过 8h 后 HDT 随着后处理

时间的延长变化幅度较小。在后处理时间确定的条件下随着后处理温度的提高 HDT 相应提高，当温度超过 220℃后 HDT 随着后处理温度的提高变化幅度较小，这主要是随着反应时间的延长或反应温度的提高，固化反应程度增大，相应的交联密度增大。当反应到达一定程度后，体系中的活性基团基本上已全部参加反应，无论是增加反应时间或提高温度都无法使 HDT 提高，相反的树脂体系可能因发生热分解反应而使其体系的耐热性和综合性能下降。综合考虑最后确定后处理工艺为 220℃/10h。

表 2-11　后处理时间对树脂体系 HDT 的影响

温度/℃	时间/h							
	0	2	4	6	8	10	12	15
200	189	195	201	206	210	213	215	216
220	189	208	225	239	247	253	254	254
240	189	219	238	250	258	263	262	261

注：预聚工艺采用 LC1。

表 2-12　后处理温度对树脂体系 HDT 的影响

工艺	后处理温度/℃					
	200	210	220	230	240	250
LC1	213	238	253	258	263	265
LC2	172	196	205	208	210	211
LC3	201	224	238	242	245	247

注：后处理时间为 10h。

表 2-13 是固化树脂的介电性能数据，可看出纯 BCE 的介电常数和介电损耗很低，当加入 BDM 和 E251 后，介电常数和介电损耗相应增大，但 LC1 和 LC3 的介电性能与介电性能优异的改性双马来酰亚胺树脂 4503A 和 4501A 比较接近。

表 2-13　固化树脂的介电性能

介电性能	LC1	LC2	LC3	BCE	4501A*	4503A**
介电损耗角正切	2.92	2.98	2.94	2.8	2.94	2.95
介电常数	0.0113	0.0120	0.0116	0.007	0.0117	0.0118

*摘自文献[97]；**摘自文献[99]。

2.6.2　CE/BMI/EP 共聚机理

Gu 等[103]研究了双酚 A 型二氰酸酯树脂（BCE）与双马来酰亚胺树脂（BMI）、

环氧树脂（CYD-127，EP）的共聚反应，用 FT-IR 对树脂的固化进行跟踪分析，发现体系的固化反应中包含 BMI 自聚合反应、BCE 自聚合反应、BCE 与 BMI 共聚反应、BCE 与 EP 共聚反应等。

实验中以 CE∶BMI∶EP=5∶2∶1（质量比）体系为研究对象，对预聚物、固化 150℃/4h，以及固化结束后的体系进行红外光谱研究分析，跟踪固化反应。

由树脂固化前后数据可知，氰酸酯基（—OCN）的特征吸收峰 2271cm^{-1}，2237cm^{-1} 在固化之后明显消失了，而三嗪环的特征峰 1563cm^{-1}，1369cm^{-1} 的强度在固化之后不断增强，说明树脂中的氰酸酯基已基本完全转换成三嗪环；另外从预聚物和固化 4h 的红外数据比较中可以发现，氰酸酯基的特征峰已基本消失，而环氧基的特征峰只是有所减小，这说明在反应初期，氰酸酯基团的反应速率明显快于环氧基团。在树脂预聚物中酰亚胺环上 C══C 双键打开后生成的$(CH_2CO)_2N$ 上的 C—N—C 吸收峰 1177cm^{-1}，1148cm^{-1} 较为明显，随着固化的进行，1177cm^{-1}，1148cm^{-1} 吸收峰的强度逐渐减小，最终 1148cm^{-1} 吸收峰基本消失，说明酰亚胺环上碳碳双键打开后生成的$(CH_2CO)_2N$ 上的 C—N—C 与别的物质反应生成了另一种结构；在树脂未固化之前，可以看见环氧基特征吸收峰 916cm^{-1}，而随着固化反应的进行，916cm^{-1} 吸收峰逐渐变小，直至消失，说明环氧基也参与反应生成了另一种结构。在 1750cm^{-1} 处有羰基的吸收峰存在，说明已经有部分氰酸酯反应生成氨基甲酸酯或亚氨基碳酸酯，这大概是体系中含有的少量水分或合成原料酚本身与氰酸酯继续反应生成氨基甲酸酯或亚氨基碳酸酯的缘故，但是在固化之后该峰就基本消失了，说明在反应的后期氰酸酯与酚杂质基本没有副反应；而 1243cm^{-1} 处噁唑烷酮上芳醚峰—Ar—C—O 的吸收峰的出现，说明生成芳醚的反应主要发生在前期；随着反应的进行，峰的位置移至 1212cm^{-1}，可能是受到了其他物质的干扰。上述分析说明最终树脂体系的基元物质已基本完全参与反应，树脂体系固化比较完全。

通过以上红外数据分析可知，三元树脂体系之间的反应比较复杂，应该还存在 BMI 自聚合反应、BCE 自聚合反应、BCE 与 BMI 共聚反应、BCE 与 EP 共聚反应等。

梁国正等[100]的研究具体化了 CE/BMI/EP 的共聚反应机理。他们认为 BCE、BDM 和环氧树脂之间的反应非常复杂，可能存在 BCE 的自聚反应、BDM 的自聚反应、BCE 与 BDM 的共聚反应及 BCE 与环氧基团的共聚反应等，主要反应式如下：

1）BCE 的自聚反应

BCE 在加热或催化剂存在下可反应生成三嗪环，反应式如下：

$$N\equiv C-O-R-O-C\equiv N \longrightarrow$$

2）BDM 的自聚反应

BDM 树脂在加热下可进行自聚反应，生成耐热性的网状树脂，反应式如下：

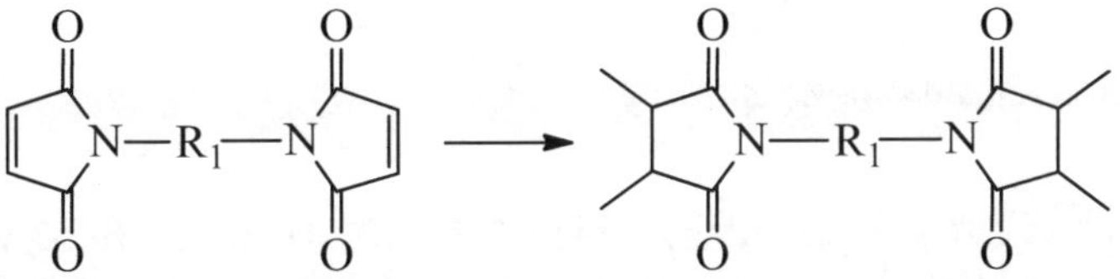

3）BCE 与 BDM 的共聚反应

BCE 和 BDM 中的马来酰亚胺上的双键在 100℃以上可进行共聚反应，反应式如下：

$$N\equiv C-O-R-O-C\equiv N+$$

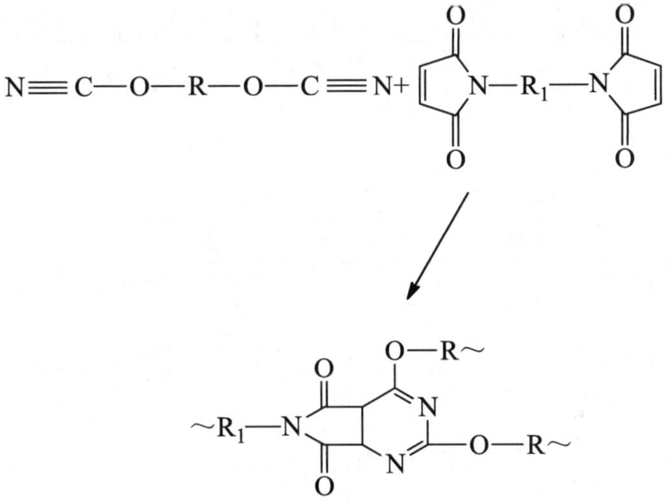

4）BCE 与环氧基团的共聚反应

CE 树脂可与环氧树脂中的环氧基团进行共聚反应，反应式如下：

$$N\equiv C-O-R-O-C\equiv N+CH_2-CH-CH_2-O-R_2-CH_2-CH-CH_2$$

R_1: $-C_6H_4-CH_2-C_6H_4-$；　$R=R_2$: $-C_6H_4-C(CH_3)_2-C_6H_4-$

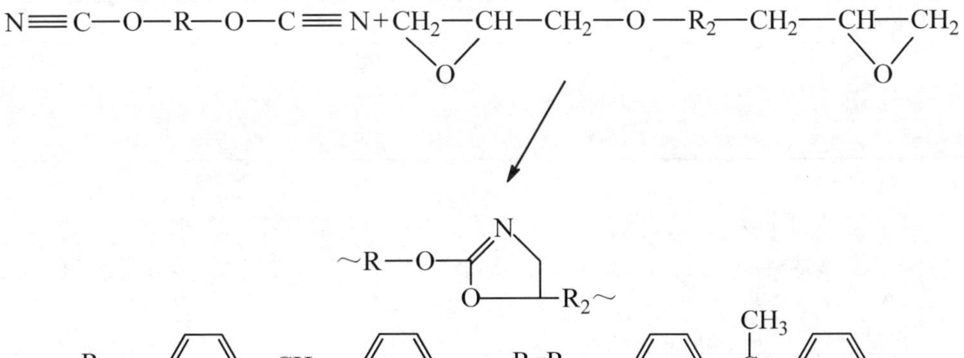

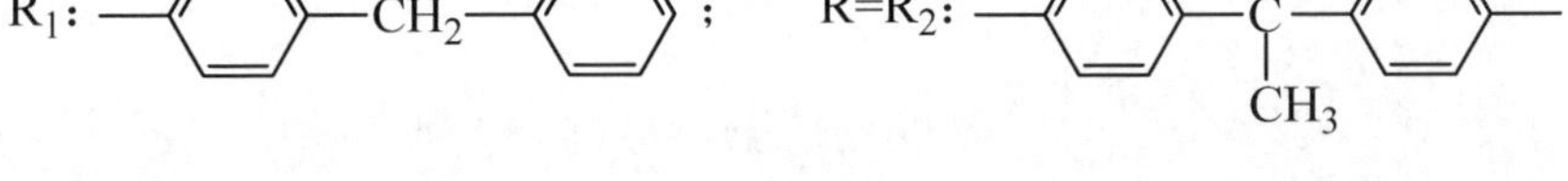

以上各反应基本上是同时进行的，具体哪种反应为主与组分的用量、反应温度及升温速率等有关。因此，适当控制和优化固化工艺是非常重要的。

2.6.3 CE/BMI/EP 共固化动力学

谢文峰等[98]研究了双酚 A 型二氰酸酯树脂（BCE）与双马来酰亚胺树脂（BMI）、环氧树脂（CYD-127，EP）的共聚反应，通过差示扫描量热法（DSC）对其性能进行表征，发现 BMI 与 BCE 的反应性不如 EP 与 BCE 的反应性好；树脂体系的凝胶时间随着温度升高而迅速缩短；在凝胶之前反应速率一直非常小，当达到凝胶温度附近时，反应速率开始大幅增加。

为了制定树脂体系的固化工艺，首先要掌握树脂的凝胶温度与凝胶时间的关系，因此测定了不同温度下树脂体系的凝胶时间，见表 2-14。可以看出，树脂体系的凝胶时间随着温度升高而迅速缩短[104]。

表 2-14 树脂的凝胶时间

时间/min	58	30	12	8	5	3	2.5
温度/℃	140	150	160	170	180	190	200

在研究过程中，采用 5℃/min，10℃/min，20℃/min 这 3 个升温速率对未添加催化剂的树脂材料做 DSC 扫描，得到各个升温速率下的 DSC 曲线，各起始反应温度 T_i、峰顶温度 T_p、峰终温度 T_f 数据见表 2-15。根据表 2-15 中数据，由 T_i，T_p，T_f 分别对升温速率 β 作图得 T-β 关系。

表 2-15 树脂体系在不同升温速率下固化反应特征温度

升温速率/(℃/min)	T_i/℃	T_p/℃	T_f/℃
5	161.7	193.9	240.3
10	181.9	212.8	256.2
20	204.6	239.5	266.7

由 T-β 关系可将 3 条直线分别外推至 β=0，即升温速率为 0 时的 3 点温度，分别定为近似凝胶温度 T_{gl}（150℃）、固化温度 T_{cure}（175℃）、后处理温度 T_{treat}（210℃），以此作为制定树脂固化工艺的依据。

不管双酚 A 型二氰酸酯树脂体系内有无催化剂，其固化反应动力学速率方程均可用一个简单的公式来描述

$$\mathrm{d}\alpha/\mathrm{d}t = k(1-\alpha) \tag{2-5}$$

根据表 2-15 即可计算共固化反应的动力学参数[105]。

由 Kissinger 方程式（2-6），以 ln（β/T_p^2）对 $1/T_p$ 作图，得到一条直线，由回归直线的斜率可以求得共固化反应的表观活化能 E_a。

$$\frac{d\left[\ln(\beta/T_p^2)\right]}{d(1/T_p)}=-E_a/R \tag{2-6}$$

式中：β 为升温速率；T_p 为峰顶温度；E_a 为表观活化能；R 为摩尔气体常量，取 8.314J/(mol·K)。

按照计算反应级数的近似式（2-7），以 lnβ 对 $1/T_p$ 作图，得到一条直线，由回归直线的斜率可以求得共固化反应的表观反应级数 n。

$$d(\ln\beta)/d(1/T_p)=-E_a/(nR) \tag{2-7}$$

式中：n 为反应级数，其他字母含义同式（2-6）。

然后按照 Kissinger 法由式（2-8）求得频率因子 A。

$$A=\frac{\beta\cdot E_a\cdot\exp(E_a/RT_p)}{RT_p^2} \tag{2-8}$$

将 A 和 E_a 的计算值代入阿伦尼乌斯方程：$K=A^{\exp(-E_a/RT_p)}$，可以计算出不同温度下共固化体系反应速率 K。具体计算结果见表 2-16。

表 2-16　树脂体系固化的动力学参数

E_a/(kJ/moL)	A/s^{-1}	n	$K_{25℃}$/s^{-1}	$K_{150℃}$/s^{-1}	$K_{175℃}$/s^{-1}	$K_{210℃}$/s^{-1}
51.14	1.29×10^3	0.845	1.41×10^{-6}	6.26×10^{-4}	1.41×10^{-3}	3.81×10^{-3}

从表 2-16 中树脂体系固化的各个动力学参数可以看出，室温至 175℃范围内总反应速率大致提高了 3 个数量级，而从凝胶温度至固化温度或者从固化温度至后处理温度，反应速率只是倍数上的差别，而不再是数量级上的差别；这说明在凝胶之前反应速率一直都非常小，当达到凝胶温度附近时，反应速率开始大幅增加。此结果与前述凝胶时间测试结果相符。

2.6.4　CE/BMI/EP 共聚物的性能

1. 环氧、BMI 改性 5245C 性能

美国 Narmco 公司在 20 世纪 80 年代所开发的 5245C 是一个成功的环氧和 BMI 的改性体系，为了更进一步降低吸湿率，在此体系中还加入了二氰酸酯。这种树脂在保持环氧优良工艺性的同时，在 135～150℃有良好的湿热强度保持率，且其

韧性较高，G_{1C} 可达 160J/m^2，玻璃化温度为 228℃，其固化树脂的性能见表 2-17。

表 2-17　5245C 固化树脂的性能[106]

性能	测试值
拉伸强度/MPa	57
拉伸模量/GPa	3.58
断裂伸长率/%	2.0
弯曲强度/MPa	122
弯曲变形量/%	3.7
热变形温度/℃	204
G_{IC}/(kJ/m^2)	160

Hefner[106]对 BMI/EP/CE 三元改性体系的性能进行了研究。三元体系中，EP 与 CE 的共聚结构与 BMI 形成互穿网络结构（IPN），使体系的韧性有较大的提高，弯曲模量有所提高，综合性能明显优于二元体系。而且二元及三元改性体系具有良好的工艺特性。

2. 环氧、双马来酰亚胺树脂改性氰酸酯树脂

尹剑波等[99]利用环氧树脂和双马来酰亚胺树脂作改性剂，对氰酸酯树脂进行共聚改性，性能测试表明共聚改性氰酸酯树脂的冲击强度比纯氰酸酯树脂自聚体提高了 2 倍多，可达 12.3kJ/cm^2，热变形温度高达 235℃，并具有优异的介电性能，如 10kHz 下的介电常数为 2.25，介电损耗角正切值小于 10^{-4}。

图 2-25 显示了不同树脂配比下的共聚改性树脂固化物的冲击强度和热变形温度的变化情况，从中可以看出，固定 BCE 的含量（50%），只改变 EP（F251）和 BMI 树脂的含量，固化树脂的冲击强度随 EP251 含量的增加而增加，并在 20%时达到最大值，而后减少，但在完全没有 BMI 树脂时冲击强度可达 14.13kJ/cm^2，这是因为 BCE/EP（F251）配方同样起到增韧作用。而材料的热变形温度则随 EP（F251）含量的增加一直降低，在完全没有环氧树脂时，固化物的热变形温度可达 245℃；在完全没有 BMI 树脂时，固化物的热变形温度则只有 185℃，这是因为单纯用 EP（F251）改性使 BCE 树脂交联度降低太大[98]。材料的弯曲强度随环氧树脂的增加而增加（图 2-26）。因此，考虑材料的综合性能，当 EP（F251）/BMI 树脂/BCE=2∶3∶5 时具有最佳性能指标，其比 BCE 自聚体的冲击强度 6.10kJ/cm^2 提高 2 倍多，达到 12.3kJ/cm^2，弯曲强度达 118MPa，同时具有较好的耐热性。

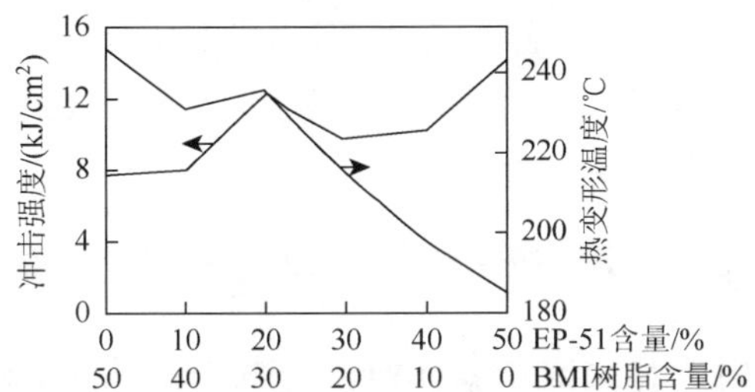

图 2-25　冲击强度和热变形温度与组分的配比关系曲线

BCE 质量分数为 50%

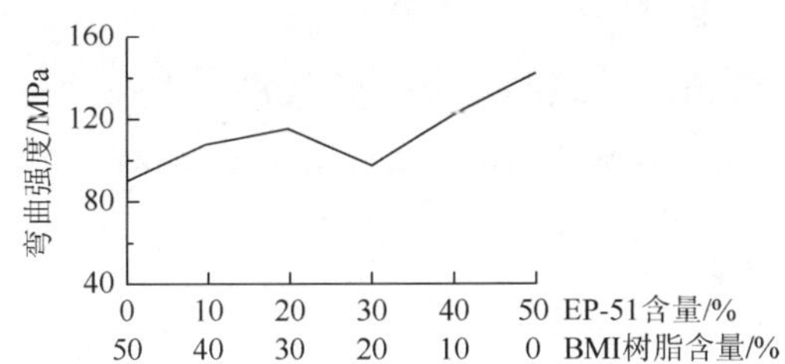

图 2-26　弯曲强度与组分的配比关系曲线

BCE 质量分数为 50%

谢文峰等[98]研究了双酚 A 型二氰酸酯树脂（BCE）与双马来酰亚胺树脂（BMI）、环氧树脂（CYD-127，EP）的共聚反应；通过差示扫描量热法（DSC）对其性能进行了研究和表征。实验发现，BMI 与 BCE 的反应性不如 EP 与 BCE 的反应性好，故采用先使 BMI 与 BCE 反应，然后再加入 EP 的方法得到了较为良好的树脂浇铸体样品。用 FT-IR 对树脂的固化进行跟踪分析，研究结果表明，体系的固化反应中包含 BMI 自聚反应、BCE 自聚反应、BCE 与 BMI 共聚反应、BCE 与 EP 共聚反应等。

在固化过程中，存在三种反应，即 CE 的自聚反应、EP/CE 的共聚反应及 BMI/CE 的共聚反应，这三种反应具体以哪种反应为主，与组分的用量、反应温度及升温速度有关，适当控制和优化固化工艺是非常重要的[107]。

20 世纪 90 年代初，Barton 及 Hamerton 等选用含烯丙基的 CE 与 BMI 共聚，获得了一类新型的 BT 树脂[108, 109]。为了进一步提高性能，在环氧改性氰酸酯的基础之上，再加入热性能和电绝缘性能较为优异的双马来酰亚胺，得到了具有更好综合性能的改性氰酸酯树脂。

2.6.5　CE/EP/BMI 三元改性体系

CE/EP 改性体系降低了氰酸酯树脂原有的模量、耐热性及耐化学腐蚀性能；CE/BMI 改性体系增韧效果不太明显，且其工艺性较差，成本较高。因此许多研究者将这三种树脂共混，以期得到性能更佳的树脂体系[110]。CE/EP/BMI 三元体系中，CE 和 EP 的共聚结构与 BMI 形成互穿网络结构（IPN），使体系的工艺性和韧性比二元体系有了较大的提高[111]。

1. 热固性树脂增韧

共聚树脂中的组分配比和固化条件对性能有影响。Dinakaran 等[112]也证明了 BMI/EP/CE 三元改性体系对韧性有明显的提高。

2. 热固性树脂、热塑性树脂增韧 CE

为了进一步提高 CE/EP 体系的性能，尹剑波[113]把双马来酰亚胺树脂（BMI）加入 CE/EP 体系，得到 CE/EP/BMI 三元共聚体系，BMI 的加入使体系具有优异的耐热性能和力学强度。Suguna[114]合成了新的单体 1, 3-［二-（4-缩水甘油醚二苯基-2, 2′-丙烷）］-异邻苯二甲酸酯（DGD-PI）和 1, 4-［二-（4-氰酸酯二苯基-2, 2′-丙烷）］-四邻苯二甲酸酯（DCDPT）的共混改性体系，其具有极好的耐热性，达 260℃。Wang[115]用含萘的 EP 来改性双酚 A 二氰酸酯，得到的树脂体系耐热性较好，热分解最高温度达 454℃。

EP/CE 改性体系降低了 CE 原有的模量、耐热性及耐化学腐蚀性能；BMI/CE 改性体系增韧效果不太明显，且工艺性较差，成本较高，因此许多研究者应用 CE、EP、BMI 三种树脂共混，以期得到性能更佳的树脂体系。BMI/EP/CE 三元体系中，CE 和 EP 的共聚结构与 BMI 形成互穿网络结构，使体系的工艺性和韧性比二元体系有了较大的提高[116]。

在 BMI/EP/CE 三元改性体系中，存在着三种反应，即 CE 的自聚反应、EP/CE 的共聚反应及 BMI/CE 的共聚反应。这三种反应具体以哪种反应为主，与组分的用量、反应温度及升温速率有关，适当地控制和优化固化工艺是非常重要的。梁国正等[100]研究了不同工艺对 BMI/EP/CE 三元体系性能的影响，发现在 160～300℃的宽广温度范围内有一个单一的反应放热峰，表明树脂各组分之间的反应基本同步，这对于控制固化反应非常有利。固化树脂具有较佳的综合力学性能，良好的耐热性、耐湿热性和优异的介电性能。

为了进一步提高 CE/EP 体系的性能，尹剑波[113]把 BMI 加入 CE/EP 体系，得到了耐热性和力学强度更优异的 CE/EP/BMI 三元共聚体系。

吴雄芳等[107]对 BMI/EP/CE 三元改性体系研究较多。他们先将 CE 与 BMI 共聚，再与 EP 共混得到三元体系 A，然后将 CE 与 EP 共聚再与 BMI 共混得到三元体系 B，并对其性能进行了比较研究（表 2-18）。发现 EP 与 CE 的共聚结构与 BMI 形成互穿网络结构（IPN）[111]，使体系的韧性有较大提高，弯曲模量有所提高，综合性能明显优于二元体系，而且 A、B 两种改性工艺得到的树脂体系性能基本相当，说明三元改性体系也具有良好的工艺条件[109]。

表 2-18 BMI/EP/CE 三元改性体系浇铸体的性能

性能	CE	A	B
拉伸强度/MPa	50	83	89.2
断裂伸长率/%	1.42	9.63	9.48
弯曲强度/MPa	80.9	136.2	155.0
弯曲模量/GPa	4.6	3.0	3.1
HDT/℃	254	192	183

2.7 BT 树脂的其他改性

尽管 BT 树脂的性能在许多方面很优秀，但同时也有不少不足之处。例如，在 BT 树脂中，BMI 和 CE 共聚反应不是很完全，性能上就会有所损失，而且价格较贵。除前述引入 EP 对 BT 树脂进行改性外，为了进一步提高性能，节约成本，不少研究者做了大量的研究工作，以期得到性能更佳的树脂基体。

2.7.1 BT 树脂的改性研究

环氧树脂可以首先单独对氰酸酯树脂进行改性，然后再加入 BMI 进行树脂的合成。有关试验证明：这种路线会使最后形成的 BT 树脂体系的耐热性（T_g）有很大的下降，同时还降低了原氰酸酯树脂的模量和耐化学腐蚀性[35]。因此，环氧树脂改性 BMI/CE，多采用将环氧树脂、BMI、氰酸酯共混聚合的工艺途径，但达到更好的三者共混是工艺技术开发上需要解决的课题[116]。

尹剑波[113]用酚醛环氧（F-51）、BMI 和 BADCY 制成三元共聚体系。首先将 BADCY 与 EP 混熔，温度保持在 80℃左右，再加入 BMI 树脂。固化物性能测试表明该体系冲击强度可达 12.3kJ/m^2，热变形温度高达 235℃，具有优异的介电性能，1MHz 下的介电常数为 2.25（25℃），介质损耗角正切$<10^{-4}$，其中介电常数随温度上升并趋于饱和，介质损耗因数在 120℃出现峰值。共聚树脂中的组分配比和固化条件对性能有影响。

李俊菊[111]用环氧树脂（CYD-127）和 BMI/CE 共聚，先在 170℃下将 BMI 熔融，然后再加入 BADCY 与之共聚，在 BMI 和 BADCY 部分共聚后再加入 EP 树脂。此固化体系韧性有了明显的改善和提高，当 EP 含量为 30%时，冲击强度达到 12.2kJ/m^2，同时保持了相当良好的耐热性和耐湿热性；当 BADCY∶BMI∶EP=5∶2∶2（质量比）时，改性树脂综合性能较为优异，BADCY∶BMI∶EP=5∶2∶1 时，在 1MHz 下，其固化物的介电常数 ε 为 2.97，tanδ 为 0.009。以改性树脂作为基体制成的层压板的性能测试表明，该层压板具有良好的力学性能、较低的介电常数（4.28）和介质损耗角正切（0.011）；SEM 表明，树脂与玻璃纤维之间黏结良好。Dinakaran[117]通过二苯甲烷二胺作固化剂，证明了 BMI/CE/EP 三元改性体系对韧性有明显的提高。

2.7.2 烯丙基物对 BMI/CE 的改性

树脂传递模塑成型（resin transfer molding，RTM），是航空先进复合材料低成本制造技术的主要发展方向之一。由于其具有产品质量好、生产效率高、设备及模具投资小，易于生产大型整体复合材料构件、充分发挥复合材料可设计性及满足国际上对材料工业的严格环保要求等突出特点而得到迅速发展[118]。Gu[119]用 *O*, *O*′-二烯丙基双酚 A、BDM 和 1, 1′-双（4-氰酸苯基）乙烷（BCYPE）制得一种满足 RTM 工艺要求、具有优良介电性能的高性能树脂体系。实验证明，该体系加工性能依赖于各组分的比例。Gu 做了 BCYPE 质量分数为 10%，20%和 30%三个样品，结果显示三个样品都有非常好的加工性能和低黏度（220～411Pa·s，90℃）、合适的适用期（>4h）和优良的反应性，而且都满足 RTM 工艺要求。该体系固化后，具有较低的介电常数和介质损耗角正切、高的玻璃化温度 T_g（300℃）和优良的机械性能，在先进复合材料中具有很大的应用潜力。

2.7.3 双烯封端棒状聚酰亚胺和聚苯醚对 BMI/CE 的改性

为了获得更低的介电常数和降低 BT 树脂的热膨胀系数，以满足高性能制备印刷电路板的需要，张龙庆[120]合成了双烯封端棒状聚酰亚胺，并用其改性 BT 树脂制得了热膨胀系数很小的 BT 树脂/石英布覆铜板。用聚苯醚（PPO）改性 BT 树脂，制得了电学性能优良的 BT 树脂/玻璃布覆铜板。同时与普通 BT 树脂/玻璃布覆铜板进行对照研究，结果表明，用 PPO 改性 BT 树脂，使 BT 树脂的电性能得到改善，降低了相对介电常数和介质损耗因数，并保持了 BT 树脂的其他优良性能。

2.7.4 改性剂对 BMI/CE 的改性

一般的 CE/BMI 共聚树脂并非 BMI 和 CE 直接发生共聚，而是各自均聚形成

IPN。为了通过两个网络的反应来改善这种 BMI/CE 共聚树脂性能，一般的 CE/BMI 共聚树脂，必须找到一种可以与两种网络反应的活性改性剂（modifier）或共固化剂（co-reaction）。为此，20 世纪 90 年代后期，Barton[121]合成了分别带 4 个苯环和 5 个苯环的丙烯基 CE（4rPOCN 与 5rPOCN）。将烯烃取代（含烯丙基或丙烯基）CE 与商品化的 CE（BADCy）及 BMI 的三元共聚体系和 CE（BADCy）/BMI 二元共聚体系制备的碳纤维增强复合材料层间剪切强度、弯曲强度、压缩强度、断裂韧性等进行对比试验，结果发现烯烃取代 CE/CE（BADCy）/BMI 三元共聚体系的性能较 CE（BADCy）/BMI 二元共聚体系的性能有较大提高，研究发现，当 5rPOCN 掺入量为 15%时体系获得最佳性能值。

Harrison[122]合成了一类共固化剂：具有烯丙基和环氧官能团的低相对分子质量化合物，如 2, 2′-二烯丙基双酚 A 型二缩水甘油醚（DADE）和 2-烯丙基苯缩水甘油醚（APGE）。在 BMI/CE/EP 三元体系中加入共固化剂，制得一种用于封装材料和印刷电路板的高性能树脂基体。该树脂基体加工性能优良，具有优异的热稳定性（降解温度>350℃），较高的玻璃化温度（200～260℃），良好的黏结性能，耐湿热性比环氧好得多。

参 考 文 献

[1] Bogan G W. Unique polyaromatic cyanate ester for low dielectric printed circuit boards[J]. SAMPE Journal，1988，24（6）：19-26.

[2] 颜红侠，梁国正，马晓燕，等. 氰酸酯树脂的增韧改性研究进展[J]. 材料导报，2004，18（11）：57-59.

[3] 李玉芳. 聚酰亚胺树脂的生产和应用进展[J]. 化工文摘，2009，75（4）：17-20.

[4] 王汝敏，蓝立文. 先进复合材料用热固性树脂基体的发展[J]. 热固性树脂，2001，16（1）：36-38.

[5] 房红强，梁国正，王结良，等. 氰酸酯树脂增韧改性的研究进展[J]. 材料导报，2004，18（9）：47-49.

[6] 闫红强. 新型双马来酰亚胺三嗪树脂的合成结构性能及其应用的研究[D]. 杭州：浙江大学博士学位论文，2004.

[7] 陈祥宝. 高性能树脂基体[M]. 北京：化学工业出版社，1999：2-3，42-44.

[8] 黄发荣，焦杨声. 酚醛树脂及其应用[M]. 北京：化学工业出版社，2003：6-8.

[9] 陈平，刘胜平. 环氧树脂[M]. 北京：化学工业出版社，1999：3-4，11-12.

[10] 梁国正，顾爱娟. 双马来酰亚胺树脂[M]. 北京：化学工业出版社，1997：9-10，22-23.

[11] 刘润山，范和平. 先进复合材料 BMI 树脂基体的特性和发展[J]. 高分子材料科学与工程，1991，23（5）：8-16.

[12] 苏民社. 微波电路基板材料[J]. 印制电路与贴装，2001，22（3）：28-30.

[13] 房强，江璐霞. 双马来酰亚胺树脂研究新进展[J]. 绝缘材料通讯，1998，46（1）：30-39.

[14] 彭永利，黄志雄. 双马来酰亚胺/环氧树脂的电性能研究[J]. 武汉化工学院学报，2001，23（3）：43-45.

[15] 赵磊，梁国正，孟季茹. 双马来酰亚胺/溴化环氧树脂基覆铜箔板的研制[J]. 绝缘材料，2002，35（1）：5-8.

[16] Jin J Y，Cui J，Tang X L，et al. Polyetherimide-modified bismaleimide resins：Ⅱ. effect of poly-etherimide content[J]. Journal of Applied Polymer Science，2001，81（2）：350-358.

[17] Takao I，Noriyuki Y，Masao T. Modification of three component bismaleimide resin by poly（phthaloyl

diphenylether）and related copolymers[J]. Journal of Applied Polymer Science 2001，82（12）：2991-2999.

[18] Gawdzik B，Matynia T，Chmielewska E. Modification of unsaturated polyester resin with bismaleimide[J]. Journal of Applied Polymer Science，2001，82（8）：200-207.

[19] Takao L，Tsutomu N，Wakichi F，et al. Modification of bismaleimide resin by poly（phthaloyl diphenyl ether）and the related copolymers[J]. Journal of Applied Polymer Science，1998，67（5）：769-780.

[20] Kanayama K，Oonuma Y. Production of bismaleimides[P]：JP，5140096. 1993.

[21] Hino S，Sato S，Kora K，et al. Storage-stable heat-resistant thermosetting bismaleimide-based compositions[P]：JP，02092910. 1988.

[22] 江璐霞，张雯，房强，等. 耐高温聚合物在电子电气工业中的应用发展[J]. 绝缘材料通讯，1999，22（1）：1-10.

[23] 刘润山. 双马来酰亚胺树脂增韧及用作先进复合材料基体的发展[J]. 复合材料学报，1990，7（4）：79-84.

[24] Hummel D O，Heinen K U. Infrared spectroscopic petermination of the kinetic data of the polymerization of aliphatic bismaleimides[J]. Journal Applied Polymer Science，1974，18（4）：2015-2024.

[25] Suzuki M，Nagia A. The curing mechanism and properties of bismaleimide-biscya namide resin[J]. Journal Applied Polymer Science，1992，44（5）：1087-1013.

[26] Thomas M D. Relationship in a bismaleimide resin system. part 1：cure mechanisms[J]. Polymer Engineering & Science，1992，32（6）：409-414.

[27] 王君龙. 纳米二氧化硅粒子改性氰酸酯树脂的研究[D]. 西安：西北工业大学博士学位论文，2007.

[28] 程秀红，蔡兴贤，江露霞. 苯乙烯/马来酰亚胺共聚物——一种新型的热塑性工程塑料[J]. 化工新型材料，1987，15（4）：11-17.

[29] 高津和广. N-ブエニルマレイミドゐよびそのユポリマによゐ[J]. ポリマヘタイヅユスト，1992，44（8）：74-77.

[30] Matsumoto A，Kubota T，Otsu T. Rradical polymerization of *N*-（alkyl-substituted phenyl）maleimide：synthesis of thermally stable polymers soluble in nonpolar solvents[J]. Macromolecules，1990，23（5）：4508-4513.

[31] 松永藤尚，福原浩，小林正夫. N-フエニルマレイミドの制造方法[P]：日本公开特许，昭 62-273953，1989.

[32] Yang C P，Wang S S. Radical polymerization of *N*-（alkyl phenyl）maleimides[J]. Journal Polymer Science，1989，27（5）：15-29.

[33] Yamaguchi H，Minoura Y. Copolymerization of optically active *N*-bornylmaleimide with vinyl-monomers[J]. Journal Polymer Science，1970，42（8）：1467-1479.

[34] 王瑞海，李金焕，李勇，等. 国内氰酸酯树脂增韧改性新技术研究进展[J]. 宇航材料工艺，2012，42（5）：10-14.

[35] 马鹏常，刘敬峰，范卫锋. 长链双马来酰亚胺改性氰酸酯树脂及其复合材料[J]. 高等学校化学学报，2013，8（34）：1979-1984.

[36] 李胜方，王洛礼. 几种高性能树脂在覆铜板中的应用[J]. 粘接，2005，26（4）：48-51.

[37] 闫红强，程捷，王华清，等. 新型含萘环双马来酰亚胺三嗪树脂的合成、固化反应及其热性能的研究[J]. 高校化学工程学报，2007，21（1）：76-81.

[38] Zhu D T. Development of thermosetting resins for printed circuit boards in Japan[J]. Thermosetting Resin，2000，15（3）：41-46.

[39] Yan H Q，Chen S，Qi G R. Synthesis cure kinetics and thermal properties of the 2，7-dihydroxynaphthalene dicyanate[J]. Polymer，2003，44（26）：7861-7867.

[40] Yan H Q，Ji L，Qi G R. Study on co-curing behavior and their laminate properties of low bromined epoxy/cyanate blends[J]. Journal Applied Polymer Science，2004，91（6）：3927-3939.

[41] Yan H Q，Ji L，Qi G R. Study on the novel dicyanate ester resin containing naphthalene unit[J]. Chinese Chemical Letter，2004，15（9）：1050-1052.

[42] Yan H Q，Ji L，Qi G R. Study on co-curing behavior and their laminate properties of low bromined epoxy/cyanate blends[J]. Journal Chemical Engineering of Chinese Universties，2004，18（6）：754-761.

[43] 国家自然科学基金委员会. 有机高分子材料科学[M]. 北京：科学出版社，2006：45，52-53.

[44] Wang C S，Haang H J. Bismaleimide-triazine resin and production method thereo[P]：US，5886143. 1999.

[45] Wang C S，Haang H J. Synthesis and properties of novel naphthalene containing bismaleimides[J]. Jouanal Applied Polymer Science，1996，60（5）：857-863.

[46] Reghuadhan N P. Francis T. Blends of bisphonel a-based cyanate ester and bismaleimide：cure and thermal characterzatics[J]. Journal Applied Polymer Science，1999，74（8）：3365-2275.

[47] Reghuadhan N P，Francis T，Vijayan T M. Sequential interpenetrating polymer networks from bisphonel a-based cyanate ester and bismaleimide：properties of the neat resin and composites[J]. Jouanal Applied Polymer Science，1999，74（6）：2737-2746.

[48] Wang H J，Wang C H. Thermal behavior and properties of naphthalene containing bismaleimide–triazine resins[J]. Applied Polymer Science，1998，68（6）：1179-1186.

[49] 潘玉良，项小宇，袁漪. 高频线路基板——三嗪覆铜板[J]. 热固性树脂，1998，36（1）：32-35.

[50] 马建文. BT 树脂的开发和应用[J]. 化工新型材料，1990，18（5）：30-33.

[51] Lin X Y. Study on cure reaction of the blends of bismaleimide and dicyanate ester[J]. Polymer，2006，47（1）：3767-3773.

[52] Lin R H. Catalyst effect on cure reactions in the blend of aromatic dicyanate ester and bismaleimide[J]. Journal Applied Science，1994，53（4）：345-354.

[53] Lin R H. Cure Reaction in the blend of cyanate ester with maleimide[J]. Polymer，2004，45（3）：4423-4435.

[54] Nair C P R. Sequential interpenet rating polymer networks form bisphenol a based cyanate ester and bismaleimide：properties of the neat resin and composites[J]. Journal Applied Science，1999，74（6）：2737-2746.

[55] 祝大同. PCB 基板材料用 BT 树脂[J]. 热固性树脂，2001，16（3）：38-43.

[56] 张雪平，刘润山，刘景民. 双马来酰亚胺-三嗪树脂及其改性研究进展[J]. 绝缘材料，2007，40（5）：15-18.

[57] Barton J M. The synthesis characterization and thermal behavior of functionalized aryl cyanate ester monomers[J]. Polymer International，1992，29（2）：145-156.

[58] Barton J M. A study of the thermal and dynamic mechanical properties of functionalized aryl cyanate ester and their polymers[J]. Polymer International，1993，31（1）：95-106.

[59] Chaplin A. Development of novel functionalized aryl cyanate Ester oligomers.synt hesis and thermal characterization of the monomers[J]. Macromolecules，1994，27（3）：4927-4935.

[60] Hong J L. Cure kinetics of different molar rations of 4，4′-bismaleimidodip henylmet hane and bisp henol a dicyanate[J]. Journal Applied Science，1994，53（2）：7-15.

[61] 闫红强，方佐，戚国荣. 原位红外光谱法研究新型氰酸酯和双马来酰亚胺树脂的固化机理[J]. 科技通报，2006，22（2）：148-153.

[62] Lijima T. Toughening of bismaleimide resin by modification with poly（ethylene phthalate）and poly（ethane phthalate-co-ethrene isophthalate）[J]. Journal Applied Polymer Science，1997，65（2）：1349-1357.

[63] Hwang W，Cho K，Parkc E. Separation behavior of cyanate ester resin/polysulfone blend[J]. Journal Applied Polymer Science，1999，74（1）：33-45.

[64] Harismend Y I，Del R M，Eceiza A，et al. Morphology and thermal behavior of dicyanate ester-polyether-imide semi-IPNs cured at different conditions[J]. Journal Applied Polymer Science，2000，76（5）：1037-1045.

[65] Yan H Q，Chen S，Qi G R. Thermal degradation study of interpenetrating polymer network based on modified bismaleimide resin and cyanate ester[J]. Polymer International，2003，44（5）：7861-7867.

[66] Yan H Q，Ji L，Qi G R. Interpenetrating polymer networks from the novel bismaleimide and cyanate containing naphthalene：cure and thermal characteristics[J]. European Polymer Journal，2009，45（8）：2283-2390.

[67] Yan H Q，Qi G R. Cure of neat resins and properties of composites for interpenetrating polymer networks from the novel bismaleimide and cyanate containing naphthalene[J]. Advanced Materials Ressrach，2011，210（3）：1636-1641.

[68] Xu Y E，Sung C S. UV Luminescence and FT-IR characterization of cure reaction in biphenol a dicyanate ester resin[J]. Macromolecules，2002，35（8）：9044-9048.

[69] 方芬，颜红侠，李倩. BMI/BCE 树脂体系反应固化动力学研究[J]. 应用化学，2007，24（3）：291-295.

[70] Jing F，Xiao H，Chee Y Y. Study on the cure behavior of the 2，7-dihydroxynaphthalene dicyanate[J]. Plastics Rubber and Composites，2001，30（10）：448-453.

[71] Lina R H，Lu W H，Lin C W. Kinetics of zinc octoate/nonphenol catalysed thermal cure of bisphenol a di-cyanate[J]. Polymer，2004，45（11）：4423-4435.

[72] 方芬，颜红侠，张军平. 双马来酰亚胺改性氰酸酯树脂的研究[J]. 高分子材料科学与工程，2007，23（4）：221-225.

[73] 张文根，张学英. BMI/BCE 树脂体系反应固化动力学研究[J]. 应用化工，2007，24（3）：291-295.

[74] Kissinger F，Jing Y S. Early cure behavior of a liquid dicyanate ester resin[J]. Journal Applied Polymer Science Part A Polym Chem，2001，39（4）：3085-3092.

[75] Crane L W. Analysis of curing kinetics in polymer composites[J]. Journal of Polymer Science，l973，67（11）：533-540.

[76] 沈时骏，鲍素萍，翟红波，等. 环氧树脂/桐油酸酐/蒙脱土纳米复合材料固化动力学[J]. 应用化学，2004，2146（2）：133-136.

[77] Lin S C，Pearce E M. High performance thermoset chemistry properties[J]. Application，1993，45（2）：22-23.

[78] Reghunadhan C P，Mathew D，Nian K N. Blends of bisphenol a-based cyanate ester and bismaleimide：cure and thermalcharacteristics[J]. Advances in Polymer Science，2001，54（8）：1-9.

[79] Gaku M，Katsutoshi N，Junji K，et al. Influence of the stoichiometry of epoxy-cyanate systems（non-catalyzed and catalyzed）on molten state reactivity[P]：JP，75 129 700. 1977.

[80] Hwang H J. Dielectric and thermal properties of dicyanatadiene containing bismaleimide and cyanate ester . Part Ⅳ[J]. Polymer，2006，47（6）：1291-1299.

[81] 闫红强. 新型含萘环双马来酰亚胺三嗪树脂的合成、固化反应及其热性能的研究[J]. 高校化学工程学报，2007，21（1）：76-81.

[82] 于晓慧，赵晓刚，周宏伟，等. 用于树脂传递模塑成型的苯乙炔封端的酰亚胺预聚体制备[J]. 高等学校化学学报，2009，30（11）：2297-2301.

[83] 季立富，顾媛娟，梁国正. 超支化聚硅氧烷改性氰酸酯树脂的研究[A]//特种化工材料技术交流暨新产品、新成果信息发布会论文集[C]，苏州，2010.

[84] 孟祥胜，杨慧丽，范伟峰，等. 高韧性异构聚酰亚胺树脂及其复合材料[J]. 宇航材料工艺，2009，39（3）：53-57.

[85] Liu X Y. Study on cure reaction of t he blends of bismaleimide and dicyanate ester[J]. Polymer，2006，47（1）：3767-3773.

[86] 徐三魁，肖娜，彭进，等. 聚酰亚胺树脂的耐热改性研究[J]. 化工新型材料，2010，38（1）：29-31.

[87] 闫红强，程捷，王华清，等. 新型含萘环双马来酰亚胺三嗪树脂的合成、固化反应及其热性能的研究[J].高校化学工程学报，2007，21（1）：76-81.

[88] 赵渠森. 先进复合材料手册[M]. 北京：机械工业出版社，2003：32-35.

[89] 祝大同. 对 PCB 基板材料重大发明案例经纬和思路的浅析（2）[J]. 印刷电路信息，2007，62（2）：12-16.

[90] 吕洪久. BT 树脂[J]. 化工新型材料，1985，13（12）：13-18.

[91] 闫红强，王华清，程捷，等. 含醚键和萘环结构双马来酰亚胺的合成与表征[J]. 高分子材料科学与工程，2011，27（11）：1-3.

[92] 成晓倩. 苯丙噁嗪树脂在电子封装材料中的应用研究[D]. 成都：四川大学硕士学位论文，2006.

[93] Gotro J T，Bernd K. Characterization of a bis-maleimide triazine resin for multilayer printed circuit boards[J]. IBM Journal of Research & Development，1988，32（5）：616-625.

[94] Hamerto I，Hamerto H，Ress K T. Water uptake effects in resins baesd on alkenyl-modified cyanate ester-bismaleimide blends[J]. Polymer Intternational，2001，50（3）：475-483.

[95] Chaplin A，Hamerton I，Herman H. Studying water uptake effects in resins based oncyanate ester/bismaleimide blends[J]. Polymer，2000，41（5）：3945-3956.

[96] Martin D，Bauer M. Cyanic acid esters from phenols：phenyl cyanate[J]. Organic Syntheses，1972，61（5）：35-38.

[97] 张翠妙. 双马来酰亚胺改性酚醛氰酸酯树脂固化反应及其性能研究[D]. 武汉：武汉理工大学硕士学位论文，2012：15-16.

[98] 谢文峰，李俊菊，黄志雄. 双马来酰亚胺与环氧改性氰酸酯固化工艺研究[J]. 武汉理工大学学报，2007，29（2）：16-19.

[99] 尹剑波，梁国正. 共聚改性氰酸酯树脂及其性能[J]. 塑料工业，2001，29（1）：36-38.

[100] 梁国正，秦华宇，吕玲，等. 双酚 A 型氰酸酯树脂的改性研究[J]. 化工新型材料，1999，27（6）：29-32.

[101] 秦华宇，吕玲，梁国正，等. 改性氰酸酯树脂基复合材料的研究[J]. 玻璃钢/复合材料，2000，22（1）：36-38.

[102] Gu A J，Liang G Z. Effects on dielectric properties of modified bismaleimide resins[J]. Polymeric Mater，1997，35（4）：29-37.

[103] Gu A J，Liang G Z，Lan L W. Rubber and compostites processing and application[J]. Plastics，1996，25（9）：423-426.

[104] Simon S L，Gillham J K. Cure kinetics of a thermosetting liquid dicyanate ester monomer high T_g polycyanate material[J]. Applied of Polymer Science，1993，47（1）：461-465.

[105] Osei O A，Martin G C. Catalysis and kinetics of cyclotrimerization of cyanate ester resin systems[J]. Polymer Engineering and Science，1992，32（4）：8-15.

[106] Hefner R E. Co-oligomerization product of a mixed cyanate and a polymaleimide and epoxy resins thereof[P]：US，47314201. 1987.

[107] 吴雄芳，杨光. 环氧树脂改性氰酸酯树脂的研究进展[J]. 热固性树脂，2007，22（5）：38-43.

[108] Barton J M，Hamerton I，Jones J R. Synthesis characterization and thermal behaviour of functionalized aryl cyanate ester monomers[J]. Polymer International，1992，29（2）：145-156.

[109] Hamerton I，Jones J，Barton J M. Co-reaction of functionalized aryl cyanate esters with bismaleimides[J]. ACS Polymer Materials Science Engineer，1994，71（3）：7-8.

[110] 杨建业，强军锋，余竹焕. 氰酸酯树脂改性的研究现状[J]. 化工新型材料，2005，33（4）：13-15.

[111] 李俊菊. 氰酸酯/双马/环氧共聚改性及其复合材料性能研究[D]. 武汉：武汉理工大学硕士学位论文，2006：32-33.

[112] Dinakaran K，Suresh Kumar. Bismaleimides（*N*, *N*′-bismaleimide-4, 4′-diphenylenethane and *N*, *N*′-bismaleimideo-4, 4′-diphenylsuphone）modified bisphenoldicyanate epoxy matrices for engineering applications[J]. Materials and Manufacturing Processes，2005，20（2）：299-315.

[113] 尹剑波. 共聚改性氰酸酯树脂及其性能[J]. 塑料工业，2001，29（1）：36-41.

[114] Suguna L M. New epoxy resins containing hard-soft segments：synthesis characterization and modification studies for high performance applications[J]. European Polymer，2002，38（4）：795-782.

[115] Wang C S. Synthesis characterization and properties of multifunctional naphthalene-containing epoxy resins cured with cyanate ester[J]. Applied Polymer Science，1999，73（9）：1611-1617.

[116] 冯煜. 氰酸酯树脂改性体系的研究[D]. 杭州：浙江大学博士学位论文，2005.

[117] Dinakaran K. Preparation and characterization of bismaleimide/1，3-dicyanatobenzene modified epoxy intercrosslinked matrices[J]. European Polymer Journal，2003，39（3）：2225-2233.

[118] 阎福胜. 双酚 A 型氰酸酯树脂的性能[J]. 高分子材料科学与工程，2000，16（4）：170-178.

[119] Gu A J. High performance bismaleimide/cyanate ester hybrid polymer nnetworks with excellent dielectric properties[J]. Composity Science and Technology，2006，66（4）：1749-1755.

[120] 张龙庆. 高性能 BT 树脂基覆铜板的研制[J]. 电子元件与材料，2003，44（9）：27-29.

[121] Barton J M. A new synthetic route for the preparation of alkenyl functionalized aryl cyanate ester monomers[J]. Polymer，1999，40（3）：5412-5417.

[122] Harrison E S. High performance cyanate/bismaleimide/epoxy resin compositions for printed circuits and encapsulants [P]：US，007164. 2000.

第 3 章　热塑性树脂改性氰酸酯树脂

许多非晶态具有高玻璃化温度（T_g）且力学性能比较优良的热塑性树脂，如聚砜（PSU）、聚醚砜（PES）、聚醚酰亚胺（PEI）、聚碳酸酯（PC）、聚醚酮（PEK）、聚苯醚（PPO）、聚酰胺（PA）、聚丙烯酸丁酯（PBAK）、碳酸酯共聚醚（COPEC）、聚酯（PET/PBT）及聚芳基化合物（PAR）、聚对苯二甲酸乙二醇酯（PET）、聚邻苯二甲酸乙二醇酯（PEP）、马来酰亚胺-苯乙烯共聚物（PMS，HPMS）等，均可与 CE 共混使其韧性提高 4 倍以上，同时保留相当的耐热性和模量，但其黏度会随之增大，介电性能也可能会随之降低。

3.1　基本概况及其发展

3.1.1　改性体系对共混物性能的影响

在 CE 改性研究中，所用热塑性树脂主要为 T_g 较高、力学性能相对优良的树脂。国外最早在聚砜（PSU）、聚醚砜（PES）、聚碳酸酯（PC）、聚醚酮（PEK）、聚酰胺（PA）等方面进行了研究，近几年又出现了聚丙烯酸丁酯（PBAK）、碳酸酯共聚醚（COPEC）、聚酯（PET/PBT）、聚芳基化合物（PAR）、聚对苯二甲酸乙二醇酯（PET）、聚邻苯二甲酸乙二醇酯（PEP）、马来酰亚胺-苯乙烯共聚物（PMS，HPMS）等对 CE 的改性研究。我国近几年在聚苯醚（PPO）、聚醚酰亚胺（PEI）、四氢呋喃聚醚型聚氨酯（BA）、聚乙烯基吡咯烷酮（PVP）等热塑性树脂对 CE 改性研究方面也取得了突破性进展。这些热塑性树脂可溶于熔融态的 CE 中，因此可用热熔法或熔融挤出法制备共混树脂体系。热塑性树脂的质量分数可达 25%～60%，可视性能要求而定[1]。表 3-1 给出了几种热塑性塑料的玻璃化温度（T_g）。

表 3-1　几种热塑性树脂的玻璃化温度[1]

热塑性树脂	玻璃化温度/℃
聚砜（PSU）	175
聚醚砜（PES）	203
聚醚酰亚胺（PEI）	215
聚碳酸酯（PC）	152

续表

热塑性树脂	玻璃化温度/℃
聚苯醚（PPO）	202
碳酸酯共聚醚（COPEC）	173
聚芳基化合物（PAR）	174
聚对苯二甲酸乙二醇酯（PET）	69
聚邻苯二甲酸乙二醇酯（PEP）	29

热塑性树脂改性 CE 的增韧效果受其种类、用量、相对分子质量、活性端基等因素的影响。例如，Srinivasan 等[2-6]系统研究了聚芳醚酮、聚芳醚砜和聚芳醚对 CE 树脂的增韧。通过合成不同物质的量、端基和主链结构的聚芳醚酮、聚芳醚砜和聚芳醚，揭示了这些因素及固化工艺（包括热固化和微波固化）对共混物形态和增韧效果的影响，发现含有端羟基和端氰基的聚芳醚砜增韧效果佳，且不降低玻璃化温度。Hwang 等[7-9]研究了聚砜的相对分子质量、氰基化对改性体系增韧效果和形态的影响，表明氰基化能有效地增加聚砜的增韧效果，相分离时的黏度是影响共混物形态的关键因素。

Chang 等[10]研究发现，热塑性塑料的相对分子质量对增韧的效果也有较大的影响（表 3-2）。固化树脂的形态结构随相对分子质量的变化而变化，具有双连续相时，增韧效果最为明显，分散程度随马来酰亚胺-苯乙烯共聚物（PMS）相对分子质量的升高而升高。热塑性塑料含量相同时，有反应活性的端氰酸酯基 PES（CPES）增韧氰酸酯的断裂韧性比无反应活性的端羧基 PES（HPES）增韧氰酸酯值要高。界面区域也可以通过固化时选用的合适的催化剂来获得。

表 3-2　相对分子质量对性能的影响[10]（PMS 质量分数为 10%）

M_W（$\times10^4$）	K_{IC}/（$MN/m^{3/2}$）	弯曲强度/MPa	冲击强度/GPa	T_g/℃
8.5	1.33	116	3.49	265
13.5	1.61	108	3.38	250
18.9	1.44	84	3.35	258

热塑性塑料本身的性质对增韧的效果有很大的影响，包括热塑性塑料的反应活性[11]、相对分子质量等，主要是通过对固化物的形态起作用。反应性的热塑性塑料与氰酸酯共混，两者之间发生化学反应，界面之间生成了化学键（即形成了界面区域），从而提高了界面黏结力，获得好的增韧效果。而与无反应活性热塑性塑料共混，相微区边界不清晰且像尺寸很大，其尺寸不可控制，因此对其力学性能难以控制。

热塑性工程塑料能使 CE 树脂的韧性得到提高，同时保留相当的耐热性和模量。但这类增韧方法突出的缺点是体系的黏度增大，对材料的成型极为不利。为了克服这一缺点，人们尝试用含有不饱和双键的共聚物来改性 CE 树脂。例如，Iijima 等[12]以 *N*-苯基马来酰亚胺与苯乙烯的共聚物（PMS）来增韧 CE 树脂。当 PMS 的质量分数为 9%～12%时，材料的 K_{IC} 突然增大，当 PMS 的含量再增大时，材料的 K_{IC} 随之减小；材料的弯曲强度随着 PMS 的含量的增大而下降；材料的弯曲模量比未改性树脂的大；材料的 T_g 值与未改性树脂的相当。从 SEM 分析，当 PMS 的质量分数为 9%～12%时，PMS 与 CE 树脂形成共连续形态。当 PMS 的质量分数少于 9%时，PMS 以颗粒形式分散于 CE 树脂中，当 PMS 的质量分数大于 12%时，发生了相反转。他们还用苯基马来酰亚胺-对羟基苯基马来酰亚胺-苯乙烯的三元共聚物来增韧 CE 树脂，也获得了良好的效果。另外，在催化剂的作用下，CE 可与苯乙烯、丙烯酸丁酯、甲基丙烯酸甲酯、不饱和聚酯等化合物共聚形成改性体系。李静等[13]以苯乙烯和二乙烯基苯作为氰酸酯树脂的活性稀释剂，得到黏度低、储存稳定性好的改性树脂体系。

Iijima 等[14]使用芳香聚酯来提高氰酸酯树脂的韧性，这些聚酯包括聚乙烯邻苯二甲酸酯（PEP）和其共聚物，发现这些聚酯是提高氰酸酯树脂脆性的有效改性剂。例如，和未改性的树脂相比，加入 20%PEP 可以使氰酸酯树脂的断裂韧性提高 120%，而玻璃化温度却没有多大变化。文中还探讨了聚酯增韧氰酸酯树脂的增韧机理。

可溶性聚芳也可用于增韧 CE[15]，可用于增韧的聚芳有聚 2, 2-双（4-亚苯基）丙烷邻苯二甲酸酯（PPA），PPA 与 2, 2-双（4-亚苯基）丙烷间苯二甲酸酯（IPPA）的共聚物及 PPA 与 2, 2-双（4-亚苯基）丙烷对苯二甲酸酯（TPPA）的共聚物。

除此之外，CE 树脂的层间增韧（interlaminar toughening，ILT）是用各种手段将热塑性塑料的粉末或膜置于 CE 预浸料之间而获得增韧效果的方法[16-18]。在固化过程中，在复合材料层间形成热塑性塑料富集区。固化的 ILT 复合材料有很好的冲击性能，冲击造成的脱层面积急剧下降[17]。ILT 增韧还使复合材料Ⅱ型断裂韧性大大提高[16]。尽管 ILT 增韧优势似乎很明显，但这一方法迄今未在航空工业中广泛使用，一个原因是所得预浸料的各向异性使预浸料叠层的认为错误增加（预浸料必须按正确的接触面叠合）[19]。

3.1.2　相形态和相分离对改性效果的影响

热塑性树脂增韧 CE 树脂的机理相当复杂。对于与 CE 树脂不相容的热塑性树脂增韧体系，一般认为其增韧机理与橡胶弹性体类似，即热塑性粒子屈服，模量下降，由于两相的模量不匹配，引起应力集中，从而在基体中引发剪切带。另外，由于高度交联的 CE 网络不易发生塑性变形，因此热塑性树脂的粒子架桥也是主要的增韧机理。

Hwang 等[9]在 1997 年采用聚砜和氰化聚砜改性氰酸酯树脂。他们研究了聚砜的含量和树脂与填料之间的界面黏结力对断裂韧性和氰酸酯与聚砜共混物形态的影响。发现当树脂中聚砜含量多于 20%时，聚砜形成了一个基体相。氰酸酯树脂的粒径随着聚砜的氰化度的增加而减小，当氰化聚砜质量分数达到 30%时，氰酸酯和氰化聚砜共混物的断裂韧性达到最高。Chang 等[20]研究了聚醚砜对 CE 树脂的增韧，发现端 CE 基聚醚砜的增韧效果优于端羟基的聚醚砜，断裂能较未增韧体系提高了 700%，其增韧效果与相的形态有很大关系。

Hwang 等[8]还研究了固化温度对改性体系相结构的影响。结果表明，固化温度越低，实现相反转所需的热塑性物质含量越少。如在 250℃固化时，相反转时的聚砜质量分数为 30%，200℃固化时，相反转的聚砜质量分数减少到 20%，80℃固化时，相反转的聚砜质量分数仅为 15%。另外，相反转结构中氰酸酯富集相的粒径不仅随聚砜含量增加而减少，而且随固化温度降低而减少。

Rong 等[21]分别使用氰酸酯端基 PES（CPES）和羟端基 PES（HPES）的聚醚砜来提高氰酸酯树脂的韧性。在不使用催化剂的情况下，由于氰酸酯端基的聚醚砜能更有效地参与到氰酸酯树脂的固化反应，从而在聚醚砜富集相和氰酸酯富集相间形成界面层，故前者能够有效地提高氰酸酯树脂的韧性（表 3-3）。如果使用催化剂，在羟端基聚醚砜改性体系中也可形成界面层，断裂韧性也能得到较大提高。

表 3-3　不同配比的 PES 改性 CE 树脂的断裂韧性

样品	冲击强度/MPa	模量/GPa	断裂韧度/（J/m^2）
CE/HPES（50/50）	78.85	2.82	138.5
CE/CPES（50/50）	78.89	2.82	416.0

因此，对于热塑性增韧体系，其相的形态与组成及界面的强弱对最终性能起着决定性的作用。已有研究表明，改性体系在固化前呈均相结构，随着固化反应的进行，CE 相对分子质量不断增大，逐渐分相成为两相体系，即分散相（热塑性树脂）和连续相（CE）[22]。这种两相结构能够有效地阻止受力时产生的微裂纹扩展，提高材料的韧性。随着热塑性树脂用量的增加，分散相颗粒越来越大，直至与 CE 等比共混，体系固化后形成两个连续相，即热塑性树脂与 CE 部分或完全形成共连续的半互穿聚合物网络结构（semi IPN），从而获得较高韧性，得到一种高力学性能、高使用温度的材料体系。

一般而言，热塑性塑料增韧热固性树脂的相形态受共混物组成、各组分聚合物的热力学性质、固化工艺、组分间的热力学相容性等诸多因素的影响[23]。其规律是：热塑性塑料与热固性树脂形成初始相容的共混物，随着固化的进行出现相分离而呈多相形态（但双酚 A 二氰酸酯/聚碳酸酯可能形成单相形态的固化物）。当增韧剂的质量分数较少时（一般小于 15%），形成以热塑性塑料为分散相、热固性树脂为连续相的结构：热塑性塑料量进一步增加，共混物形成热塑性塑料和热固性树脂共连续的相结构，继续增加热塑性塑料的量则会出现相反转，即热塑性塑料为连续相，热固性树脂析出成为分散相。

Woo 等[24]的研究表明，改性体系的形态随着热塑性塑料的含量的变化而变化。当热塑性塑料的质量分数小于 10%时，其形态为简单的连续相-分散相结构，连续的氰酸酯相包围热塑性塑料分散相。随着热塑性塑料用量的增加，分散相颗粒越来越大，当质量分数大于 20%时，开始形成热塑性塑料连续相，而氰酸酯树脂连续相则急剧收缩。

但实际的相结构状态则要复杂得多。有研究表明[25]，在体系出现相分离时，其连续相是热固性塑料，但其分散相并非单一的热塑性塑料，它同时包含了两种组分，且随着热塑性塑料量的不断增加，分散相中两组分的比例也不断发生变化，直至出现热塑性塑料的连续相。Woo 等[26]采用了修正的 Takayanagi 模型模拟体系的存储模量，以期计算体系的相组成。修正的 Takayanagi 模型在原 Takayanagi 模型中加入一个并联单元，其计算结果与实际吻合较好。Kim 等[27]也对 Takayanagi 模型做了类似的修正，只是他们计算了体系的复合模量，而不仅仅是储存模量。

热塑性树脂改性 CE 的改性体系在固化前一般呈均相结构，这说明氰酸酯的溶解度参数与上述各热塑性树脂接近。Srinivasan 等[11]研究发现，氰酸酯的溶解度参数为 19.3，较 PSU（20.9）和 PSE（23）低。随着固化反应的进行，逐渐分相成两相体系，即热塑性塑料分散相和氰酸酯连续相。这是由于固化过程中发生环化三聚反应，极性的—OCN 基团逐渐转变为极性较小的三嗪环，使氰酸酯与热塑性塑料溶解度参数的差值变大，根据 Hildebrand 方程，混合焓增大。同时，随着固化反应的进行，氰酸酯的相对分子质量不断增大，混合熵减小。因此，固化过程中的混合自由能是逐渐增大的，而相分离就发生在自由能从负变为正时。

Srinivasan 等[2-6]研究还发现，其增韧能力主要与热塑性塑料的分子结构有关。通过使用不同端基的工程塑料可有效地控制相形态及韧性。除了端羟基聚合物外，端氰基聚醚酮、无定形酚酞基聚芳醚酮、聚醚砜、聚苯醚可有效增韧 CE。在聚芳醚酮、聚醚醚酮增韧体系中，提高改性剂的质量分数及分子的摩尔质量可获得相转变，从而提高聚合物的韧性。聚合物的力学性能在很大程度上依赖于固化程度及网络结构。

固化工艺对相形态和相结构有很大的影响。Marieta 等[28]研究了固化温度对形态结构的影响，研究发现共混物在 160℃预固化的形态结构是粒状微结构，富热塑性塑料相形成小球状粒子并均匀分散在氰酸酯基质连续相中；而在180℃预固化的形态则为两相结构，氰酸酯相作为分散粒子在热塑性塑料连续相中出现。这可能是由于在160℃预固化的共混物有足够的时间在到达凝胶点以前克服双连续微结构，形成球状粒子；而在180℃下固化时，由于固化速度很快而未能克服双连续相结构，氰酸酯分散在富热塑性塑料基质中的时间更少，从而形成尺寸更大的球状粒子。

有许多手段用于表征热塑性树脂对CE树脂的增韧效果及共混体系相结构。Srinivasan等[6]利用“智能”加工控制，即固化适时监测技术，可以优化增韧CE树脂的固化工艺。表征断裂韧性的最基本方法是利用线弹性力学方法计算Ⅰ型断裂韧性及断裂应变等。也有人[29]通过计算固化树脂薄膜的预制裂纹在二氯甲烷中的扩展速度来计算断裂韧性。

对于相结构的表征，最普通的方法就是采用SEM观察断面，但也有一些研究采用其他方法表征形态，如Marieta等[30]使用了原子力显微镜（AFM）来观察共混体系的形态，并且与SEM进行了比较，证明AFM是表征共混物形态有效的手段，这种技术可以任意选择合适的模式以适应观察的需要，并且AFM的分辨率高于SEM。

Srinivasan等[2]则用扫描电子显微镜（SEM）分析了相对分子质量为1.5×10^4的端羟基酚酞基聚醚酮（PPH-PSF-OH）及相对分子质量为1.5×10^4的端羟基酚酞基聚醚膦（PPH-PEPO-OH）增韧CE树脂的相结构。结果发现，对于PPH-PSF-OH体系，增韧剂为20%时出现双连续相结构，在30%处出现相反转；而PPH-PEPO-OH与CE树脂形成均相体系。

Suman等[31]按不同比例把CE和PS混合，在180℃搅拌至均相透明，而后加入催化剂使Co^{2+}浓度为200ppm，把它们混合均匀倒入预热的模具中，按照程序升温固化。DSC谱图表明纯CE树脂和5%PS共混体系只有一个T_g，分别在289℃和282℃，这与CE三嗪化聚合有关；而其他体系（10%、15%、20%PS）除了这个峰，在201℃还有一个峰，这与PS相关，说明体系存在相分离，其中CE是连续相。PS的加入将使CE固化峰更宽，使固化温度向高温飘移，其原因可能是PS相对较大的黏度使CE分子活动性降低，只能通过升高温度来降低黏度以使得分子有足够活性环化交联。

共混体系的宏观增韧取决于微观的相结构，若微观相分离较小，两相或多相之间结合紧密，则材料的力学、热学等性能就会增强。因此，为获得最佳的微观相结构，除了改变材料本身的分子结构外，还必须对其凝聚态结构（相结构）进行控制，以及对相分离行为进行理论探讨。聚合物共混时的相容性，可借用Flory格子模型[32]，或Ohta等[33]提出的反应诱导相分离（reaction-induced decomposition，RID）来描述。RID的复杂性虽增加了相分离热力学、动力学研究的难度，但提供了比一般热诱导相分离更多的相结构控制方法。以环氧树脂为基础进行RID研究已取得重大进展，主要有日本的 Inoue[34]、法国的 Verchere 等[35]。与其相比，改性氰酸酯树脂体系的相分离研究却鲜见报道，研究主要集中于热塑性树脂含量、相对分子质量和固化温度对改性体系相分离的影响等方面。

研究高分子共混物的相分离不仅需要知道相图和相结构，而且需要了解相分离的动力学路径。对于高分子体系而言，因为其相对分子质量大，黏度高，松弛时间长，所以往往相分离不能达到最终的平衡态。但有时人们恰恰对这些非平衡态的中间结构感兴趣，故研究高分子相分离的动力学行为就具有特别重要的意义。Hohenberg 等[36]发现，金兹堡-朗道方程（Ginzburg Landau equation）能很好地处理相分离动力学问题[37]。而对于二元共混物相分离的初期行为可由 Cahn-Hilliard 线性理论来描述。如果共混物发生旋节线相分离，体系的散射光强 $I(q,t)$ 和浓度涨落的平方成正比，并随时间呈指数增大。如果共混物发生成核和增长相分离，体系的 $I(q,t)$ 与时间 t 遵循 $I(q,t)=I(q,o)t^n$ [38]。描述分相后期相区域增长过程的理论较多，如 Ostwald 熟化（Ostwald ripening）、碰撞凝聚（coalescence）机理和流体力学流动（hydrodynamic flow）机理[39, 40]、普适标度理论[41, 42]等。如果两组分的黏度和相对分子质量相差很大，就必须考虑黏弹性对相结构的影响，主要有双流模型（two fluids model）[39, 40]、黏弹性模型[43]等。我们选用 PMMA、PST 和 PAN 三种不同主链结构的热塑性树脂对氰酸酯树脂改性，观察了其相结构行为，并对光散射实验数据进行了 WLF 方程拟合研究。

总之，这类增韧效果除了与热塑性树脂的结构、性能有关外，还与相的形态有很大的关系，如果能使共混物形成共连续形态，则会大大提高断裂韧性。例如，添加 25%功能化的 PES 可使 CE 树脂的 G_{IC} 提高 8 倍，添加 20%的聚酯共聚物，可使其 G_{IC} 提高 10 倍。但热塑性树脂量的增多，会损害 CE 树脂的耐极性溶剂性能和成型工艺性等。

3.2　热塑性聚苯醚改性 CE

颜红侠等[44]以耐潮湿性好、价格较低的热塑性聚苯醚（PPO）利用溶剂共混法对 CE 进行改性，研究了 PPO 的加入量对共混体系力学性能的影响，并利用扫描电镜研究了材料的增韧机理。结果表明：当 PPO 的加入量为 10%时，在热变形温度基本保持不变的情况下，材料的冲击强度可提高 30.6%，原因在于固化过程中 PPO 可与 CE 形成双连续相结构。

3.2.1　PPO 用量对共混体系性能的影响

在常用的热塑性塑料中，PPO 具有最高的玻璃化温度（T_g=210℃），最小吸水性，并且介电常数和介电损耗值都很小。在潮湿而有载荷的条件下，PPO 能保持优良的电绝缘性、机械性能和尺寸稳定性。

在热固性 CE 中，加入适量的热塑性 PPO，能大幅度提高 CE 的韧性，尤其是当 PPO 的用量为 10%时，浇铸体的冲击强度可提高 30.6%，且耐热性下降幅度不大。扫描电镜观察相态结构发现，当 PPO 的用量较少时，热塑性 PPO 均匀分散在热固性基体中，以引发银纹、诱发剪切带和终止裂纹的机理提高树脂的韧性。而当 PPO 的用量较多时，PPO/CE 共混体系则以形成双连续相的机理来提高韧性。

表 3-4 是 PPO 的用量对 PPO/CE 共混体系冲击强度、弯曲强度和热变形温度的影响。从表 3-4 中可以看出，在氰酸酯树脂中加入适量的热塑性 PPO 可提高其常规力学性能，并且冲击强度提高的幅度比弯曲强度提高的幅度大。当 PPO 的加入量分别为 5%、10%、15%时，共混体系的冲击强度分别提高 20.7%、30.6%、15.7%。弯曲强度分别提高 3.5%、5.8%、0.6%。因此，加入适量的耐热性好的热塑性树脂 PPO 能提高热固性树脂 CE 的韧性。尤其是当聚苯醚的添加量为 10%时，共混体系的热变形温度下降幅度不大，而其冲击韧性可提高 30.6%。利用扫描电镜进行分析，PPO 与 BCE 树脂形成了双连续相结构，这是其增韧的主要原因。

表 3-4　聚苯醚的用量对共混体系性能的影响

PPO 质量分数/%	冲击强度		弯曲强度		热变形温度	
	强度/(kJ/m^2)	提高率/%	强度/MPa	提高率/%	温度/℃	下降率/%
0	12.1	—	140.7	—	195	—
5	14.6	20.7	145.6	3.5	191	2.1
10	15.8	30.6	148.9	5.8	189	3.1
15	14.0	15.7	141.5	0.6	178	8.7

3.2.2　增韧机理研究

图 3-1 为不同质量分数 PPO 的共混体系的断口形貌。

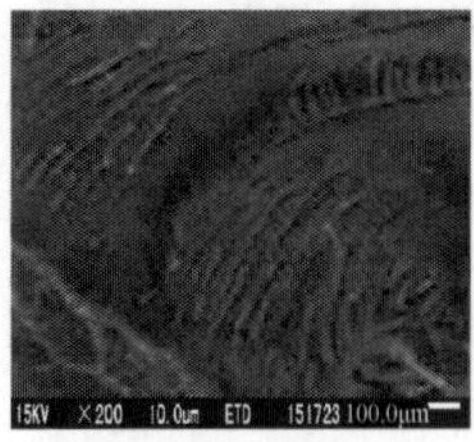

(a) 纯BCE

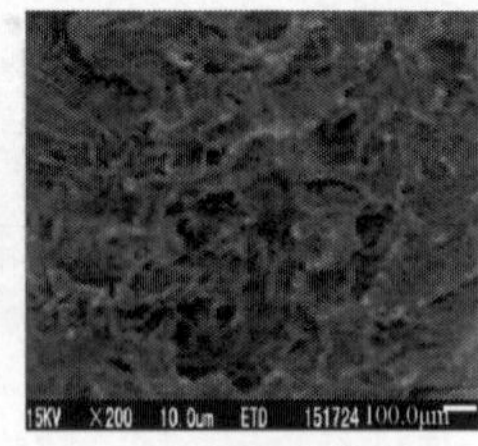

(b) PPO质量分数5%，低放大倍数

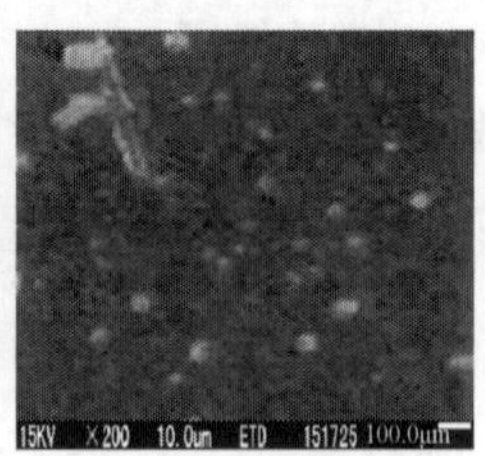

(c) PPO质量分数5%，高放大倍数

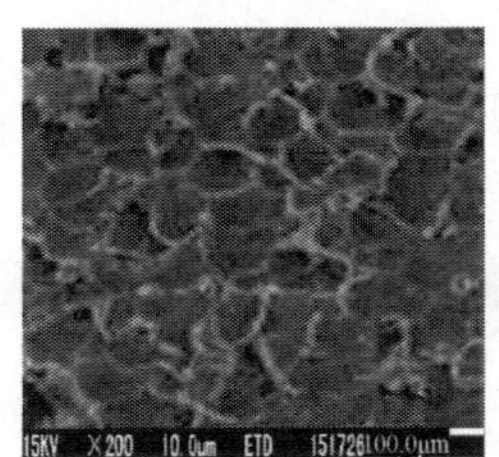

(d) PPO质量分数10%

(e) PPO质量分数15%

图 3-1　不同质量分数 PPO 的共混体系的断口形貌

从图 3-1 可以看出，未加 PPO 的共混体系的断口是均一的单相形态，断口上有典型的脆性断裂条纹［图 3-1（a)］。加入 5%的 PPO 后，在低放大倍数图中可看到明显的韧窝［图 3-1（b)］，在高放大倍数图中可看到断面呈两相结构［图 3-1（c)］，其中颗粒分散相是 PPO，连续相是热固性的 BCE。这是由于 PPO 与 BCE 的相容性较差，在 BCE 树脂的固化过程中，PPO 与 BCE 出现相分离。这种球形颗粒作为热固性树脂的应力集中源，能够引发大量的银纹和剪切带。银纹和剪切带的引发和形成吸收大量的能量，并且热塑性树脂颗粒及剪切带控制裂纹的发展并使裂纹终止，即抑制其发展成为破坏性的裂纹，从而使树脂的韧性得到较大的提高。

随着 PPO 含量的增加，体系中第二相颗粒增多，颗粒尺寸增大。当 PPO 的质量分数增大到 10%时，形态结构发生了急剧的变化，变为典型的双连续结构［图 3-1（d)］，大颗粒是 PPO 包覆热固性树脂形成的，并且这些颗粒相互连接，周边是少量的 PPO 形成的连续相。固化反应诱导相分离是一种较复杂的过程，受到热力学条件、两相的相容性、体系的黏度等因素的影响。在一定的热力学条件下，随着 PPO 含量的增加，改性体系的黏度增大，在固化反应过程中，两种聚合物分子链段的迁移受到阻碍，相分离不完全，两相之间的相互夹带增多。在 PPO 的富集相中，当所含的 BCE 较多时，PPO 的含量达到可以形成连续相所需的相体积，则可能形成双连续相。这种典型的双连续相结构，降低了交联密度，使共混树脂的韧性大幅度增加。当然，关于双连续相的成因有待进一步证实。

当 PPO 含量进一步增大，共混树脂的黏度更大，仅靠搅拌难以使两种树脂混合均匀，并且在固化过程中，体系冻结较早，不易出现相反转。因此，在共混体系中逐步形成局部 PPO 含量较多和局部 PPO 含量很少的两种区域，反映在断口的形貌上［图 3-1（e)］，含 PPO 很少的区域分布着很多微裂纹河流线，含 PPO 较多的区域则分布着韧窝。这两种相态间互相牵制，使共混树脂的韧性得到一定的提高。

3.3　热塑性聚醚酰亚胺改性 CE

3.3.1　PEI 改性 CE 体系的反应诱导相分离

郭宝春等[45]采用聚醚酰亚胺（PEI）以提高双酚 A 二氰酸酯/酚醛环氧树脂共混物的断裂韧性。实验结果表明，聚醚酰亚胺是氰酸酯/酚醛环氧树脂共混物的有效增韧剂。当 PEI 的质量分数进一步增加至 15%，形态结构发生急剧变化，断裂韧性增加至原来的 2.16 倍，达 1.45MPa·$m^{1/2}$，弯曲强度也有所提高。用扫描电子显微镜和动态黏弹谱研究改性共混物的微观结构，具有双连续结构的共混物的耐溶剂性能大大下降，共混物的韧性和耐溶剂性主要与相形态有关，固化工艺对含 10%聚醚酰亚胺的共混物的断裂韧性和形态没有明显的作用。他们认为断裂韧性显著改善主要是因为形成了热固性树脂/热塑性树脂的双连续结构，当共混物中 PEI 质量分数小于 15%时，形态为海岛结构，分散性以 PEI 为主；但当 PEI 达到 15%时，这一韧性突变，反映了 PEI 质量分数为 15%时，形成了具有双连续形态结构特征的 SIPN 结构，使韧性大大增加。PEI 质量分数小于 15%时韧性变化不明显，说明形成 SIPN 结构是获得高韧性的条件，当 PEI 质量分数达到 20%时，开始出现相反转。热固性树脂相开始以球形粒子析出，呈分散相，而热塑性的 PEI 为连续相。

陶庆胜[46]研究了不同主链结构的聚醚酰亚胺（图 3-2）改性氰酸酯树脂体系的反应诱导相分离行为，讨论了 PEI 用量、PEI 相对分子质量和固化温度等对相分离的影响，研究了改性体系相分离过程中的黏弹性效应，发现了以下几点现象和规律。

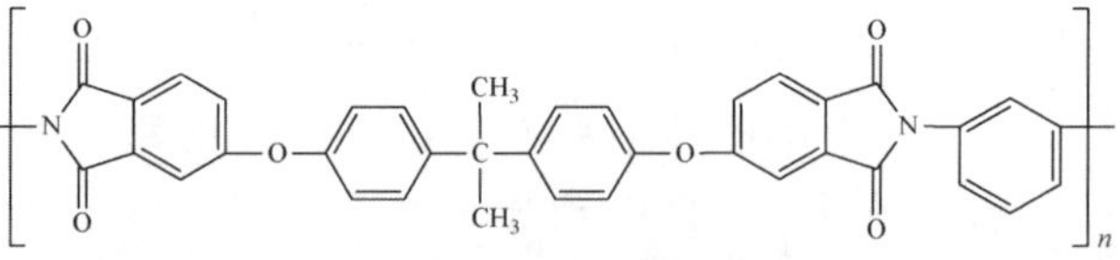

(a) Ultem 1000型PEI

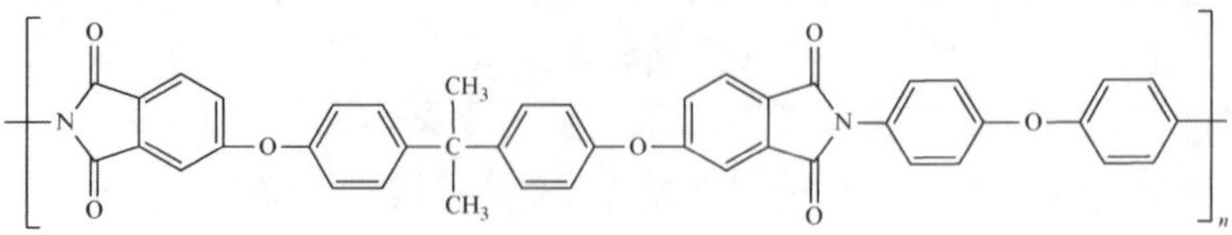

(b) PEO型PEI

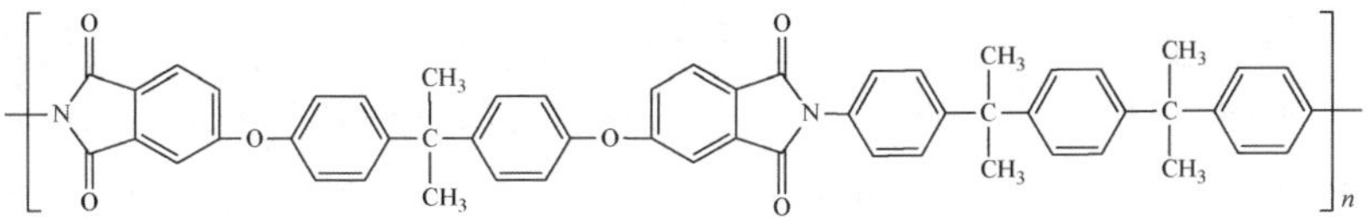

(c) PIP型PEI

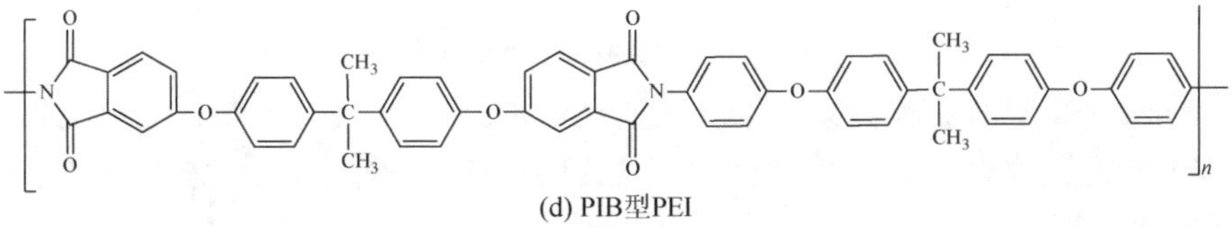

(d) PIB型PEI

图 3-2　不同聚醚酰亚胺（PEI）的结构

以不同主链结构的 PEI 与氰酸酯树脂共混，通过对共混物相结构的观察，选择与氰酸酯树脂相容性适当的 PIP 型 PEI 作为研究对象。使用 DSC 和 FT-IR 测定 PIP 改性氰酸酯体系的固化反应转化率。与纯的氰酸酯树脂相比，改性体系的反应转化率几乎不变，没有观察到明显的聚合物稀释效应。改性体系的相结构随 PIP 含量的增加依次出现分散相、双连续相和反转相。DSC 还用来测定改性体系的相图，结合相结构的观察，确定临界点处的 PIP 质量分数约为 15%。使用时间分辨光散射仪（TRLS）对 PIP/氰酸酯（15/85）改性体系的 Spinodal 相分离过程进行跟踪，并对光散射曲线中的散射矢量 q_m 和散射光强 I_m 的变化趋势进行分析。使用流变仪研究固化过程中改性体系黏度的变化，分散相结构的形成使体系黏度增加的初始时间推迟。力学性能测试结果表明，具有双连续相结构的改性体系具有最高的拉伸强度和断裂伸长率。

研究 PIP 相对分子质量对改性体系相分离的影响表明，高相对分子质量 PIP 改性体系的固化反应转化率和固化反应活化能略高于低相对分子质量 PIP 改性体系。由于增加 PIP 相对分子质量导致相图中临界点的位置向低 PIP 含量和低固化转化率处移动，故在高相对分子质量 PIP 改性体系中，仅用 15%的 PIP 就可以得到相反转结构。高相对分子质量 PIP 改性体系的力学性能差于低相对分子质量 PIP 改性体系，这与形成不同的相结构有关。将氰酸酯树脂在 120℃预固化 60min，然后与 PIP 共混，发现 PIP/氰酸酯（15/85）改性体系从相反转结构演变成双相相结构。

研究温度对改性体系相分离的影响表明，由于改性体系在 120℃时的固化转化率只有 10%～20%，低于凝胶点时的转化率（40%～50%），故其相结构经过 210℃高温后固化可进一步演化。改性体系在 150℃时的转化率（52%～57%）高于凝胶点时的转化率，210℃高温后固化对其相结构几乎没有影响。催化剂对改性体系相结构的影响与提高固化温度相似。

使用 TRLS 对不同 PIP 含量的三个改性体系的相分离过程进行跟踪。光散射结果表明，随着固化反应的进行，上述改性体系均发生 Spinodal 相分离，q_m 随时间呈指数衰减并可用 Maxwell 黏弹性方程 $q_m(t) = q_0 + A_0 \exp(-t / \tau)$ 拟合，从而得到各体系在不同固化温度下的松弛时间。松弛时间与 WLF 方程的拟合曲线能很好地吻合，表明 PIP 改性氰酸酯体系的相分离过程受到黏弹性效应的影响。从拟合结果可得参考温度 T_S，其值比改性体系的玻璃化温度高 34～62K。

Ultem1000 型 PEI 改性氰酸酯体系的光散射结果中，q_m 和 I_m 的松弛时间同样能用 WLF 方程拟合，表明黏弹性效应在 PEI 改性氰酸酯体系的相分离过程中具有一定的普遍性。

3.3.2 CE/PEI 的力学性能和断面形态

Woo 等[47]研究了 Ultem 型聚醚酰亚胺和聚砜对氰酸酯树脂的增韧行为。与纯的氰酸酯树脂相比，加入 20%Ultem 的氰酸酯改性体系的 G_{IC} 值能提高一倍多，加入 20%聚砜的氰酸酯改性体系的 G_{IC} 值能提高 2 倍多，如果用 Ultem 和聚砜共同对氰酸酯改性，断裂韧性可进一步提高到 3 倍以上。

Harismendy 等[48]也研究了 Ultem 型聚醚酰亚胺对氰酸酯树脂的增韧作用。当 Ultem 的加入量为 10%时，改性体系为分散相结构，G_{IC} 值比纯氰酸酯树脂高 2 倍多，继续增加 Ultem 的加入量，改性体系形成双连续相结构，断裂韧性比分散相结构略有增加，当聚醚酰亚胺的质量分数达 20%时，体系形成相反转结构，断裂韧性增加幅度明显上升。

钟翔屿等[49]对 Ultem 型聚醚酰亚胺增韧改性氰酸酯树脂体系的断面形态和冲击韧性进行研究，得出 PEI 含量对浇铸体冲击韧性的影响。随着 PEI 含量的增加，浇铸体的冲击韧性得到有效的改善。PEI 质量分数为 20%的浇铸体冲击韧性比不加入 PEI 的树脂体系增加了近 3 倍，可达 56kJ/m^2。PEI 为 15%左右出现的韧性相结构能显著增加树脂体系的韧性。但是，随着热塑性塑料含量的大量增加，增韧树脂体系的工艺性将恶化。因此，热塑性树脂质量分数应不低于 15%，才可使韧性和工艺性都处于较好的水平。

图 3-3 所示的是不同含量聚醚酰亚胺（PEI）的增韧氰酸酯树脂形态结构的 SEM 照片。从图 3-3 可以看出，在 140℃温度条件下，加入 5% PEI 后，断面呈两相结构，其中球形分散相为 PEI 组分，连续相是热固性氰酸酯树脂，从图 3-3（a）可以看出，球形分散相基本是 PEI，颗粒直径为 0.5～1μm。PEI 质量分数增加到 10%和 15%后，形态发生了剧烈变化［图 3-3（b）和（c）］。图中的大颗粒是热固性树脂形成的，这些颗粒的粒径为 5～20μm，周边是富 PEI 树脂形成的连续相，而热固性的氰酸酯树脂仍具有连续性。当 PEI 质量分数增加到 20%时，热

固性氰酸酯树脂开始以球形粒子析出，成为分散相［图 3-3（d）］。分散相直径为 1～5μm。

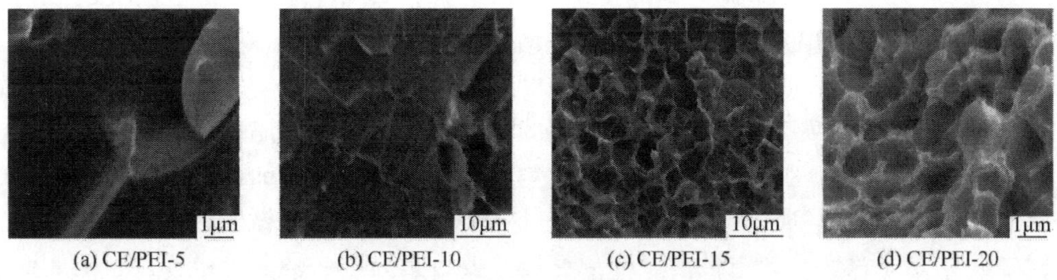

(a) CE/PEI-5　(b) CE/PEI-10　(c) CE/PEI-15　(d) CE/PEI-20

图 3-3　不同 PEI 含量对改性氰酸酯树脂体系的影响

固化温度：140℃

与 140℃固化不同的是，在 160℃和 180℃固化条件下，PEI 含量为 10%时仍出现两相结构，不过分散相的粒径比 PEI 含量为 5%时要大而且数量要多，如图 3-4 和图 3-5 所示。出现这种情况是由于催化剂的存在，在较高固化温度下固化速度急剧增加，使得热塑性塑料的流动性受到很大的限制。因此对于增韧体系来说，对于固化行为和相结构的关系的深入研究是提高树脂体系增韧效果的一条有效途径。

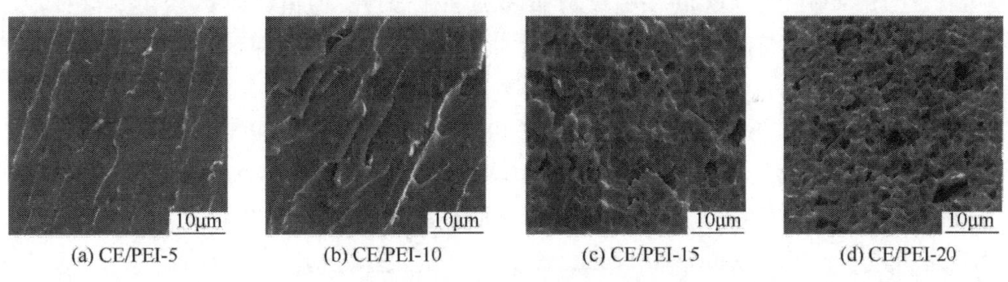

(a) CE/PEI-5　(b) CE/PEI-10　(c) CE/PEI-15　(d) CE/PEI-20

图 3-4　不同 PEI 含量对改性氰酸酯树脂体系的影响

固化温度：160℃

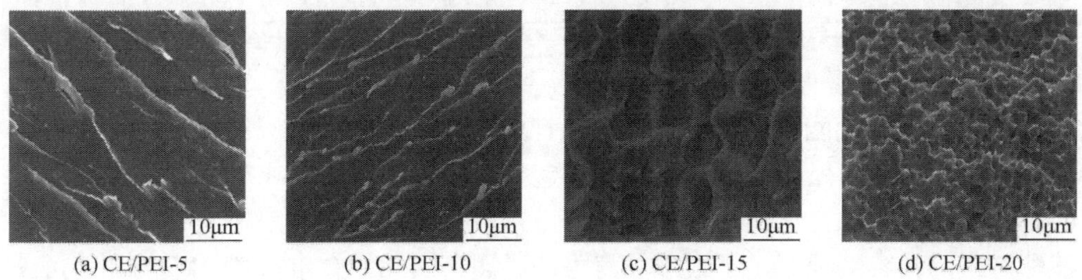

(a) CE/PEI-5　(b) CE/PEI-10　(c) CE/PEI-15　(d) CE/PEI-20

图 3-5　不同 PEI 含量对改性氰酸酯树脂体系的影响

固化温度：180℃

3.3.3 CE/PEI 的介电性能

钟翔屿等[49]对 Ultem 型聚醚酰亚胺增韧改性氰酸酯树脂体系的断面形态和冲击韧性进行研究的同时，对 CE/PEI 体系的介电性能也进行了实验探索。研究表明，聚醚酰亚胺在改善氰酸酯树脂体系韧性的同时，也提高了树脂体系的介电性能。树脂的介电性能与树脂体系的催化剂含量、固化温度和增韧剂含量有较大关系。

氰酸酯树脂体系优异的介电性能是其主要优点之一，在氰酸酯树脂的改性过程中尤其要注意保证介电性能。介电性能主要包括介电常数和介电损耗。对于高性能透波材料来说，介电损耗越低越好；而介电常数不仅要低，而且要稳定。

协同催化剂对树脂固化体系的介电性能影响很大。钟翔屿等[49]认为，固化树脂体系的介电常数和介电损耗角正切开始都随着酚类的含量增加而迅速下降，随着酚类的继续增加，介电损耗角正切下降速度减缓，这是因为对于氰酸酯树脂虽然在固化后会产生对称且刚直的三嗪环结构，该结构是已知的热固性树脂中具有极低介电常数和介电损耗角正切的固化物，但在实际固化过程中，随着树脂分子结构中的反应官能团的反应，扩散能力下降，使未反应的氰酸酯官能团残存，残存的氰酸酯官能团由于其具有强极性而使得介电性质变差。少量酚类的加入能降低固化树脂的交联度，降低了固化树脂的玻璃化温度，使得树脂体系在固化过程，尤其是固化末期树脂体系中反应官能团的扩散能力提高，从而使得氰酸酯官能团反应较完全。当然，如果加入大量的酚类，酚类本身的羟基会影响整个固化树脂体系的介电性能。表 3-5 所示的是由 FT-IR 图谱所计算的氰酸酯官能团的转化率，由此可以看出，加入协同催化剂的目的不仅仅是提高反应速率，更重要的是在较低固化温度下提高固化树脂的固化度，从而提高树脂的介电性能。

表 3-5　酚含量对氰酸酯官能团转化率的影响

壬基酚质量分数/%	5	10	15	20
氰酸酯树脂转换率/%	0.927	0.966	0.985	0.998

注：反应条件为 150℃/2h+180℃/2h+200℃/3h。

PEI 的介电性能优良，常用于电气行业，已有作为雷达天线罩的使用实例。加入 PEI 对固化树脂体系的介电性能可起到改善作用，钟翔屿等[49]认为 PEI 的加入可使固化体系的介电损耗下降，而介电常数稍有增加。这是因为 PEI 与改性氰酸酯树脂的相容性很好，不会形成有害的界面，因此低介电损耗 PEI 的加入可使整个体系的介电损耗降低。

对于热固性树脂体系来说，固化温度决定了反应的程度和最终的反应产物，这对于固化树脂体系的介电性能影响是很大的。钟翔屿等[49]通过改性氰酸酯树脂在不同温度下后固化的介电性能比较得出结论：后固化温度的增加使得反应更趋于完全，一方面可以形成更加完善的三嗪环结构，另一方面减少残存的高极性的氰酸酯基团，这两者都使得介电损耗下降。

3.4　聚醚型聚氨酯预聚体改性 CE

四氢呋喃聚醚型聚氨酯预聚体（A）分子结构中含有刚性的基团及柔性的醚键和极性的活性官能团，应具有较优的增韧效果，但其增韧效果不理想。朱雅红等[50]认为这主要是由于 A 的相对分子质量低，因此他们以本体树脂双酚 A 型氰酸酯树脂（BCE）为扩链剂，改性四氢呋喃聚醚型聚氨酯预聚体得到改性预聚体 BA，用 BA 与 BCE 共聚共混以改善 BCE 树脂的韧性，考察了共聚共混体系静态力学性能、动态力学性能及热性能。结果表明，用 BA 与 BCE 树脂共聚共混，可有效提高氰酸酯树脂基体的韧性和强度。当 BA 用量为 10 份时，BCE/BA 体系的冲击韧性比纯树脂提高了 64%，当 BA 用量为 20 份时，增强增韧效果最佳，BCE/BA 体系的冲击韧性可达 14.5kJ/m^2，比纯树脂提高了 142%；弯曲强度为 128MPa，比纯树脂提高了 23%。

3.4.1　BCE/BA 的静态力学性能

通过测量不同 BA 含量的 BCE/BA 改性体系对力学性能的变化趋势，BCE/BA 体系的冲击韧性和弯曲强度都随 BA 用量的增加而不同程度地提高。10 份、20 份、30 份时 BCE/BA 的冲击韧性分别为 9.86kJ/m^2、14.5kJ/m^2、15.7kJ/m^2，比纯 BCE 树脂分别提高了 64%、142%、162%；20 份时，BCE/BA 体系的弯曲强度为 128MPa，达到最大，比纯 BCE 树脂提高了 23%，说明 BA 含量越高，改性体系的冲击韧性越高。在冲击韧性提高的同时，弯曲强度也得到提高。这主要与 BA 独特的分子结构有关，因为在聚氨酯中不仅含有可以提高冲击韧性的柔性链段，而且含有可以改善体系强度的刚性基团。

3.4.2　BCE/BA 的动态力学性能

图 3-6 分别给出了 BCE/BA 共聚共混物的储能模量 E'、损耗模量 E''及介电损耗角正切 tanδ 对温度的依赖性。从图 3-6（a）可看出，20 份 BA 的 BCE/BA 体系储能模量比未改性的纯 BCE 体系的储能模量有所降低。从图 3-6（b）可以看出，曲线 2 出现两个转变温度，在–67.1℃低温区的转变应主要是 BA 相的贡献，出现

在高温区的转变温度为 179.5℃，低于纯 BCE 的转变温度 197.1℃，说明主要是 BA 与 BCE 共聚共混物相的贡献。从图 3-6（c）可以看出，在 BCE/BA 的介电损耗角正切 tan*δ* 图谱上有 2 个转变，而且 BCE 的 T_g 有所下降，纯 BCE 的 T_g 为 249.3℃，而 20 份 BCE/BA 体系的 T_g 下降到 210.6℃，说明 BCE/BA 体系之间发生了一定的共聚反应，BCE/BA 体系以共聚共混形式存在。这进一步证明，改性 BA 可有效改善 BCE 的韧性，但使其强度有所下降。

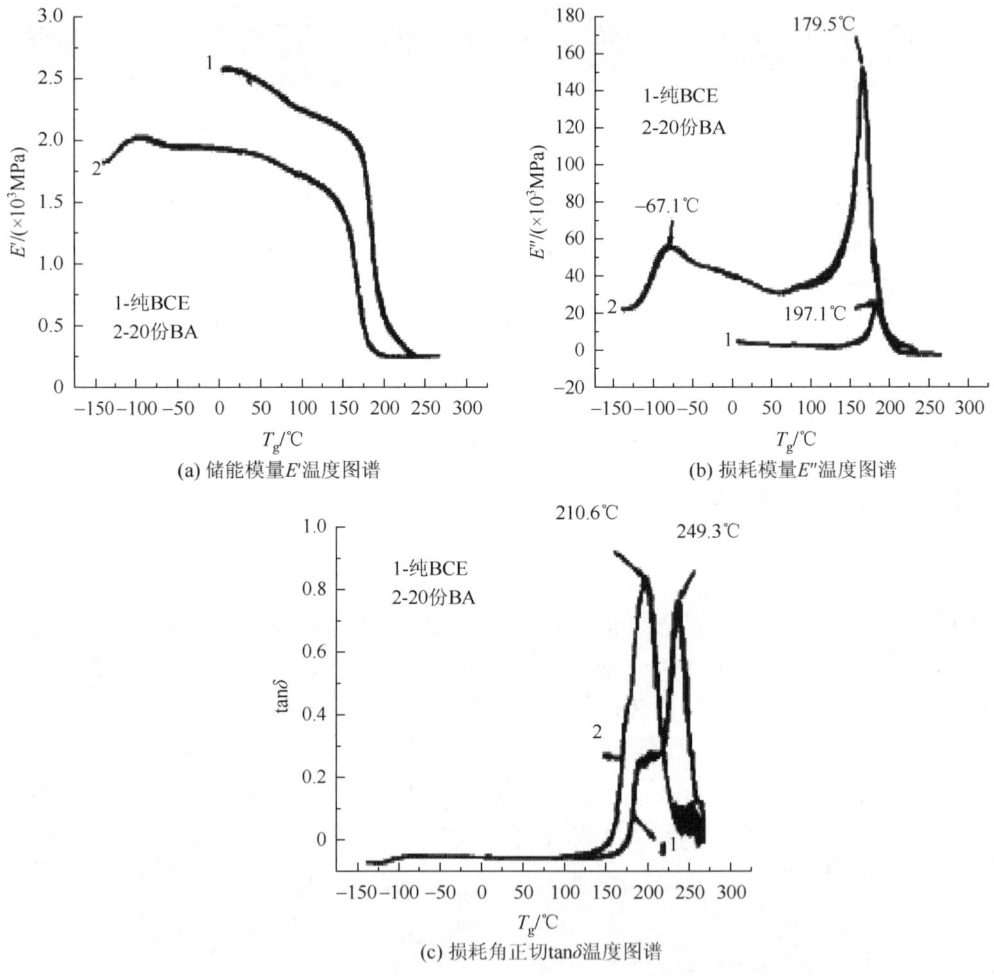

图 3-6　BCE/BA 体系的动态力学性能

3.4.3　BCE/BA 体系的耐热性

采用热失重分析（TGA）和热变形温度（HDT）表征材料的热降解性能和热

稳定性。用定失重量温度法和拐点温度法对不同配比的 BCE/BA 体系进行比较。通过 BCE/BA 体系的热失重曲线扫描可知，当失重率为 5%时，纯 BCE 和 10 份、20 份、30 份的 BCE/BA 体系对应的温度分别为 386.6℃、341.1℃、316.3℃、305.4℃；并且最大失重速率对应的温度分别为 435.9℃、429.4℃、421.8℃、419.3℃。BA 的加入使体系的热分解温度有所下降，并且 BA 的含量越高，热分解温度越低，初始分解温度下降比较多。

表 3-6 为纯 BCE 和 BA 分别为 10 份、20 份、30 份的 BCE/BA 的热变形温度。可以看出，对于 BA 增韧改性 BCE 树脂体系，当 BA 含量小于 20 份时，热变形温度下降不到 20℃，而当 BA 含量等于 30 份时，热变形温度下降将近 30℃。

表 3-6　不同 BA 含量的 BCE/BA 共聚共混体系的热变形温度

体系	纯 BCE	10 份 BA	20 份 BA	30 份 BA
热变形温度/℃	200	185	182	174

3.5　聚乙烯基吡咯烷酮改性 CE

热塑性树脂聚乙烯基吡咯烷酮（PVP）的加入，对 CE 的固化行为影响较小，但能极大地提高 BADCy 的力学性能。随着体系中 PVP 用量的增大，固化改性树脂的吸湿率逐渐增大。湿热老化使固化树脂的力学性能急剧下降，但 PVP 的加入能够有效改善下降趋势。湿热老化过程中，PVP 的加入对体系的热性能、电学性能及尺寸稳定性的不利影响较小。

3.5.1　改性 BADCy 的力学性能

王旭东等[51]采用热塑性树脂聚乙烯基吡咯烷酮（PVP）对双酚 A 型氰酸酯树脂（BADCy）进行增韧改性，根据改性 BADCy 的 DSC 曲线确定了改性 BADCy 的固化工艺。结果表明，热塑性树脂的加入对 BADCy 的固化行为影响较小，但能极大地提高 BADCy 的力学性能，当热塑性树脂质量分数为 8%时，其弯曲强度和冲击强度分别从改性前的 104.0MPa 和 6.0kJ/m^2 提高到 120.1MPa 和 14.2kJ/m^2，有效地增大了 BADCy 的韧性。

通过力学性能测试数据可知，随 PVP 用量的增加，改性 BADCy 的弯曲强度呈先提高后降低的趋势，在 PVP 质量分数为 8%时出现最大值，由纯 BADCy 的 104.0MPa 提高到 120.1MPa；改性 BADCy 的冲击强度随 PVP 用量的增加总体上呈逐渐提高的趋势，当 PVP 质量分数超过 8%后，冲击强度提高的趋势变小。当 PVP 质量分数为 8%时，其冲击强度达 14.2kJ/m^2，为纯 BADCy 冲击强度（6.0kJ/m^2）的 2.37 倍，增韧效果明显。这是因为 PVP 优良的性能弥补了固化物中的微缺陷，从而起到了明显的增韧作用。

图 3-7 是纯 BADCy 和改性 BADCy 试样冲击断口的 SEM 照片。从图 3-7 可以看出，纯 BADCy 试样表现出明显的脆性断裂，随着 PVP 用量的增大，体系韧性不断增大，当 PVP 质量分数为 5%时，断口出现少量韧窝；当 PVP 质量分数达到 8%时，断口出现大面积断裂韧窝；当 PVP 质量分数达到 15%时，韧窝加深，改性 BADCy 的韧性进一步增大。

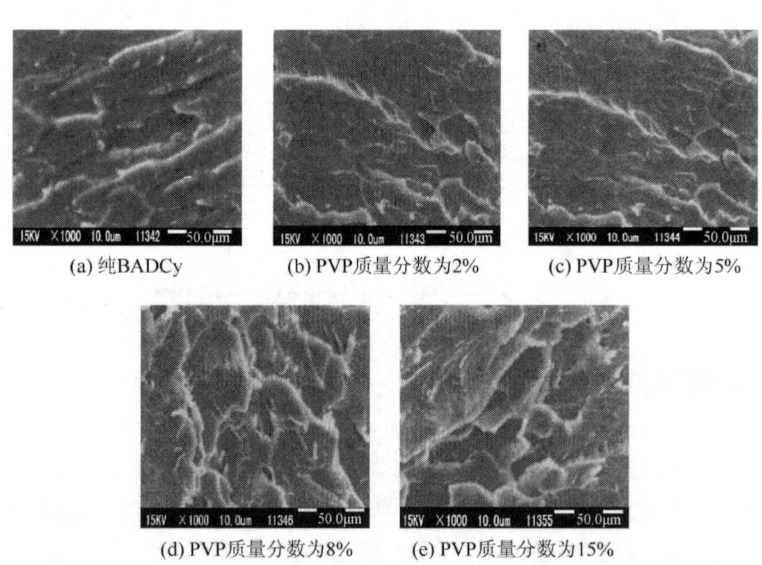

(a) 纯BADCy　(b) PVP质量分数为2%　(c) PVP质量分数为5%

(d) PVP质量分数为8%　(e) PVP质量分数为15%

图 3-7　纯 BADCy 和改性 BADCy 试样冲击断口的 SEM 照片

3.5.2　固化树脂的吸湿性能

王旭东等[51]研究发现，当 PVP 质量分数在 8%以下时，改性 BADCy 的吸水率较纯 BADCy 低，PVP 能够很好地改善 BADCy 的吸水性。但当质量分数超过 8%后，吸水率增大，当其质量分数达 15%时，水煮 100h 的吸水率从纯 BADCy 的 2.7%增大到 3.1%。这是因为少量的 PVP 能够弥补 BADCy 固化过程中出现的缺陷，阻止了水分的吸收；而当 PVP 用量较高时其优良的成膜性能和较高的吸水性使改性 BADCy 的吸水率急剧增大，而当 PVP 质量分数为 8%时改性 BADCy 的吸水率与纯 BADCy 的吸水率相当。王结良等[52]也研究发现，随着体系中 PVP

用量的增大，固化改性树脂的吸湿率逐渐增大。

3.5.3 湿热老化对力学性能的影响

王结良等[52]选取湿热老化环境为 100h/100℃沸水老化，对聚乙烯基吡咯烷酮/氰酸酯树脂体系的耐湿热性能进行了系统研究。结果表明，湿热老化使固化树脂的力学性能急剧下降，但 PVP 的加入能够有效改善下降趋势。当 PVP 用量为 5%时，湿热老化后固化树脂的弯曲强度和冲击强度的强度保持率从原始氰酸酯的 38.8%和 35.5%提高到 86.8%和 66.1%。湿热老化对体系力学性能的损伤可从固化树脂老化前后断口形貌得到合理解释。湿热老化过程中，PVP 的加入对体系的热性能、电学性能及尺寸稳定性的不利影响较小。综合考虑体系的各项性能指标，以 PVP 用量为 5%时体系耐湿热性能最佳。

水煮前固化树脂的弯曲性能在 PVP 用量为 8%时呈现最大值。而水煮后固化树脂的弯曲性能在 PVP 用量为 5%时呈现最大值。在实验过程中还发现，原始氰酸酯树脂水煮后部分区域有“发白”现象，表明纯度在 90%左右的 BADCy 耐水煮性能较差。由数据得到表 3-7 所示的体系弯曲强度保持率。从表中可以看出，强度保持率随 PVP 用量的增加呈现先增大后减小的趋势，在 5%强度保持率最高，达 86.8%。而在超过 5%后，保持率迅速下降，当用量达到 15%时仅为 34.5%，从耐湿热性能的角度讲几乎失去改性意义。

表 3-7 固化树脂水煮前后弯曲强度保持率

CE 质量分数/%	老化前弯曲强度/MPa	老化后弯曲强度/MPa	保持率/%
0	104	40.3	38.8
2	104.9	54.5	52.0
5	105.15	91.27	86.8
8	120.11	85.025	70.8
15	115.88	38.8	33.5

同时，固化树脂水煮前后冲击强度的变化趋势呈现与弯曲强度相似的规律。这种力学性能变化规律可能是由以下几个原因引起的：

（1）原始树脂纯度不够，导致体系原始强度保持率相对于文献[46]报道的数据偏小。

（2）加入 PVP 从两个方面影响固化树脂的性能：弥补固化树脂内部缺陷而提高体系性能和 PVP 吸湿后造成体系性能迅速下降。

（3）少量 PVP 能够弥补 BADCy 成环反应过程中形成的缺陷，从而在降低固化物吸湿性能的同时提高体系力学性能的强度保持率。

（4）PVP 用量增大到 8%以上时，PVP 对水的敏感性、优良的吸湿性及吸水后体系性能的快速下降造成强度保持率迅速下降。两种作用之间在PVP用量为8%达到一种平衡。用量在 5%时体系强度保持率最高。

图 3-8 为质量分数分别为 0%，5%，8%和 15%时湿热老化前后体系的冲击断口形貌图。从图中可以看出，水煮前原始 BADCy 固化物表现出明显的脆性断裂，随着 PVP 用量的增大，体系韧性不断增大。当 PVP 用量为 5%时，断口出现韧窝。当 PVP 用量达到 8%时，断口大面积出现韧窝。继续增大 PVP 的用量，达到 15%时，韧窝加深，韧性进一步增大；水煮后原始 BADCy 的脆性更加明显，改性体系的韧性随 PVP 用量的增加呈现先增大后减小的趋势。当 PVP 用量为 5%时，韧窝较深，水煮对韧性影响不大，耐湿热老化性较好。而在超过 5%后，韧窝明显减少，使得韧性大幅下降。

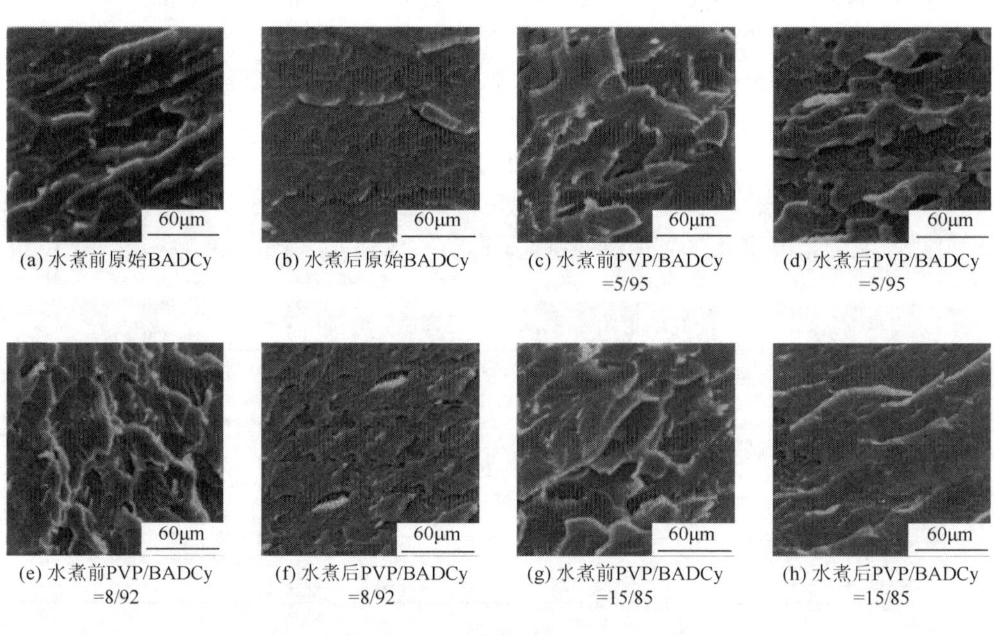

(a) 水煮前原始BADCy (b) 水煮后原始BADCy (c) 水煮前PVP/BADCy =5/95 (d) 水煮后PVP/BADCy =5/95

(e) 水煮前PVP/BADCy =8/92 (f) 水煮后PVP/BADCy =8/92 (g) 水煮前PVP/BADCy =15/85 (h) 水煮后PVP/BADCy =15/85

图 3-8 湿热老化前后体系的冲击断口的微观形貌

3.6 改性体系性能比较及存在的问题

表 3-8 为郭宝春等[45]给出的 Arocy B（双酚 A 二氰酸酯）/热塑性树脂（50∶50）体系的性能，表 3-9 是房红强等[53]给出的几种热塑性树脂共混体系的性能。各种热塑性塑料的结构、性能不同，因此其对 CE 树脂的增韧效果及所得的共混

物的力学性能都不相同。从表 3-8 中可以看出，高玻璃化温度热塑性树脂的加入能大大地提高 CE 树脂的韧性[52-57]。Hsuie 等[58]指出，高交联密度是二氰酸酯（DCE）网络高玻璃化温度的主要原因，但是考虑到交联点间距极短且交联点间双酚 A 基团的刚性，表 3-8 所示双酚 ADCE 半互穿聚合物网络所表现的高断裂伸长率（50/50 的共聚酯/双酚 ADCE 的断裂伸长率达 17.6%）还是不寻常的。具有很高交联密度的聚 CE 网络依然柔顺的现象还没有得到很好的解释[58, 59]。一般认为短交联间距增加了形成分子内交联的可能，因此聚 CE 网络中包含了大量的分子内环。尽管二枯基酚 DCE 网络的交联点间距比双酚 ADCE 网络的大 50%，但前者的半互穿聚合物网络的断裂伸长率比后者的低约 15%，这一现象可以用分子内交联体的多少来解释。Shimp 等[60]报道，用少量热塑性塑料增韧商品 CE 树脂，相分离程度按 Aroyy B、Aroyy M、Aroyy T 顺序增加（三种 CE 分别为双酚 ADCE、四甲基双酚 FDCE、双酚 SDCE）。得到的增韧物的断裂韧性是均聚物的 4 倍（876～1752J/m^2）。

表 3-8　Arocy B/热塑性树脂（50∶50）半互穿聚合物网络的力学性能

热塑性塑料	拉伸强度/MPa	拉伸模量/GPa	断裂伸长率/%
共聚酯/碳酸酯	84	2.14	17.6
聚碳酸酯	85	2.06	17.3
聚砜	73	2.05	12.7
聚对苯二甲酸乙二酯	76	2.44	12.5
聚醚砜	72	2.34	9.6

表 3-9　CE/热塑性树脂（1∶1）共混树脂的性能

热塑性树脂	拉伸强度/MPa	拉伸模量/GPa	断裂伸长率/%	热失重温度/℃	玻璃化温度/℃
聚碳酸酯	85	2.06	17.3	400	195
聚砜	73	2.05	12.7	350	185
聚醚砜	72	2.34	9.6	—	—
聚醚酰亚胺	76	2.44	12.5	—	—
聚酯	84	2.14	7.6	—	—

热塑性塑料连续贯穿于热固性树脂网络之中，由于这种 semi-IPN 中既存在热塑性塑料又存在热固性树脂网络，因此这种交联网络既保持良好的韧性、低吸水性能，同时又保持了良好的耐化学稳定性和尺寸稳定性等。两相分离结构有效地阻止材料受力时产生的微裂纹的扩展，吸收断裂能[61]，提高了材料的韧性，同时改善了热塑性塑料的工艺性及耐热、耐湿性能等。表 3-10 是 Takao 等[61]给出的几

种氰酸酯/热塑性塑料体系的性能。

表 3-10 几个 50/50 热塑性/CE 的 semi-IPN 性能

性能	BE/%	拉伸强度/MPa	拉伸模量/GPa	T_g/℃	热失重温度/℃	维卡软化温度/℃	
						25μm	1000μm
PC	17.3	85	2.06	195	400	201	250
PUS	12.7	71	2.05	185	350	188	250
COPEC	17.6	84	2.15	175	375	212	250
PET	12.5	77	2.45	—	—	—	—
PES	9.6	72	2.34	—	—	—	—
PEI	12.5	76	2.44	—	—	—	—
PMS[a]	1.61[c]	108	3.38	—	256	—	—
PMS/HPMS[b]	1.46[c]	103	3.17	—	—	—	—
PEP[d]	1.39	197	4.75	193	—	—	—

a：质量分数 10%；b：质量比 10/2.5；c：K_{IC}（$mN/m^{1/2}$）数值；d：质量分数 20%。

像其他热固性树脂的 semi-IPN 一样，氰酸酯的 semi-IPN 树脂具有极长的储存期，短的固化周期和低的固化收缩率。但也存在固化温度高（200～300℃）、成型压力较大的缺点。氰酸酯树脂的 semi-IPN 可采用热熔法和溶剂法制得。热熔法是将热塑性树脂和氰酸酯加热共混，使其相互溶解。但必须控制温度，避免氰酸酯自聚。溶剂法通常采用 1, 1-二氯乙烷为溶剂，使热塑性树脂和氰酸酯树脂混溶形成溶液。表 3-11 列出了 BADCy 与不同热塑性树脂形成的 semi-IPN 的性能[62]。可以看出，氰酸酯 semi-IPN 具有很高的强度和断裂伸长率，但其 T_g 一般低于纯 BADCy，且随热塑性树脂的增加而下降。表 3-12 和表 3-13 列出了聚酯-碳酸酯共聚物（COPEC）/BADCy 碳纤维复合材料的性能[63]。可以看出，其缺口冲击韧性和断裂韧性（G_{IC}）远高于标准环氧树脂，吸水率远低于环氧树脂，而在 177℃ 的强度与耐高温环氧树脂 3502 相当。

表 3-11 BADCy/热塑性树脂（1∶1）体系的性能

复合材料	断裂伸长率/%	拉伸强度/MPa	拉伸模量/GPa	玻璃化温度/℃
PC/BADCy	17.3	84.8	2.06	195
PC	11.0	62.1	2.38	152
PSF/BADCy	12.7	72.4	2.05	185
PSF	50～100	70.3	2.48	188
PES/BADCy	9.6	71.7	2.34	—
PES	3～60	84.1	2.41	—

表 3-12 COPEC/BADCy 碳纤维复合材料的性能

样品	COPEC/BADCy[a]	5208[a]	COPEC/BADCy[b]	3502[b]
比例	30/70	—	50/50	—
拉伸强度/MPa	2068.5	1654.8	—	—
拉伸模量/GPa	137.9	144.8	—	—
弯曲强度/MPa	2413.5	1772.0	1909.9	1792.7
弯曲模量/GPa	124.1	135.8	129.6	127.6
剪切强度/MPa	84.8	93.1	—	—
冲击强度/（kJ/m^2）	100	57	—	—
G_{IC}/（kJ/m^2）	—	—	0.64	0.087
吸水率/%	0.4	0.59	—	—

a：6K 石墨碳纤维；b：AS_4 碳纤维。

表 3-13 COPEC/BADCy（50/50）/AS_4 碳纤维复合材料高温弯曲性能

弯曲性能		COPEC/BADCy	3502
弯曲强度/MPa	室温	1909.9	1792.7
	177℃	1289.4	1310.1
弯曲模量/GPa	室温	129.6	127.6
	177℃	124.1	124.1

热塑性塑料的加入使氰酸酯的耐热性有不同程度的下降，热塑性塑料组分的连续性会大大降低其抗溶剂性[64]。因此，在使用热塑性塑料改性氰酸酯时，由于热塑性塑料的相对分子质量较大，会使共混树脂的黏度增大，须综合考虑热塑性塑料对氰酸酯韧性、耐热性和工艺性能的影响，以便获得综合性能相对较佳的体系。

除此之外，CE 树脂的层间增韧（interlaminar toughening，ILT）是用各种手段将热塑性塑料的粉末或膜置于 CE 预浸料之间而获得增韧效果的方法[62, 65, 66]。在固化过程中，在复合材料层间形成热塑性塑料富集区。固化的 ILT 复合材料有很好的冲击性能，冲击造成的脱层面积急剧下降[65]。ILT 增韧还使复合材料Ⅱ型断裂韧性大大提高[62]。尽管 ILT 增韧优势似乎很明显，但这一方法迄今未在航空工业中广泛使用，一个原因是所得预浸料的各向异性使预浸料叠层的认为错误增加（预浸料必须按正确的接触面叠合）[67]。

Hsiue 等[68]、Shimp 等[69]用聚碳酸酯、聚砜、聚醚砜、聚醚酰亚胺及聚丙烯酸酯对双酚 A 型氰酸酯树脂（CE）进行共混增韧。研究过程中发现，共聚体系在固化前均呈现均相结构，随着升温及固化反应的进行，原本均匀的单一相体系伴随着反应的进行，逐渐开始产生相分离，生成两相体系，即分散相（体系中的热塑性树脂）和连续相（体系中的氰酸酯树脂）。这种两相结构的产生，可以有效增强材料的韧性，Hsiue、Shimp 等的研究结果表明，改性过程中所选择的热塑性树脂的含量从 10%增大至 20%时，氰酸酯树脂体系固化产物浇注体的韧性 G_{IC} 可以增大到改性前纯树脂基体的 4 倍以上，断裂伸长率数值增大至改性前氰酸酯树脂纯树脂基体的 1.4～1.9 倍，共聚改性后的固化产物断裂韧性已经接近聚醚酮的水平，并且共聚改性后的固化产物的加工性能远远优于后者（表 3-14）。

表 3-14　热塑性树脂增韧氰酸酯树脂性能

塑料名称及质量分数/%	G_{IC}/（J/cm²）	断裂伸长率/%	弯曲模量/GPa	
			25℃干态	83℃湿态
不含热塑性树脂	140	5.5	3.27	2.86
热塑性树脂含量 10%				
聚醚酰亚胺	175	7.6	3.21	2.73
聚砜	245	7.9	3.21	2.73
聚丙烯酸酯	210	9.1	3.07	2.73
聚酯	290	7.6	2.80	1.98
热塑性树脂含量 15%				
聚醚酰亚胺	245	8.1	3.14	2.73
聚砜	385	9.0	3.00	2.46
聚丙烯酸酯	245	9.7	2.93	2.59
聚酯	385	8.1	2.59	1.91
热塑性树脂含量 20%				
聚醚酰亚胺	682	10.6	3.00	2.59
聚砜	472	8.8	2.93	2.18
聚丙烯酸酯	385	9.3	2.86	2.59
聚酯	857	10.2	2.59	1.77

随着共聚改性过程中改性剂热塑性树脂在共聚体系中含量的增加，体系中的热塑性树脂（分散相）颗粒直径越来越大，当热塑性树脂/热固性氰酸酯树脂组分质量配比处于 40/60～60/40 时，共聚体系的固化产物中会形成两个连续相，即空间立体网状结构的氰酸酯树脂相和线性长分子链结构的热塑性树脂相。并且在空间上，热塑性树脂的分子长链会贯穿、缠绕于热固性分子的空间网状结构链上，最终形成半互穿聚合物网络结构（SIPN 结构），从而得到一种高性能、高常态使用温度，并具有单一化学结构的材料体系。这样，这种半互穿聚合物网络结构的形成即对热固性氰酸酯树脂起到了增韧作用，又同步改善了热塑性树脂的工艺性

及耐湿热性，增强了热塑性树脂的强度和耐摩擦性能。表 3-15 为几种典型的半互穿网络体系性能的比较，由数据可知，虽然经过半互穿聚合物网络结构改性后，热固性氰酸酯树脂的玻璃化温度会略有降低，但仍然保留了热固性氰酸酯树脂原有的较高的机械性能和耐热性能，同时，大幅提升了热固性氰酸酯树脂的韧性，将其断裂伸长率提升了几倍，取得了良好的增韧效果。

表 3-15　热塑性树脂/氰酸酯树脂（50/50）浇铸体性能[69]

材料	拉伸强度/MPa	拉伸模量/GPa	断裂伸长率/%	TGA/℃	T_g/℃
聚碳酸酯/氰酸酯树脂	85	2.06	17.3	400	195
聚碳酸酯	62	2.32	11.0	415	152
聚砜/氰酸酯树脂	73	2.06	12.7	350	185
聚砜	71	2.45	50～100	300	188
聚醚砜/氰酸酯树脂	72	2.35	9.6	—	—
聚醚砜	84	2.43	30～80	415	289

3.7　甲基丙烯酸甲酯改性氰酸酯树脂

祝保林[70]将单体甲基丙烯酸甲酯（MMA）和预聚体的甲基丙烯酸甲酯与氰酸酯树脂在液相中充分混合，经加热发生一定程度的共聚；互相交联形成半互穿聚合物网络（SIPN），从而使 MMA 均匀连续地分散在交联网络结构中。在特定配比下，三维网络的特殊性限制了 MMA 线性分子的运动，不可能产生 MMA 分子富集，使相分离现象得到有效制约，从而制得均匀透明的 SIPN[71，72]。

3.7.1　同步合成法与异步合成法

1. 同步合成法

称取 50g BADCy 于烧杯中油浴熔融后，定量（相对于 BADCy 的质量，分别为 0%、5%、10%、15%、20%）加入经预处理后的 MMA 单体，得到 MMA 与 BADCy 具有较好相溶性的液态共混物，定量加入引发剂 AIBN（偶氮异丁腈）0.15%（相对于 MMA 的质量）及 1%的环氧树脂 E51（相对于 BADCy 的质量，体系中该值为一定值），以均质搅拌器搅拌均匀后，将混合液浇注于自制的模具中，在一定压力和温度下抽真空，固化工艺为 90℃/4h+120℃/2h+160℃/2h+180℃/2h，后处理为 200℃/3h，室温脱模后再按国家标准规定裁成合适尺寸的测试板材。

2. 异步合成法

称取 50g BADCy 于烧杯中油浴熔融，定量（相对于 BADCy 的质量，分别为 0%、5%、10%、15%、20%）加入 75℃时已预聚 2h 的 MMA（此时 MMA 已预聚成溶胶状预聚体，不是单体），再定量加入 0.05%（相对于 MMA 的质量）引发剂 AIBN 使其发生本体聚合，此时 MMA 与 CE 有较大黏度，为了便于浇铸，可适当加入丙酮稀释，在后期真空恒温室，丙酮将被抽尽，无残留。将混合液浇注至自制模具中，在 70～80℃静置 2h，抽真空 100～120min（真空度保持在–0.09MPa），固化工艺为 90℃/4h+120℃/2h+160℃/2h+180℃/2h，后处理为 200℃/3h，室温脱模后再按国家标准规定裁成合适尺寸的测试板材。

3.7.2　同步合成法与异步合成法对 BADCy/MMA-IPN 力学性能的影响

由图 3-9 可知，采用两种聚合工艺（同步合成法和异步合成法）对 BADCy 力学性能的提高，都有所改善，但总体来说，两种工艺对聚合物力学性能影响差别不大，相对来说同步合成法力学性能优于异步合成法。结合图 3-10 密度曲线可知，同步合成法的密度大于异步合成法，原因是同步合成时，MMA 单体与 BADCy 聚合均匀，部分 MMA 接枝于 BADCy 三嗪环之上，延长了碳链，改善了 BADCy 的韧性。

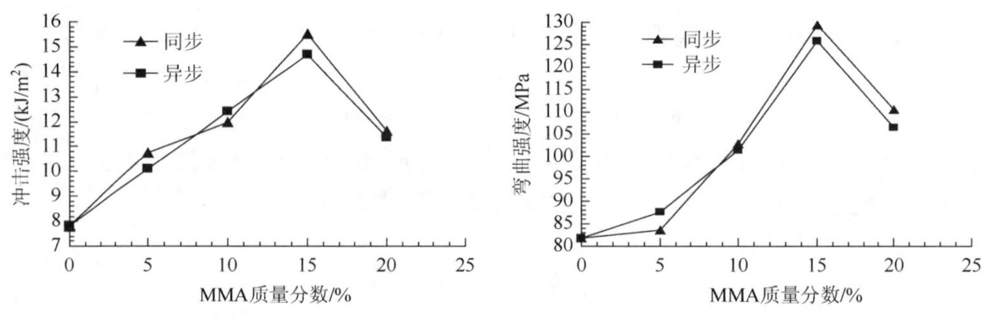

图 3-9　不同聚合工艺对 IPN 体系力学性能的影响

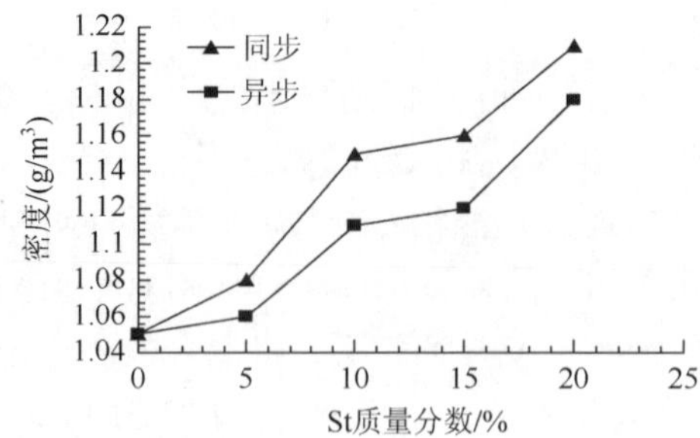

图 3-10　St 含量对 SIPN 体系密度的影响

3.7.3　MMA 质量分数对 BADCy/MMA-IPN 力学性能的影响

由测试数据可知，随着 MMA 含量的升高，SIPN 高分子材料的冲击强度和弯曲强度初始时均随着 MMA 含量的增加而增大，当 MMA 质量分数达到 15%时均达到最大值，之后，随着 MMA 含量的增加，冲击强度和弯曲强度均有减小。这可能是由于 MMA 自身为线性分子，这种线性分子的加入，与 BADCy 基体可能发生了接枝或共聚，导致 BADCy 本体交联密度适度下降，延长了交联碳链的长度，有效改善了共聚体的韧性；但是，当 MMA 含量达到某一极限值时，SIPN 体系中 BADCy 作为主连续相的刚性特征结构遭到较大幅度的破坏，相分离加剧，甚至出现相反转结构，导致 BADCy 基体固有的空间交联网状结构受到破坏，因此高分子材料的韧性反而降低[73]。

不同配比的 BADCy/MMA-SIPN 的静态力学性能大都比 BADCy 优越，这主要是由于两种共聚物基体之间形成了 SIPN 结构，起到了强迫包容和协同效应的作用[74]。影响共聚物性能的主因素是 IPN 的互穿程度、组分比和交联密度等。由于实验所选的 MMA 为链状线性分子，BADCy 为空间网状高分子，两者共聚时，互穿程度高，接枝反应的发生又同时降低了交联密度，从而增强了材料的韧性。实验时与 IPN 体系通常所显示的性能相一致[75]。固共聚体系中 MMA 质量分数为 15%时，材料的冲击与弯曲强度与纯氰酸酯树脂相比分别提高了 97.8%和 58.6%。

由 SEM（图 3-11）可知，MMA 无序分散于 BADCy 基体。首先，本体聚合的 BADCy 和 MMA 的断裂面层为河流状，表面层状发展光滑平整，属典型的脆性断裂形貌，裂缝发展贯穿了整个断裂面；引入 MMA 后 SIPN 结构的形成导致了断裂面形貌出现了较大转变。MMA 质量分数 为 5%时，体系断裂面由河流状开始向韧窝状转变，外观形貌表现为裂纹数目增加，纹路变深，宏观上认为断裂开始受到 MMA 链状线性分子的限制。MMA 质量分数在此基础上再增加 5 个百分点时，断裂形貌表现为韧窝加深，整体呈现鱼鳞状。当 MMA 质量分数达到 15%时，共聚体系河流状断裂面完全消失，体现为鱼鳞片状韧性断裂形貌。大量 MMA 长链在裂纹发展方向上的弹性伸缩，提高了共聚体系的韧性。继续增大线性分子的含量时，韧性断裂形貌又开始向脆性断裂形貌转变，鱼鳞状韧窝又开始变浅，这是由于随着 MMA 含量的增大，相分离加剧，出现了相反转结构，宏观上聚合物韧性开始减弱。总之，线性分子引入网状基体之中，对于聚合物性能的改善存在两点作用：一是线性分子的引入，分散了冲击裂纹，引起多裂纹的断裂模式；二是线性分子贯穿于网状基体之中，由于自身可发生的弹性伸缩，对小裂纹继续发展为大裂纹起到了阻碍作用。

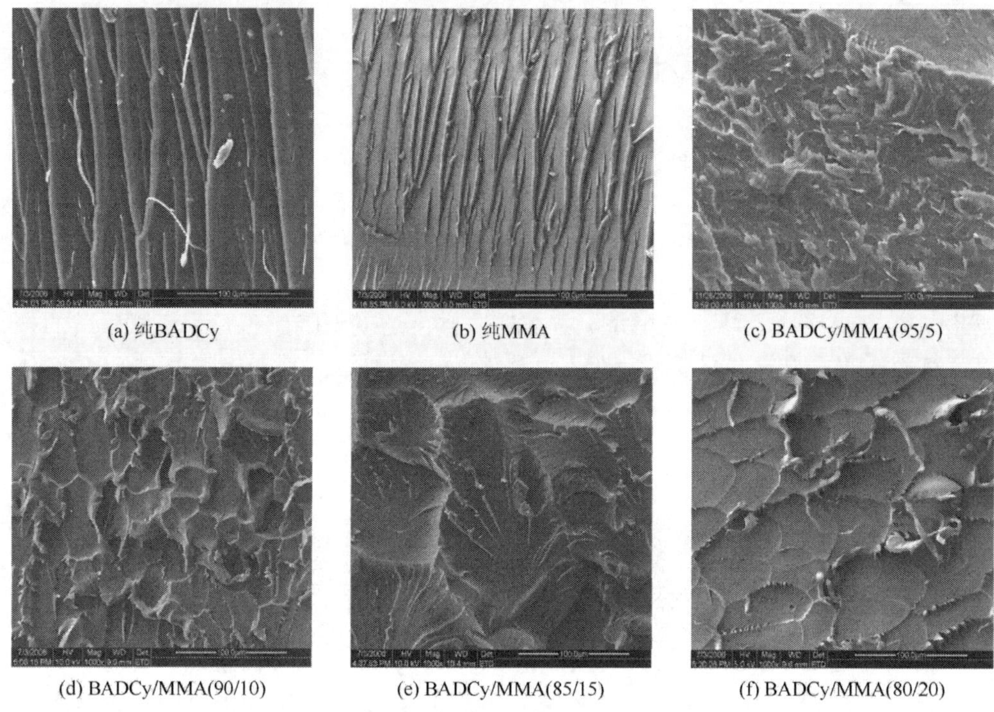

(a) 纯BADCy　(b) 纯MMA　(c) BADCy/MMA(95/5)

(d) BADCy/MMA(90/10)　(e) BADCy/MMA(85/15)　(f) BADCy/MMA(80/20)

图 3-11　高分子体系断口的 SEM 形貌

3.7.4　MMA 质量分数对体系密度的影响

祝保林[70]通过流体静力称衡法测定高分子聚合物密度。数据显示若连接 BADCy 和 MMA 的密度点，则可得到一条近似直线，可以看出 MMA 的质量分数点基本上分布于连线的上下近邻，这说明 MMA 棒状线性分子是较均匀地分散在 BADCy 大分子网络间并形成双相缠绕结构，借助范德瓦尔斯力的作用，两种聚合物大分子较为紧密地交叉缠结在一起，二者的界面结合力得到加强，这种特有的网络间的缠结及“强迫互容”和“协同效应”及形成的稳定细胞状结合状态，促使材料密度加大，力学性能提高，从而使其韧性得以增强。

3.7.5　红外图谱分析

表 3-16 给出了共聚体系中存在的各基团的峰位，结合图 3-12（a）可知，固化产物中存在氰基；少量未能完全反应的羟基；还有部分氰酸酯反应生成的氨基甲酸酯、亚氨基碳酸酯；聚氰酸酯；1565cm^{-1} 处的强吸收，证明了三嗪环的生成，说明体系发生了以形成三嗪环为特征的聚合反应。

表 3-16　氰酸酯树脂各基团的特征吸收峰值[75]　（单位：cm^{-1}）

苯环	醚键	聚氰酸酯	三嗪环	异氰酸酯	胺（基）氰	氰基	甲基	羟基
830	1120	1369	1565	1696、1457	2210	2270、2235	2960	3400～3600

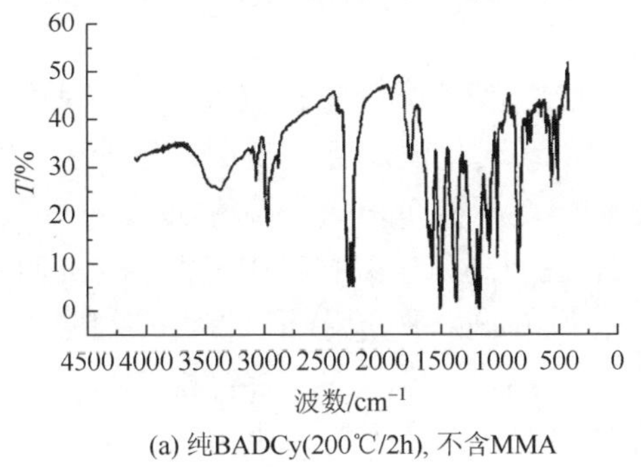

(a) 纯BADCy(200℃/2h), 不含MMA

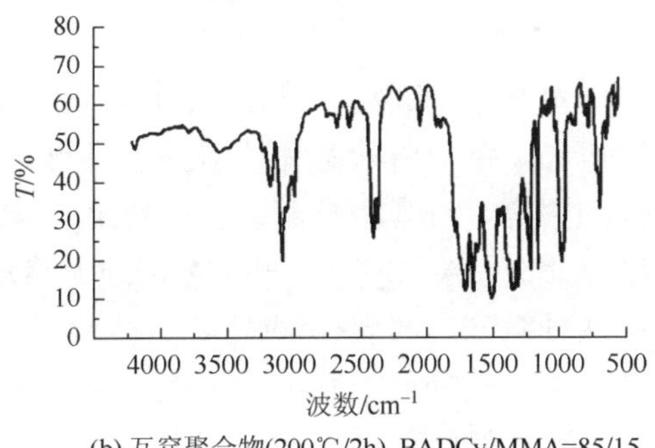

(b) 互穿聚合物(200℃/2h), BADCy/MMA=85/15

图 3-12　不同聚合物红外图谱比较

对比图 3-12（a）和 3-12（b）可见，后者中氰基吸收峰基本消失，表明 BADCy 单体的氰基已基本完全反应，从而使 1565cm^{-1} 的三嗪环吸收峰大大加强，并且变得尖锐，这表明氰基已完全转化为三嗪环。

对比图 3-12（a）和 3-12（b）可见，两者特征吸收峰有较大差别，说明固化过程中，两种树脂基体之间既有复杂的化学作用，又有简单的物理作用，基体之间既发生接枝和共聚作用，又存在缠绕贯穿现象，起到了“强迫包容”和“协同效应”的作用。

此结论与密度曲线分析所得结论相互呼应。更重要的是“强迫包容”和“协同效应”的作用的产生，改善了 SIPN 体系的力学性能，增强了共聚体系的韧性，这与实验结果完全吻合。

3.7.6　DSC 图谱分析

由 DSC 谱图可知，改性后得到的高分子聚合材料耐热性能高于纯树脂的耐热性能，为了便于讨论性能得到优化的原因，我们从玻璃化温度入手进行推测。不同配比的高分子材料的转化温度（玻璃化温度 T_g）见表 3-17。

表 3-17　MMA 含量对玻璃化温度的影响

BACDy/MMA	100/0	95/5	90/10	85/15	80/20
T_g/℃	172	215	219	237	214

从玻璃化温度我们可以看出 MMA 含量对高分子材料耐热性能的影响，随着 MMA 含量的增加，玻璃化温度逐渐升高，力学性能也逐渐优化。在 MMA 的质量分数达到 15%时达到最大值。随着 MMA 含量的继续增大，体系内由于相分离加剧，出现相反转，“协同效应”减弱，使得耐热性能和力学性能开始下降。

对共聚物取最佳配比（BADCy/MMA=85/15）进行 DSC 扫描测定，由测试数据可知，单一网状基体的谱图上只有一个明显的玻璃化温度点，说明只是一种组分的聚合，没有相分离。对于 SIPN 体系，则出现了两个玻璃化温度点，一个温度点比纯 BADCy 高，另一个比纯 BADCy 低，说明高分子聚合物中有两相，证明了两种组分之间既存在复杂的化学作用又存在简单的物理作用，既有接枝或共聚，又有简单的物理缠绕，即存在“强迫包容”和“协同效应”。这种特殊的结合形式，不仅导致其韧性增强，也保证了其耐热性的改善，在保持了原树脂的优异性能的基础上，改善了单一树脂的缺陷，使高分子聚合物玻璃化温度提高了 38%，改善了耐热性。

3.8　苯乙烯改性氰酸酯树脂

祝保林[76]将单体苯乙烯和预聚体的苯乙烯与氰酸酯树脂在液相中充分混合，经加热发生一定程度的共聚；互相交联形成 SIPN，从而使 PSt 均匀连续地分散在交联网络结构中。三维网络的特殊性限制了 PSt 的运动，不可能产生 PSt 刚性分子富集，使相分离现象得到有效制约，从而制得均匀透明的半互穿聚合物网络（SIPN）。

测试结果表明：随着 PSt 含量的升高，SIPN 高分子材料的冲击强度和弯曲强度等初始时均随着 PSt 含量的增加而增大，当 PSt 质量分数达到 15%时均达到最大值（表 3-18），之后，随着 PSt 含量的增加，冲击强度和弯曲强度等均减小。固共聚体系中 PSt 质量分数为 15%时，材料的冲击与弯曲强度和纯氰酸酯树脂相比分别提高了 66.4%和 65.1%。

表 3-18　PSt 质量分数对玻璃化温度的影响

(PSt/BADCy) /%	0/100	5/95	10/90	15/85	20/80
T_g/℃	214	216	218	220.9	215

从图 3-13 可知，单一网状基体的谱图上只有一个明显的玻璃化温度点，说明只是一种组分的聚合，没有相分离。对于 SIPN 体系，则出现了两个玻璃化温度点，一个温度点比纯 BADCy 高，另一个比纯 BADCy 低。这说明

高分子聚合物中有两相，证明了两种组分之间既存在复杂的化学作用又存在简单的物理作用，既有接枝或共聚，又有简单的物理缠绕，即存在“强迫包容”和“协同效应”。这种特殊的结合形式，不仅导致其韧性增强，也保证了其耐热性的改善。在保持了原树脂的优异性能的基础上，改善了单一树脂的缺陷。

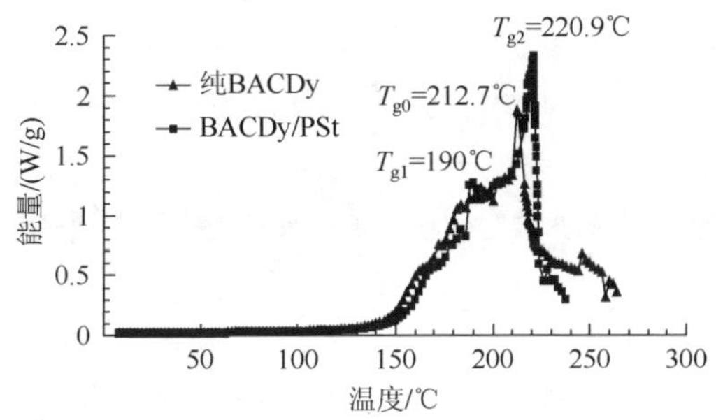

图 3-13　BADCy 和 SIPN 的 DSC 图谱分析

从玻璃化温度我们可以看出 PSt 含量对高分子材料耐热性能的影响，随着 PSt 含量的增加，玻璃化温度逐渐升高，力学性能也逐渐随之优化。在 PSt 的质量分数达到 15%时达到最大值。随着 PSt 含量的继续增大，体系内由于相分离加剧，出现相反转，“协同效应”减弱，使得耐热性能和力学性能开始下降。

3.9　丙烯腈改性氰酸酯树脂

祝保林等[77]采用丙烯腈（AN）和氰酸酯树脂在液相中充分混合，经加热其发生一定程度的共聚；互相交联形成半互穿聚合物网络（semi-IPN），从而使 AN 均匀连续地分散在交联网络结构中。三维网络的特殊性限制了 AN 的运动，不可能产生 AN 刚性分子富集，使相分离现象得到有效制约，从而制得均匀透明的 semi-IPN。

3.9.1　同步合成法与异步合成法对 BADCy/AN-semi-IPN 力学性能的影响

由图 3-14 可知，采用两种聚合工艺（同步合成法和异步合成法）对 BADCy 力学性能的提高，都有所改善，但总体来说，两种工艺对聚合物力学性能影响差别不大，相对来说同步合成法力学性能优于异步合成法，故本节仅以同步合成为例，对聚合物各方面性能进行讨论。

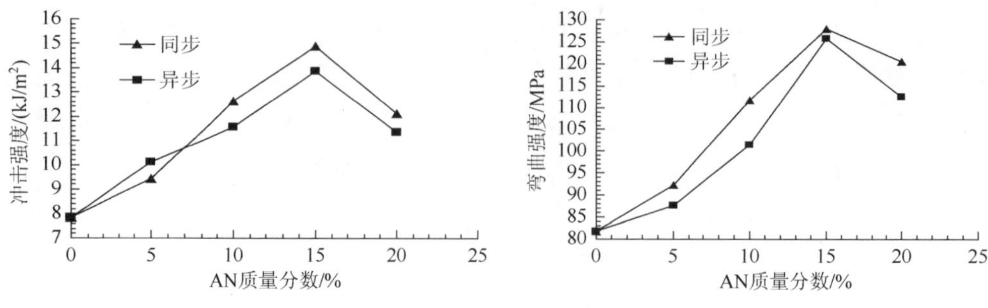

图 3-14　不同聚合工艺对 SIPN 体系力学性能的影响

3.9.2　AN 质量分数对 BADCy/AN-semi-IPN 力学性能的影响

测试结果表明：随着 AN 含量的升高，semi-IPN 复合材料的冲击强度和弯曲强度均先增加后降低，出现最大值。当体系中 AN 质量分数为 15%时，材料的冲击强度与纯氰酸酯树脂相比较提高了 66.4%，弯曲强度提高了 16.4%。

从扫描电镜（SEM）图片来看，图 3-15 中，由于 AN 是无序分散于样品基体中的，虽然很难在 SEM 照片中找到重要的裂缝来解释断裂模式，但仍然可以找到一些重要信息从 SEM 的角度分析断裂模式。纯氰酸酯树脂和纯丙烯腈的断裂面层为层状发展，表面光滑平整，呈河流状分布，为典型的脆性断裂形貌，说明氰酸酯树脂和丙烯腈基本上表现为脆性断裂，裂缝发展穿过了整个断裂面；而 AN 的加入引起了冲击断裂面形貌较大变化。加入 5%的 AN 的体系断裂面开始呈现韧窝状发展，裂纹数目增加，纹路变深，可认为断裂开始受到 AN 棒状长分子链的限制，导致断裂面的变化。加入 10%的 AN 时，韧窝加深，整体呈现鱼鳞状。加入 15%的 AN 的体系断裂面未呈现出层状发展趋势，大量 AN 长链在裂纹发展方向上的弹性伸缩，使得层状结构完整的脆性断裂面全消失，体现为鱼鳞片状韧性断裂形貌。当 AN 质量分数达到 20%时，鱼鳞状韧窝又开始变浅，宏观上聚合物韧性开始减弱。AN 在基体树脂中的存在对于复合材料的力学性能存在两点作用：

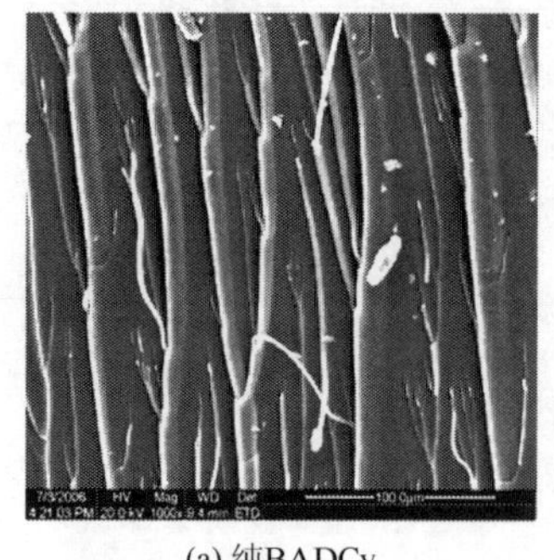
(a) 纯BADCy

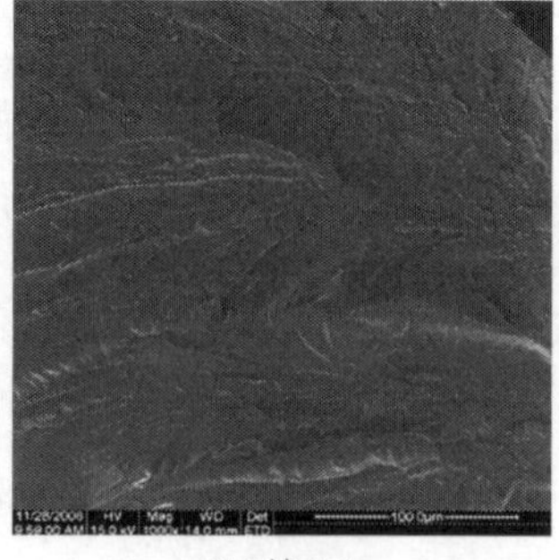
(b) 纯AN

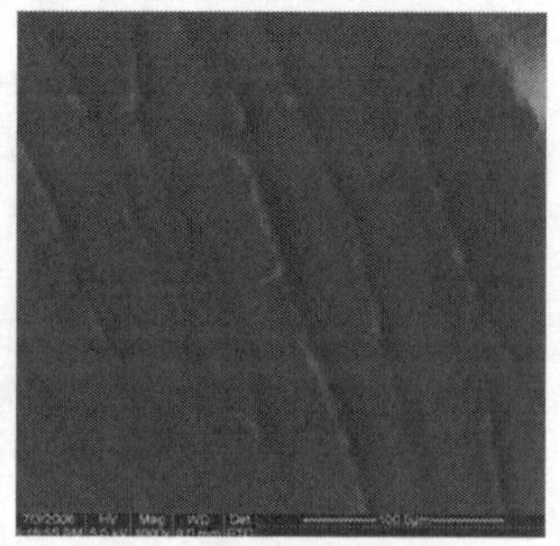
(c) BADCy/AN(95/5)

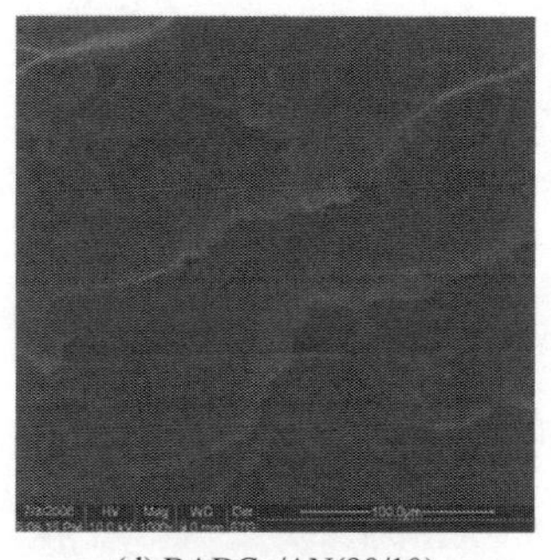
(d) BADCy/AN(90/10)

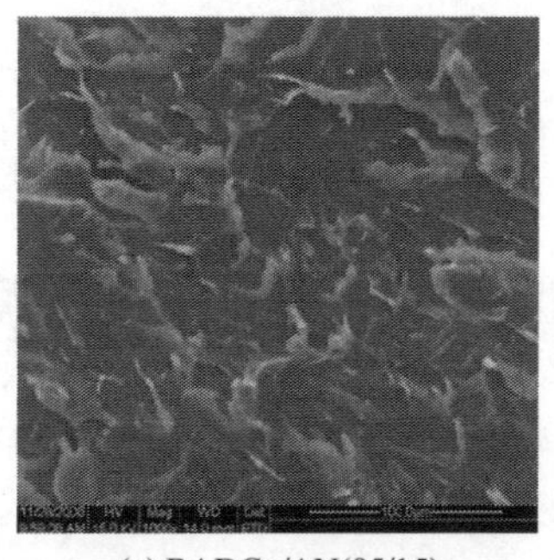
(e) BADCy/AN(85/15)

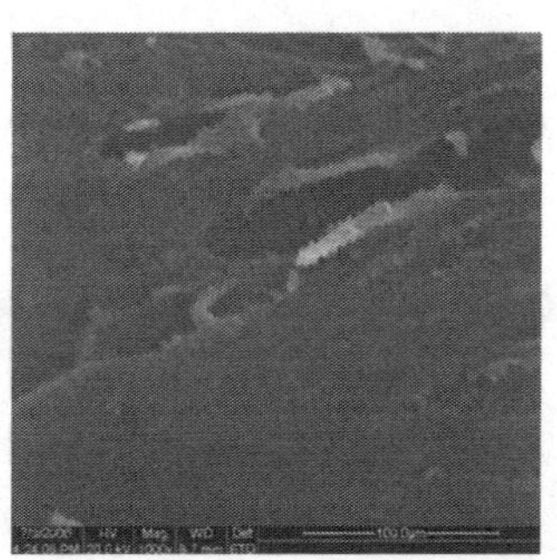
(f) BADCy/AN(80/20)

图 3-15　对高分子体系聚合跟踪的 SEM 照片

一是分散冲击裂纹的发展，引起多裂纹的断裂模式；二是 AN 长链在裂纹发展方向上的弹性伸缩，阻碍了小裂纹继续发展为大裂纹，导致板材断裂。正是层状结构脆性断裂形貌完全消失，鱼鳞片状韧性断裂形貌出现，使得复合材料体系的冲击弯曲性能得到了极大提高。

3.10　三种热塑性树脂改性氰酸酯树脂的性能对比

3.10.1　改性用热塑性树脂的选择

用 PMMA、PSt 和 PAN 三种热塑性树脂分别与 CE 共聚，两组分的质量比均为 15/85，在 150℃下固化 2h。图 3-16 是这三种改性体系相结构的扫描电镜照片。三种改性体系均形成了相反转结构，即少量的热塑性树脂富集相形成连续相，而氰酸酯富集相作为粒子分散其中。其中 PAN 和 PSt 与氰酸酯的相容性较差，两相界面清晰，氰酸酯分散相粒子粒径分布较宽；而 PMMA 与氰酸酯的相容性较好，两相界面模糊，粒子大小均匀，是理想的反应诱导相分离研究对象。故在后面的研究中，在未经特别说明的情况下，均指 PMMA（特性黏度为 0.28dL/g）氰酸酯树脂改性体系。

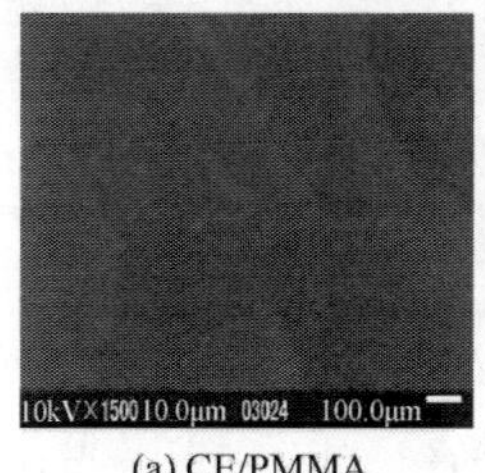

(a) CE/PMMA

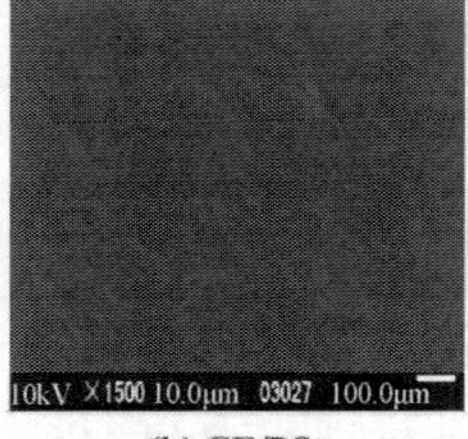

(b) CE/PSt

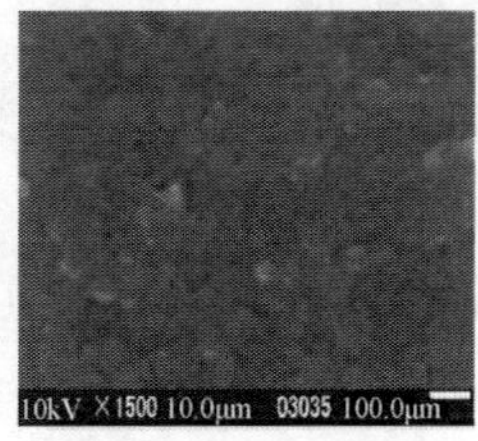

(c) CE/PAN

图 3-16　PMMA、PSt 和 PAN 改性的在 150℃的 SEM 图

CE 质量分数恒定为 15%

3.10.2 改性体系的力学性能

用热塑性树脂改性 CE 可以在不降低体系热性能和模量的基础上提高其韧性。改性体系韧性提高的效果与其相结构有很大的关系。通过 PMMA、PSt 和 PAN 三种热塑性树脂改性体系的力学性能的测定，可研究热塑性树脂改性体系相结构与韧性提高之间的关系。祝保林等[77]通过测定 CE 和不同含量热塑性树脂改性体系的冲击强度、弯曲强度数据，并与纯氰酸酯树脂相比，得出结论：热塑性树脂加入后改性体系的冲击强度和弯曲强度都有所提高，其中 15%PMMA 改性体系的冲击强度和弯曲强度改善最佳，比纯氰酸酯树脂分别提高了 94.99% 和 29.90%。这是因为改性体系的力学性能主要受连续相的影响，当改性体系的热塑性树脂质量分数为 15%时，热塑性树脂连续相形成，改性体系的韧性得到提高，故冲击强度和弯曲强度明显增大。在 PMMA 质量分数为 20%的改性体系中，虽然同样形成了 PMMA 连续相，但因 PMMA 连续相的继续增大，直接影响了氰酸酯树脂基体刚性的有效形成，使氰酸酯树脂固化过程中的空间位阻加大，刚性骨架的规整排列受到一定的影响，所以改性体系的冲击强度和弯曲强度增加不很明显。这与文献报道的在热塑性树脂改性热固性树脂体系中，只有形成双连续或相反转结构时，材料的断裂韧性才能得到明显提高的观点是一致的[78]。

3.10.3 改性体系的玻璃化温度

在力学性能得到改善的同时，三种改性体系的热学性能也得到了相应提高。由 T_g 测试可知，三种改性体系中仍以 PMMA 的改性效果最好，当 PMMA 质量分数为 15%时，玻璃化温度 T_g 为 243.7℃，比纯 CE 树脂提高了约 30℃，保持了氰酸酯树脂固有的良好耐热性能。

3.10.4 相分离过程中的 CE 转化率

将 MMA 和氰酸酯按不同比例共聚，由 DSC 可得改性体系在 150℃时的等温固化放热曲线，由此可研究 CE 转化率与相变化的关系。通过测量纯 CE 和不同含量的 PMMA 改性体系在 150℃固化时的 CE 转化率随时间的变化，得出结论：在固化反应初期，纯 CE 和改性体系的转化率几乎一致，CE 单体转化率只有 0.05 左右；在固化反应后期，改性体系的转化率虽然低于纯 CE 的转化率，且转化率有随 PMMA 含量增加而降低的趋势，但经过 150℃固化一段时间后，单体转化率比反应初期提高 90%以上。结果表明在固化反应的中前期，反应速率随 PMMA 含量的增加而降低，这可能与体系黏度变化有关。

采用 150℃等温固化，PMMA 改性体系中单体的最终转化率在 52%～57%，这种较低的转化率对相分离研究没有影响，因为相分离在非常低的反应转化率时就已经发生，且相结构在体系发生凝胶化之前已被冻结。将固化不同时间的样品在丙酮中溶解，当有不溶解物出现时，即认为体系发生了凝胶化。表 3-19 给出了体系发生凝胶化时的时间（t_{gel}）和转化率（x_{gel}），其数值小于最终转化率。因此，将 PMMA 改性体系在 150℃等温固化，可以研究相分离的整个过程。

表 3-19 CE 与 PMMA 混合物的凝胶化时间和转化率

组成	t_{gel}/min	x_{gel}
$M_{CE/PMMA}$/%=90/10	42	0.56
$M_{CE/PMMA}$/%=85/15	48	0.59
$M_{CE/PMMA}$/%=50/20	44	0.54

3.10.5 PMMA/CE 改性体系的相图

CE 与 PMMA 共聚物在固化前或固化初期，体系是均相的，只有一个玻璃化转变区。随着固化反应的进行，体系因自由能大于 0 而发生分相，则对应两个玻璃化转变区。将 PMMA 改性体系在 150℃等温固化不同的时间，然后淬冷至低温，在 DSC 上作升温扫描，记录热流随温度的变化曲线。由改性体系刚开始出现两个玻璃化温度所对应的固化时间，结合该体系在 150℃时转化率与固化时间的关系，可得该改性体系在 150℃固化发生分相时的固化转化率。

图 3-17 为 M_{PMMA}：M_{CE}=12.5：87.5 时，改性体系在 150℃固化不同时间的热流曲线。当固化时间小于 6min 时，改性体系只有一个玻璃化温度；当固化时间大于等于 6min 时，出现了两个玻璃化温度。因此，体系在 150℃固化反应 6min 时发生了分相。测定不同组成的改性体系发生分相的时间，结合等温固化转化率曲线，可得 PMMA/CE 改性体系在 150℃时的转化率对组成的相图（图 3-18）。由此可见，该改性体系的相图为 UCST 型，临界点处的 PMMA 质量分数在 15%左右。

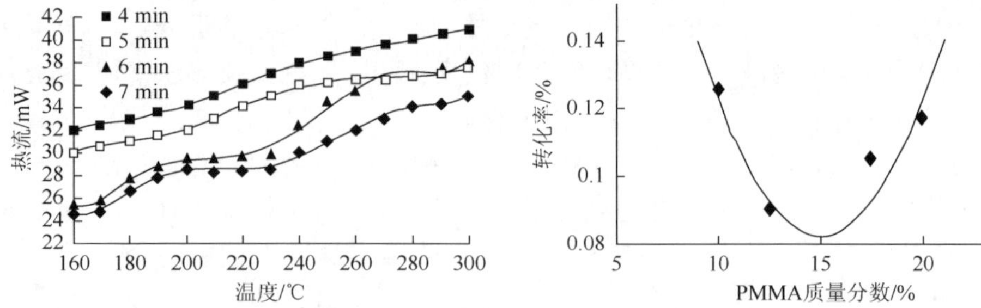

图 3-17　PMMA/CE 改性体系 150℃下不同固化时间的热流曲线

图 3-18　PMMA/CE 改性体系在 150℃时的转化率-组成相图

3.10.6　PMMA/CE 改性体系的相结构

不同组分的 PMMA 改性体系在 150℃固化 2h 的相结构可用 SEM 来观察。由图 3-19 可知，改性体系的相结构随 PMMA 质量分数改变而变化，含 10%PMMA 的改性体系呈现出分散相结构，即粒径 0.5μm 左右的高分子聚合物。虽然 PMMA 的链末端为酯基，没有反应性官能团参与到氰酸酯单体的固化反应中去，但从图 3-49 中可以看到只有很少的 PMMA 富集相粒子从基质中脱落，表明 PMMA 富集相和氰酸酯富集相间有很好的黏附性，即甲基丙烯酸甲酯富集相粒子分散在氰酸酯富集相的连续相中。

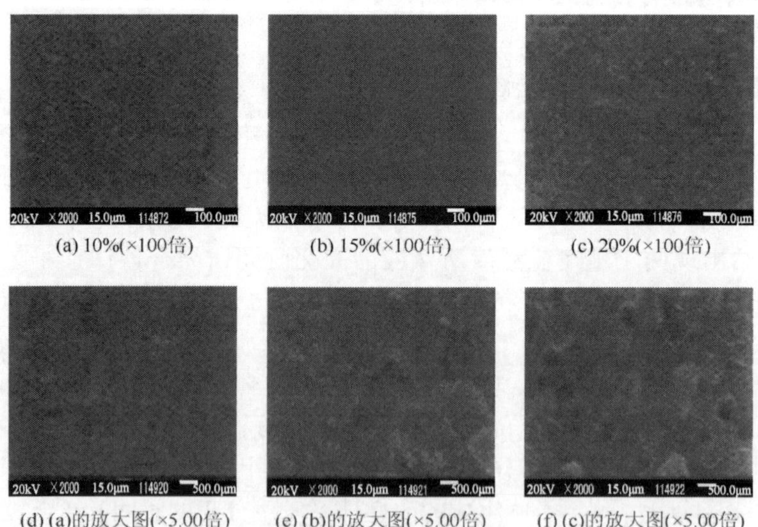

(a) 10%(×100倍)　(b) 15%(×100倍)　(c) 20%(×100倍)

(d) (a)的放大图(×5.00倍)　(e) (b)的放大图(×5.00倍)　(f) (c)的放大图(×5.00倍)

图 3-19　不同质量分数 PMMA/CE 改性体系在 150℃固化的 SEM 图

当改性体系中 PMMA 的质量分数增加到 15%时，相结构演变为双连续相结构。在这种结构中，氰酸酯富集相（颜色较暗）和PMMA富集相均成为连续相。其中在PMMA连续相中，有大量氰酸酯粒子被包裹。这些氰酸酯粒子的粒径较大且形状不规则，可能是因为固化反应后期，体系的黏度较大从而阻碍了相结构的充分发展。

当改性体系中PMMA的质量分数增加到20%时，相反转结构出现，少量的PMMA富集相成为连续相，而大量的粒径为2μm左右的氰酸酯富集相粒子被包裹其中。在改性体系的断面照片中，发现PMMA富集相有塑性变形现象发生，表明其在掰断过程中承受了主要的应力。另外，氰酸酯富集相和PMMA富集相的界面比较模糊，再次说明了两相间存在很好的黏附性。

结合图3-19不难发现，PMMA改性体系在临界点位置形成双连续相结构，当PMMA含量低于临界浓度时，改性体系为分散相结构；当PMMA含量高于临界浓度时，相反转结构形成。故改性体系相图的测定对研究其相分离过程和最终控制相结构有着重要的指导意义。

3.10.7 催化剂对改性体系相结构的影响

氰酸酯单体在聚合过程中需要加入催化剂，以降低固化温度从而使单体转化率趋于完全，故研究催化剂的使用对PMMA改性体系相结构的影响也十分重要。这里主要讨论了不同固化温度下催化剂的使用对相结构的影响。

体系改性所使用的催化剂是占改性体系1%的环氧E51，图3-20为改性体系使用催化剂在120℃固化2h后的相结构。与不加催化剂时的相结构相比，催化剂的加入能够进一步提高改性体系在120℃时的相分离速率，相结构比未加催化剂时进一步演化，效果与提高固化温度相似。

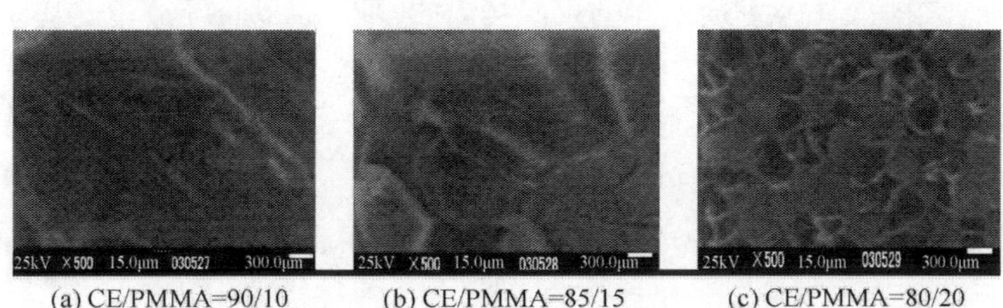

(a) CE/PMMA=90/10　(b) CE/PMMA=85/15　(c) CE/PMMA=80/20

图3-20 催化剂存在下改性体系120℃等温固化2h后的相结构

图3-21为改性体系使用催化剂在150℃固化2h后的相结构。与不加催化剂时的相结构对比，发现催化剂的使用对该固化温度下的相结构没有明显影响。这是因为即使不使用催化剂，该温度下的固化速率已经很快，所以催化剂的加入虽能进一步提高单体的转化率，但对相结构几乎没有影响。

(a) CE/PMMA=90/10　(b) CE/PMMA=85/15　(c) CE/PMMA=80/20

图 3-21　催化剂存在下改性体系 150℃等温固化 2h 后的相结构

3.10.8　不同固化温度下改性体系的相结构

在 PMMA 改性体系的黏弹性相分离中，选用临界点附近 3 个不同组成的 PMMA 改性体系（12.5%，15%和 17.5%）作为研究对象，并用扫描电镜观察这 3 个改性体系在不同固化温度下的相结构。

图 3-22 为 PMMA 质量分数为 17.5%的改性体系分别在 120℃、150℃和 180℃下等温固化 2h 后的相结构图。

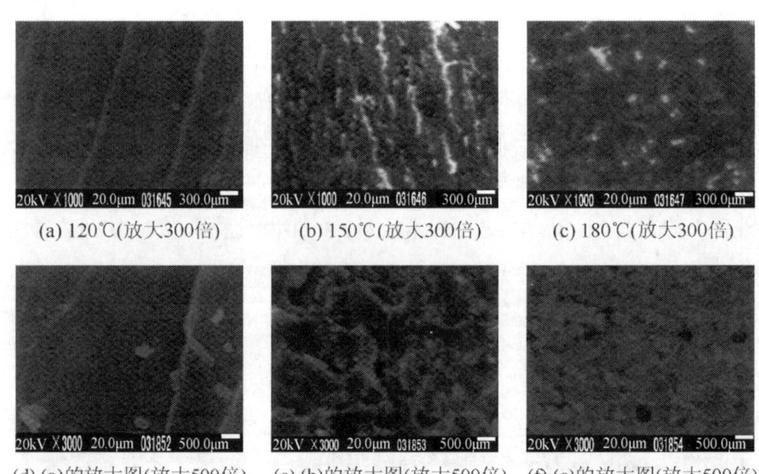

(a) 120℃(放大300倍)　(b) 150℃(放大300倍)　(c) 180℃(放大300倍)

(d) (a)的放大图(放大500倍)　(e) (b)的放大图(放大500倍)　(f) (c)的放大图(放大500倍)

图 3-22　不同温度下等温固化 2h 后 PMMA/CE 的相结构

由图 3-22 可知，此改性体系的相结构随固化温度的变化而不同，如在 120℃固化 2h 后，改性体系呈相反转结构。PMMA 富集相为连续相，氰酸酯富集相为分散相。在 PMMA 连续相中，还包裹了大量的氰酸酯富集相粒子。将固化温度增加到 150℃和 180℃，改性体系变为双连续相结构。这种变化可根据相结构的演化过程来解释。对于热塑性热固性共聚物的相分离而言，在相分离初期，热固性富集相粒子从共聚物中析出，呈现相反转结构，热固性富集相粒子逐渐长大并开始合并，同时热塑性连续相受热固性富集相弹性应力的影响，被挤压拉伸变形，当热固性富集相和热塑性富集相均成为连续相时呈双连续相结构。热固性连续相继续长大，并对热塑性连续相施加弹性应力，如果这种弹性应力足够大，会造成热塑性连续相网络断裂，最后形成热塑性富集相分散在热固性连续相中的相结构。PMMA 质量分数为 17.5%的改性体系在 120℃固化时，较低的固化速度导致相分离速度较缓慢，当改性体系的玻璃化温度接近固化温度时，改性体系的相结构较早被冻结，从而呈现相反转结构。将固化温度升高到 150℃和 180℃，固化速度和相分离速度都得到提高，但是后者提高的幅度高于前者，在改性体系玻璃化之前，相结构可从相反转结构继续演化到双连续相结构。总之，随着固化温度的升高，相尺寸和相间距逐渐加大。

15%PMMA 改性体系在 120℃、150℃下等温固化 2h 后的相结构［图 3-23（a）和（b）］和在 180℃等温固化 2h 后的相结构［图 3-23（c）］均呈现双连续相结构，且随固化温度的升高，相尺寸和相间距逐渐增大。

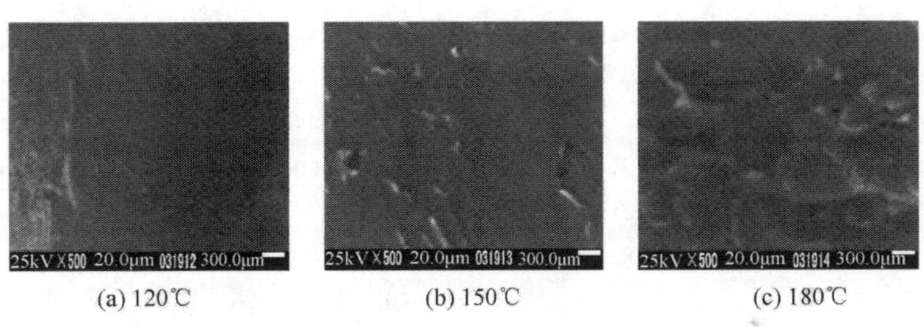

(a) 120℃　(b) 150℃　(c) 180℃

图 3-23　改性体系在不同温度下等温固化 2h 后的相结构

图 3-24 为 PMMA 质量分数为 12.5%的改性体系分别在 120℃、150℃和 180℃下等温固化 2h 后的相结构。在图 3-24 中，改性体系均呈现双相结构（double phase structure），即不规则形状的 PMMA 富集相分散在氰酸酯连续相中，在 PMMA 富集相中同时包裹了大量的氰酸酯富集相粒子，形成局部的相反转结构。这种相结构主要是因为改性体系中 PMMA 的含量较少，不足以形成双连续相结构。

(a) 120℃　(b) 150℃　(c) 180℃

图 3-24　PMMA/CE（质量比 12.5∶87.5）改性体系等温固化 2h 后的相结构

因此，选用 PMMA、PSt 和 PAN 三种不同主链结构的热塑性树脂对氰酸酯树脂进行改性研究，从结构变化、相分离、相反转等方面考察了改性体系的各项行为。转化率随 PMMA 含量增加而略有降低。改性体系经 150℃固化，转化率可提高 90%以上。

分析 150℃时转化率对组成的相图，确定临界点处 PMMA 的质量分数为 15%左右。改性体系的相结构随 PMMA 含量增加依次出现分散相、双连续相和相反转结构，在临界点附近可形成双连续相结构。相尺寸和相间距随固化温度升高而加大。

催化剂能提高改性体系在 120℃时的相分离速率，效果与提高固化温度相似。由于改性体系在 150℃时的固化速率已经很快，催化剂的加入对相结构几乎没有影响。

参 考 文 献

[1] 郭宝春，汪磊，贾德民. 互穿聚合物网络（IPN）技术在功能高分子中的应用[J]. 功能材料，2000，31（1）：29-32.

[2] Srinivasan S A，Mcgrath J E. Amorphous phenolphthalein-based poly（arylene ether）modified cyanate ester networks：1. effect of molecular weight and backbone chemistry on morphology and toughenability[J]. Polymer，1998，39（12）：2415-2427.

[3] Srinivasan S A，Lyle G D，Mcgrath J E. Amorphous poly（arylene ether）toughened cyanate ester networks[C]. Proceedings of the 38th International SAMPE Symposium and Exhibition，Educational & Professional Group，New York，1993，38（1）：28-37.

[4] Srinivasan S A，Rau A V，Mcgrath J E，et al. Prepregging and composite manufacture with toughened cyanate ester systems[C]. Proceedings of the 11th Technical Conference of the American Society for Composites，Educational & Professional Group，New York，1996，（11）：748-757.

[5] Srinivasan S A，Rau A V，Mcgrath J E，et al. Resin transfer molding（RTM）with toughened cyanate ester resin systems[J]. Polymer Composites，1998，19（2）：166-179.

[6] Srinivasan S A，Brown J M，Rau A V，et al. Production of controlled networks and mophologies in toughened thermosetting resins using real-time，*in situ* cure monitoring[J]. Polymer，1996，37（9）：1691-1696.

[7] Hwang J W，Park S D，Cho K，et al. Toughening of cyanate ester resins with cyanated polysulfones[J]. Polymer，1997，38（8）：1835-1843.

[8] Hwang J W，Cho K，Park C E，et al. Separation behavior of cyanate ester resin/polysulfone blends[J]. Journal of Applied Polymer Science，1999，74（1）：33-45.

[9] Hwang J W，Cho K，Yoon T H，et al. Effects of molecular meight of polysulfone on separation behavior for cyanate ester/polysulfone blends[J]. Journal of Applied Polymer Science，2000，77（4）：921-927.

[10] Chang J Y，Hong J L. Morphology and fracture toughness of poly（ethersulfone）-blended polycyanurates[J]. Polymer，2000，41（12）：4513-4521.

[11] Srinivasan S A，Mcgrath J E. Amorphous phenolphthalein-based poly（aryleneether）-modified cyanate ester networks：effect of thermal cure cycle on morphology and Toughenability[J]. Journal of Applied Polymer Science，1997，64（1）：167-178.

[12] Iijima T，Maeda T，Tomoi M. Toughening of cyanate ester resin by *N*-phenykmaleimide-styrene cop-olymers[J].

Journal of Applied Polymer Science，1999，74（12）：2931-2939.

[13] 李静，梁国正. 苯乙烯改性氰酸酯树脂的研究[J]. 化工新型材料，2000，28（10）：37-38.

[14] Iijima T，Katsurayamas S，Fu kuda W，et al. Modification of cyanate ester resin by poly（ethylene phthalate）and related copolyesters[J]. Journal of Applied Polymer Science，2000，76（2）：208-219.

[15] Iijima T，Kaise T，Tomoi M. Modification of cyanate ester resin by soluble polyimides[J]. Journal Applied Polymer Science，2003，88（1）：1-8.

[16] Zeng S，Hoisington M，Seferis J C，et al. Catalysis and kinetics of cyclotrimerization of cyanate ester resin systems[C]. New York：37th International SAMPE Symp，Educational & Professional Group，1989，37：348-349.

[17] Mcgrail P T，Jenkins S D. Some aspects of interlaminar toughening：reactively terminated thermoplastic particles in thermosets composites[J]. Polymer，1993，34（4）：677-683.

[18] Mcmaho P，Chung T S，Ying L. Process for preparing tows from composite fiber blends[P]：US，4874563. 1989.

[19] Hamerton I，Hay J N. Recent developments in the chemistry of cyanate ester [J]. Polymer International，1998，47（4）：465-473.

[20] Chang J Y，Hong J L. Polycyanurates modified with hydroxyl-terminated or cyanated poly（ether sulfone）[J]. Polymer，2001，42（4）：1525-1532.

[21] Rong H L，Hsien J H. *In suit* FT-IR and DSC investigation on the cure reaction of the dicyanate/diepoxide/diamine system[J]. Polymer International，2001，50（10）：1073-1081.

[22] 宫大军，魏伯荣，柳丛辉. 国内氰酸酯树脂增韧改性的研究进展[J]. 绝缘材料，2009，42（5）：52-57.

[23] Woo E M，Sun Y S，Yang C P. Polymorphism，thermal behavior，and crystal stability in syndiotactic polystyrene vs. its miscible blends[J]. Progress in Polymer Science，2001，26（6）：945-983.

[24] Woo E M，Shimp D A，Seferis J C. Phase structure and toughening mechanism of a thermoplastic-modified aryl dicyanate[J]. Polymer，1994，35（8）：1658-1665.

[25] 祝保林. 热塑性树脂改性氰酸酯树脂的相结构表征[J]. 热固性树脂，2008，23（3）：19-25.

[26] Woo E M，Shimp D A，Seferis J C. Crystal forms in cold-crystallized syndiotactic polystyrene[J]. Polymer，1999，40（40）：4425-4429.

[27] Kim Y S，Min H S，Choi W J. Dynamic mechanical modeling of PEI/dicyanate semi-IPNs[J]. Polymer Engineering Science，2000，40（3）：665-673.

[28] Marieta C，DelRio M，Harismendy I，et al. Effect of the cure temperature on the morphology of a cyanate ester resin modified with a thermoplastic[J]. European Polymer Journal，2000，36（7）：1445-1454.

[29] Iijima T，Maeda T，Tomoi M，et al. Toughening of cyanate ester resin by *N*-phenylmaleimide-*N*-（phydroxy）phenyl-maleimide-styrene terpolymers and their hybrid modifiers[J]. Polymer International，2001，50（3）：390-302.

[30] Marieta C，Del Rio M，Harismendy I，et al. Effect of the cure temperature on the morphology of a cyanate ester resin modified with a thermoplastic：characterization by atomic force microscopy[J]. European Polymer Journal，2000，36（7）：1445-1454.

[31] Suman J N，Kathi J，Tammishetti S. Thermoplastic modification of monomeric and partially polymerized bisphenol a dicyanate ester[J]. European Polymer Journal，2005，41（6）：2963-2972.

[32] Flory P J. Principles of Polymer Chemistry[M]. New York：Cornell University Press，1953：3，42-43.

[33] Ohta M，Inoue H，Cotticelli M G，et al. The FHIT gene spanning the chromosome fragile site and renal carcinoma-associated t（3；8）breakpoint is abnormal in digestive tract cancers[J]. Cell，1996，84（4）：587-597.

[34] Inoue T. Reaction-induced phase decomposition in polymer blends[J]. Progress in Polymer Science，1995，20（1）：

119-153.

[35] Verchere D, Pascault J P, Sautereau H, et al. Rubber-modified epoxies. IV Influence of morphology on mechanical properties[J]. Journal of Applied Polymer Science，1991，42（3）：701-716.

[36] Hohenberg P C，Halperin B I. Theory of dynamic critical phenomena[J]. Reviews of Modern Physics，1977，49（3）：435-479.

[37] Gunton J D，Miguel M S，Sahni P S. Phase Transitions and Critical Phenomena[M]. NewYork：Academic Press，1983，16-18：47-48.

[38] Cui J，Yu Y F，Li S J. Studies on the phase separation of polyetherimide-modified epoxy resin 3 Morphology development of the blend during curing[J]. Macromolecular Chemistry and Physics，1998，199（11）：1645-1649.

[39] Lifshitz L M，Slyozov V V J. The Kinetics of precipitation from supersturated sold solutions[J]. Journal of Physics & Chemistry of Solids，1961，19（61）：35-50.

[40] Siggia E D. Late stages of spinodal decomposition in binary mixtures[J]. Physics Review A，1979，20（2）：595-605.

[41] Doi M A, Onuki, Journal D. Dynamic coupling between stress and composition in polymer solutions and blends[J]. Journal of Physics B Atomic & Molecular Physics，1992，2（8）：1631-1656.

[42] Taniguchi T，Onuki A. Network domain structure in viscoelastic phase separation[J]. Physical Review Letters，1996，77（24）：4910-4913.

[43] Onuki A，Taniguchi T. Viscoelastic effects in early stage phase separation in polymeric systems[J]. Journal of Chemical Physics，1997，106（13）：5761-5770.

[44] 颜红侠，梁国正，马晓燕，等. 聚苯醚改性氰酸酯树脂的研究[J]. 西北工业大学学报，2004，22（3）：301-303.

[45] 郭宝春，汪磊，贾德民. 氰酸酯树脂的增韧改性方法[J]. 中国塑料，2001，15（4）：10-14.

[46] 陶庆胜. 聚醚酰亚胺改性氰酸酯体系的反应诱导相分离研究[D]. 上海：复旦大学博士学位论文，2004.

[47] Woo R B，Jenkins R L. Modeling consumer satisfaction processes using experience-based norms[J]. Journal of Marketing Research，1983，20（3）：286-304.

[48] Harismendy O，Strausberg R L，Stockwell T B，et al. Evaluation of next generation sequencing platforms for population targeted sequencing studies[J]. Genome Biology，2009，10（3）：32-38.

[49] 钟翔屿，洪义强，包建文，等. 预聚工艺对双马来酰亚胺/氰酸酯共聚物介电性能的影响[J]. 航空材料学报，2006，26（3）：351-352.

[50] 朱雅红，马晓燕，校峰. 四氢呋喃聚醚型聚氨酯预聚体增韧双酚A型氰酸酯树脂[J]. 青岛科技大学学报（自然科学版），2007，28（4）：313-317.

[51] 王旭东，史志刚. 热塑性树脂改性氰酸酯树脂研究[J]. 工程塑料应用，2005，33（12）：4-6.

[52] 王结良，梁国正，赵雯，等. 聚乙烯基吡咯烷酮改性氰酸酯树脂耐湿热性能研究[J]. 航空材料学报，2006，26（6）：72-76.

[53] 房红强，梁国正，王结良，等. 氰酸酯树脂增韧改性的研究进展[J]. 材料导报，2004，18（9）：47-49.

[54] Sbayasaehi G L. Chemorheology of cyanate ester-organicalyy layered silicate nanocomposites[J]. Polymer，2003，44（5）：6901-6906.

[55] Sabyasaehi G L. Mechanical properties of intercalated cyanate ester-layered silicate nanocomposites[J]. Polymer，2003，44（4）：1315-1319.

[56] Connell S J. Lightweight space mirrors from carbon fiber composites[J]. SAMPE Jounral，2002，38（4）：46-49.

[57] Reghunadhan N C P，Mathew D，Ninan K N. Cyanate ester resins recent developments[J]. Advances in Polymer

Science，2001，155（4）：96-99.

[58] Hsuie E S，Miller R L. Development of a reliable multimedia computer-based measure of clinical skills in bedside neurology[J]. Academic Medicine，2003，78（10）：1035.

[59] Wertz D H，Prevosek D C. Dicyanate semi IPNs-a new class of high performance high temperature plastics[J]. Polymer Engineering & Science，1985，25（13）：804-806.

[60] Shimp D A，Christenson J R，Ising S J. Cyanate ester-an emerging family of versatile composite resins[C]. 34th International SAMPE Symposium and Exhibition，Cornell University Press，Ithacca，New York，1989，34（1）：222-233.

[61] Takao I，Takanori M，Masao T. Toughening of cyanate ester resin by *N*-phenylmaleimide-styrene copolymers[J]. Journal Applied Polymer Science，1999，74（12）：2931-2939.

[62] Zeng S，Hoisington M，Seferis J C. Particulate interlayer toughening of dicyanate matrix composites[J]. Polymer Composites，1993，14（6）：458-466.

[63] 何鲁林. 氰酸酯树脂的发展概况[J]. 航空材料学报，1996，16（4）：54-61.

[64] 王胜杰，许元泽，杨振忠，等. 氰酸酯聚合物的研究[J]. 化学通报，1996，82（12）：1-8.

[65] Mcgrail P T，Jenkins S D. Some aspects of interlaminar toughening：reactively terminated therm-oplastic particles in thermosets composites[J]. Polymer，1993，34（4）：677-683.

[66] Fujishima A，Aoki I，Kamiyama K. Crystalline form of（R）-2-[[[3-Methyl-4-（2，2，2-Trifluoroethoxy）-2-Pyr-idinyl]Methyl]Sulfinyl]-1H-Benzimidazole[P]：European Patent，EP 1129088. 2008.

[67] Hamerton I，Hayj N. Recent technological developments in eyanate ester resins[J]. High Performance Polymers，1998，62（10）：163-174.

[68] Hsiue E S，Shimp D A，Segal D A. A new matrix system for advanced comoposites：dicyanate semi-IPN[J]. 5th International Coference on Composite Materials：ICCM-V，San Diego，CA，1985，5：1655-1665.

[69] Shimp C P，lauson H D，Izatt E J. An infrared system for the detection of a pigeon's pecks at alphanumeric characters on a tv screen：the dependency of letter detection on the predictability of one letter by another[J]. Journal of the Experimental Analysis of Behavior，1985，43（2）：257-264.

[70] 祝保林. BADCy/MMA 半互穿网络的制备及性能表征[J]. 热固性树脂，2012，27（1）：9-14.

[71] 邓如生. 共混改性工程塑料[M]. 北京：化学工业出版社，2003：591-594.

[72] 段景宽. 环氧树脂/丙烯酸酯互穿聚合物网络的制备及其纳米复合材料在电场下组装行为的研究[D]. 上海：上海交通大学硕士学位论文，2009.

[73] 益小苏，杜善义，张立同. 复合材料手册[M]. 北京：化学工业出版社，2009：33-35.

[74] Patri M，Vaccari A，Alexandre M，et al. Sequential interpenetrating polymer network based on styrene butadiene rubber and polyalkyl methacrylates[J]. Journal Applied Polymer Science，2007，103（2）：1120-1126.

[75] 王国全. 聚合物共混改性原理与应用[M]. 北京：中国轻工业出版社，2007：16-22.

[76] 祝保林. BADCy/Pst 互穿网络的合成及表征[J]. 应用化工，2011，40（8）：1366-1370.

[77] 祝保林，王君龙. BADCy/PAN 互穿网络的合成及表征[J]. 工程塑料应用，2011，39（9）：17-21.

[78] Harismendy L，Rio M D，Eceiza A，et al. Rheological study of crosslinking and geltion in bismaleimide ester interpenetrating polymer network[J]. Applied Polymer Science，2000，76（7）：1037-1047.

第 4 章　不饱和双键化合物改性氰酸酯树脂

氰酸酯官能团—OCN 非常活泼，在催化剂作用下，可以与苯乙烯（St）、丙烯酸酯（AK）、甲基丙烯酸甲酯（MMA）、乙烯邻苯二甲酸酯（PEP）、不饱和聚酯等含有不饱和双键的化合物共聚形成改性体系。其中，不饱和聚酯改性 CE 虽可增加韧性，但会大大降低 CE 的耐热性和力学性能，失去改性的意义，因此一般不用这一体系[1-8]。

4.1　CE/St 改性体系

4.1.1　反应性及动力学参数

Kenr 等[9]认为，苯乙烯可以与氰酸酯树脂通过自由基聚合形成具有良好溶解性的共聚物。共聚物对紫外光（UV）敏感，在经 254nm 的光照射后实现交联，共聚物中的氰酸酯基异构化为异氰酸酯基，在 UV 辐照的过程中，用壬基酚作为热固化催化剂，可以获得含氰脲酸酯基的交联网。但是由于—OCN 基团键接于 PSt 主链上，其活动能力降低，故与相对分子质量小的氰酸酯树脂相比，其固化速度大大降低，这种光固化树脂体系在电子行业有很大的应用前景。光固化的过程大致如下：辐射照射共聚物产生高聚物束缚苯氧自由基（polymer-boundedphenoxy）和氰基自由基（Free cyano radical），交联是通过自由基中间体实现的，但位阻和异构化过程对交联反应有较大的影响，如大量的异构化反应可以消耗大量光能而不产生自由基，即交联效率降低。位阻则可通过使由共聚物产生的苯氧自由基降低活性而降低交联效率。

李文峰等[10]在用苯乙烯、二乙烯基苯对双酚 A 型氰酸酯（BADCy）进行改性研究过程中，认为树脂组分间的化学反应主要有：

（1）氰酸酯的自聚反应：

$$3n\mathrm{N{\equiv}C{-}O{-}R{-}O{-}C{\equiv}N} \xrightarrow[\triangle]{\text{催化剂}} \sim\sim\mathrm{RO}-\underset{\mathrm{N{=}C{-}OR}\sim\sim}{\overset{\mathrm{N{-}C{-}OR}\sim\sim}{\mathrm{C}\quad\mathrm{N}}}$$

（2）苯乙烯与二乙烯苯之间的交联反应：

$$\text{CH=CH}_2\text{-C}_6\text{H}_5 + \text{CH}_2\text{=CH-C}_6\text{H}_4\text{-CH=CH}_2 \longrightarrow \left[\text{CH(C}_6\text{H}_5\text{)—CH}_2\right]_m\left[\text{CH(C}_6\text{H}_4\text{-)—CH}_2\right]_k \cdots \left[\text{CH—CH}_2\right]_k\left[\text{CH(C}_6\text{H}_5\text{)—CH}_2\right]_n$$

何少波等[11]用 FT-IR 研究了氰酸酯单体等温固化反应，获得了有机锡催化氰酸酯与苯乙烯体系在不同固化温度下的转化率和动力学参数。结果表明，氰酸酯的转化率随着温度的升高和催化剂的使用而提高；不含催化剂时苯乙烯对氰酸酯的影响较小，而有机锡和苯乙烯同时存在时对氰酸酯有很强的催化作用；在所有的体系中，催化反应速率常数对氰酸酯单体浓度在动力学控制阶段表现为一级反应。

在等温固化条件下，选择—OCN 官能团在 2120～2330cm^{-1} 的区域积分面积表示氰酸酯吸收度的变化，并以甲基在 2790～3015cm^{-1} 的区域积分面积作为内标进行校正，时间（t）-转化率（α）关系按式（4-1）计算：

$$\alpha(t)=1-\frac{A(t)_{2270}/A(t)_{2790}}{A(0)_{2270}/A(0)_{2790}} \tag{4-1}$$

式中：$A(t)$、$A(0)$为 t 时刻和反应前的吸收度。

FT-IR 跟踪研究表明，在一定的固化温度下氰酸酯的转化率随反应时间的增加而提高，并且提高固化反应温度氰酸酯的最终转化率也会提高。在不同的温度下，所有的体系在反应初期转化率都迅速提高，此后随着反应的进行转化率的增长逐渐变慢，最后趋于一个稳定的值。另外，固化反应的温度越高，体系达到稳定平台属于某一恒定的值，同步最后的转化率值也就越高。苯乙烯的加入，可以在一定程度上加快氰酸酯的反应，并提高转化率。综合研究可以发现一个奇特的现象，在没有加催化剂的体系中苯乙烯对氰酸酯的固化反应影响较小。图 4-1 中曲线 5 和 4 分别为纯氰酸酯和 10%St 体系的 DSC 曲线(放热峰约 259℃和 250℃)，表明苯乙烯的加入对氰酸酯的影响有限（峰值降低约 10℃）；而从图中还可看出，曲线 1、3 为 160mol/L 催化剂 10%St 体系和 160mol/L 催化剂体系的 DSC 曲线(放热峰约 171℃和 217℃)，曲线 2 则为 80mol/L 催化剂 20% St 体系的 DSC 曲线(放热峰约 182℃)，表明在催化体系中，苯乙烯对氰酸酯固化反应的影响较大。在同时含有苯乙烯和有机锡催化剂的体系中，氰酸酯的反应活性大大提高，曲线 2 和曲线 1 的 DSC 峰分别比曲线 3 的 DSC 峰下降了约 35℃和 45℃，并且曲线 2 体系的催化剂浓度只有曲线 3 体系的一半（分别为 80mol/L 和 160mol/L）。在不含催化剂体系中可能是苯乙烯的引入对氰酸酯来说作为杂质存在，导致氰酸酯的纯度下降[12]。至于同时存在催化剂和苯乙烯时为何对氰酸酯的固化产生影响，则有待进一步研究[11]。

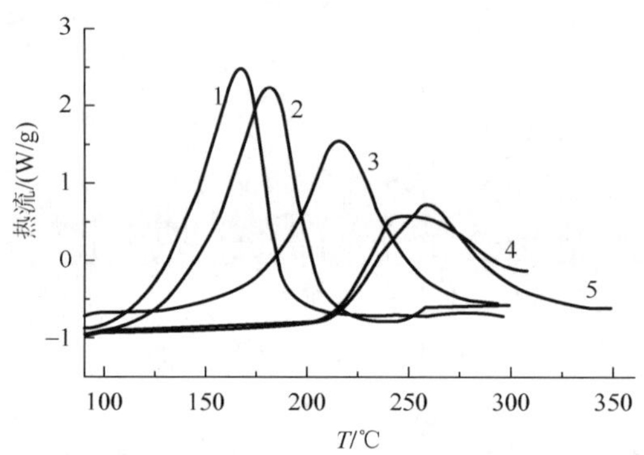

图 4-1　不同氰酸酯体系的 DSC 曲线

1. 1.6×10^{-4}mol/L 催化剂 10%St；2. 8×10^{-3}mol/L 催化剂 20%St；3. 1.6×10^{-4}mol/L 催化剂；4. 10%St；5. 纯氰酸酯

通常纯氰酸酯体系的固化动力学可由二级自催化模式表示

$$\mathrm{d}\alpha/\mathrm{d}t = k_1(1-\alpha)^2 + k_2(1-\alpha)^2\alpha \tag{4-2}$$

式中：k_1、k_2 分别为自催化和催化剂催化的速率常数。如果体系的反应温度足够高或者催化剂的浓度足够高，反应的最初始阶段可以忽略。因此，对于催化的体系和没有催化的体系，固化反应曲线都可以由 n 级反应方程式得到满意的解释[13, 14]，方程式如式（4-3）所示

$$\mathrm{d}\alpha/\mathrm{d}t = k(1-\alpha)^n \tag{4-3}$$

式中：n 为反应级数；k 为反应动力学常数，与温度的关系符合阿仑尼乌斯方程

$$k = A\cdot\exp(-E_\alpha/RT) \tag{4-4}$$

式中：A 为指前因子；R 为摩尔气体常量，8.314J/（mol·K）；E_a 为表观活化能。通常认为，常数 A 和 E_a 不依赖于温度。

计算动力学采用式（4-3），α 值可由式（4-1）计算获得。对式（4-3）进行积分处理，当 n=1 时，有

$$-\ln(1-\alpha) = kt \tag{4-5}$$

否则

$$1-(1-\alpha)^{1-n} = k(1-n)t \tag{4-6}$$

必须要了解的是，热固性树脂的固化反应依据凝胶化反应的发生可分为两个阶段，在凝胶点以前，反应速率与反应物的温度、催化剂浓度及反应物浓度等有

关，这一阶段属动力学控制过程，反应速率快，单体的转化率增长速度快；在凝胶点以后，已初步形成高分子交联网络，对未反应的单体的扩散产生限制，这一阶段称为扩散控制过程，反应速率依赖于单体的扩散速率，因而单体转化率的增长速率缓慢。对于氰酸酯，在转化率较低时与阿仑尼乌斯动力学模型符合得较好，而当转化率较高时则相关性不再令人满意[15, 16]。因此，本书只研究氰酸酯固化反应的第一阶段，即动力学控制阶段。

氰酸酯的转化率数据，可由实验的红外数据代入式（4-1）计算获得。将转化率数据代入式（4-5）或式（4-6）中进行计算比较，发现数据较符合式（4-5）。由此可以确定，氰酸酯的固化反应在动力学控制阶段，反应速率对氰酸酯单体浓度为一级反应。表观活化能 E_a 和指前因子 A 可由式（4-4），通过转化率（ln$k$）对温度（1/T）作图，所得的直线的斜率和截距分别为表观活化能 E_a 和指前因子 ln$A$。动力学参数见表 4-1。

表 4-1　不同氰酸酯体系的动力学参数

序号	k(90℃)/ min^{-1}	k(105℃)/ min^{-1}	k(120℃)/ min^{-1}	ln A/ min^{-1}	E_a/(kJ/mol)
A	0.00551	0.01241	0.02576	14.0	61.0
B	0.00681	0.01421	0.02858	13.8	56.8
C	0.00575	0.01218	0.02607	14.6	59.8
D	0.00704	0.01366	0.02904	13.7	56.2
E	0.00790	0.01475	0.03138	11.6	54.5

4.1.2　CE/St 的性能

何少波等[11]将含有不饱和双键的苯乙烯分子引入氰酸酯树脂体系，通过适当的配比和工艺，实现了两者的共聚，分别将氰酸酯树脂体系冲击强度和弯曲强度提高了 45.3%和 18.7%，实现了共聚体系的增强增韧，改性后的固化产物体系可用于高频印刷电路板板材的制备，拓展了氰酸酯树脂的应用领域。

采用含有不饱和双键的苯乙烯改性氰酸酯树脂后得到的固化产物为半透明棕红色固体，表 4-2 中列出了改性后固化产物体系的基本力学性能指标。由表 4-2 数据可知，改性后体系的弯曲强度与苯乙烯的加入量成正比，随着苯乙烯含量的递增，当苯乙烯配比达到 15%时，改性体系的弯曲强度达到最大值 126.3MPa，比未改性的纯氰酸酯树脂基体的弯曲强度提高了约 18.7%。同样，改性后体系的冲击强度在苯乙烯含量达到 10%时达到最大值，比改性前纯氰酸酯树脂固化产物的冲击强度提升约 45.3%。

表 4-2　固化树脂的性能

性能	St 质量分数/%				
	0	5	10	15	20
弯曲强度/MPa	106.4	115	118.2	126.3	121
冲击强度/（kJ/m^2）	8.6	10.6	12.5	11.2	10.3
热变形温度/℃	235	222	219	211	201

在改性剂苯乙烯含量较低时，苯乙烯改性剂的引入会弥补氰酸酯基体树脂在固化过程中产生的缺陷，因此当苯乙烯质量分数低于 15%时，改性剂苯乙烯的引入，对氰酸酯树脂可以起到增韧的作用。当苯乙烯质量分数较高（＞15%）时，由于共聚过程中苯乙烯分子链对三嗪环结构破坏较大，加之苯乙烯自身的韧性有限，反而会导致改性体系韧性降低。这是一个普遍规律，含有不饱和双键的改性剂加入量，都存在一个适宜的范围，改性剂加入量过多、过少都会影响改性后固化产物最终性能。

4.1.3　CE/St/二乙烯基苯的性能

李文峰等[10]在用苯乙烯、二乙烯基苯对双酚 A 型氰酸酯（BADCy）进行改性时发现，固化树脂为棕红色半透明固体。固化树脂的部分力学性能和和耐热性能列于表 4-3。

表 4-3　固化树脂的性能

性能	BADCy[10]	4503A[17]	Cycom 5575-1R TM[18]	实验条件
弯曲强度/MPa	104	82.6	—	103
冲击强度/（kJ/m^2）	6.0	7.9	—	7.4
T_g（DSC）/℃	258	259	193（干），180（湿）	235
HDT/℃	—	215（干态）	—	198（干态），164（湿态）

由表 4-3 可以看出，树脂体系的力学性能与纯 BADCy 相比，弯曲性能相当，而冲击性能有了较大的提高，说明本树脂较好地达到了改性的目的。与同属于室温 RTM 工艺的 4503A 改性双马来酰亚胺树脂（BMI）相比，本树脂的力学性能与其相当，其中弯曲强度优于 4503A。

CE/St/二乙烯基苯树脂具有较高的热变形温度（干态下 HDT 为 198℃），优于氰酸酯/苯乙烯（2∶1）体系（马丁耐热温度为 158℃）及 Cytec Fiberite 公司研制的 Cycom557521R TM 改性氰酸酯树脂，其原因可能有两个方面：一是氰酸酯本身具有较高的 T_g，树脂的 HDT 随氰酸酯含量的增大而提高；二是结构赋予较高的 HDT 值。从树脂的性能测试数据来看，本树脂可能形成了互穿网络结构。同样，本树脂也具有较高的湿热稳定性。湿态下的热变形温度为 164℃，保留率达到 82%。

实验还观察了固化树脂浸泡在 CH_2Cl_2、丙酮、10%HCl 及 20%NaOH 溶液中 18 天的耐腐蚀情况。发现其质量损失均小于 1%，顺序为 10%HCl≈20%NaOH<CH_2Cl_2<丙酮。固化树脂在 HCl 和 NaOH 溶液中几乎没有变化，在有机溶剂中固化树脂的表面略有模糊，在丙酮中有轻微的溶胀现象，说明改性树脂具有较好的耐化学腐蚀性，能够满足 RTM 在室温传递的使用要求。

李静等[18]采用苯乙烯改性氰酸酯。加入苯乙烯和二乙烯基苯作为活性稀释剂，一方面可降低体系黏度，另一方面通过固化可形成交联网状结构，增加树脂的韧性。但过多地加入会降低树脂交联密度，使树脂的固化物耐热性下降。他们测定了两种配方下树脂固化物的性能，见表 4-4，这 2 种配方为：配方 1，BCE/二乙烯基苯/苯乙烯=60/20/20；配方 2，BCE/二乙烯基苯/苯乙烯=70/20/10。

表 4-4　苯乙烯改性氰酸酯固化物性能

性能	配方 1	配方 2
热变形温度/℃	171	186
弯曲强度/MPa	90	98
冲击强度/（kJ/m^2）	9.0	7.0
吸水率（水煮 48h）/%	2.0	2.0

李文峰等[17]将树脂基体的选择区间确定在：BADCy 质量分数 50%～70%；二乙烯基苯、苯乙烯质量分数 25%～40%。表 4-5 是不同比例的固化树脂的耐热性能对比。表 4-6 中列出了树脂基体的性能。表 4-7 为改性树脂/E-玻璃布的性能。测试数据表明：BADCy-苯乙烯-二乙烯基苯三元改性体系在室温下为低黏度液体，能够满足 RTM 工艺的操作要求。固化树脂的玻璃化温度为 235℃，较好地解决了乙烯基化合物改性氰酸酯时耐热性下降太大的缺陷。

表 4-5　改性树脂在不同苯乙烯/二乙烯基苯比例的热变形温度（双酚 A 氰酸酯的含量为 65%）[19]

（苯乙烯/乙烯基苯乙烯）/%	25	30	35
HDT/℃	188	198	196

表 4-6　改性树脂基体的性能[20]

性能	BADCy	改良后树脂
黏度/（Pa·s）	0.1～0.5（熔点）	0.03～0.86（室温）
储存期	—	15 天
凝胶时间（90℃）/min	约 86	>86
T_g（DSC）/℃	258	235
HDT/℃	—	198
固化温度/℃	180	180
弯曲强度/MPa	104	103
冲击强度/（kJ/m^2）	6.0	7.4

表 4-7　改性树脂/E-玻璃复合材料的性能（室温）[21]

性能	改良后树脂质量分数/%	
	37.8	42.6
密度/（g/cm^3）	1.63	1.65
抗张强度*/MPa	329	335
抗张模量*/GPa	25.8	25.6
弯曲强度/MPa	495	490
弯曲模量/GPa	18.3	17.8
短梁剪切强度*/MPa	—	43.4

*指含苯乙烯-二乙烯基苯质量分数为 35%。

对基体树脂的黏度的要求是 RTM 工艺的一个重要方面。一般情况下，RTM 工艺要求基体树脂的黏度在 100～1000Pa·s[12]。在实验中发现：BADCy 与苯乙烯-二乙烯基苯树脂体系在温度大于 40℃时，是相容的，为浅黄色透明液体。当温度降低时，会缓慢地出现浑浊，黏度增大，较长时间放置会发生部分分相行为。再将温度升高到 40℃以上，树脂又变澄清。这种现象说明树脂基体在 40℃以上相容性好，温度降低，相容性变差。

李文峰等[17]认为，相容性变差的主要原因是在温度降低时，苯乙烯、二乙烯基苯对氰酸酯的溶剂化作用不足以克服氰酸酯官能团（—OCN）之间的静电作用力而导致氰酸酯析出。这种静电相互作用是由于在—OCN 中，C 原子呈现出较强的正电性，与之相连的 N，O 则是强负电性的[19]。因此，解决树脂在低于 40℃时分相问题的关键，在于减小—OCN 之间的静电作用力。

李文峰等[17]在氰酸酯-苯乙烯-二乙烯基苯改性树脂体系中加入含有氮（N），氧（O）等杂原子的增容剂。增容剂分子可以插入到处于静电作用的—OCN 之间，破坏其结晶倾向，在氰酸酯、苯乙烯、二乙烯基苯之间产生强迫相容作用。从加入增溶剂后树脂基体在室温下的黏度变化可以看出，树脂体系在 18 天时，黏度值仍然小于 1.0Pa·s，说明它的稳定性很好。

4.2　CE/MMA 改性体系

李文安[20]用同步法合成了氰酸酯/聚甲基丙烯酸甲酯（CE/PMMA）互穿聚合物网络（IPN），研究了甲基丙烯酸甲酯（MMA）含量对 CE/PMMA-IPN 体系力学性能及密度的影响。结果表明 CE/PMMA-IPN 体系的性能比单一树脂优异。

4.2.1　MMA 质量对 IPN 力学性能的影响

从表 4-8 可看出，随 PMMA 含量的增加体系的冲击强度、弯曲强度表现出先增大、后减小的趋势，但都出现了性能最佳的峰值。也就是说 CE 与 PMMA 形成的 IPN 增强了 CE 的韧性，从而扩大了 CE 的应用范围。

表 4-8　不同质量比下 IPN 的力学性能

性能	CE/PMMA						
	100/0	80/20	70/30	60/40	40/60	30/70	20/80
弯曲强度/MPa	101.26	144.21	138.40	126.32	124.33	118.35	113.46
冲击强度/（kJ/m^2）	8.605	9.628	11.21	14.251	13.98	12.33	10.35

4.2.2　MMA 质量分数对 IPN 体系密度的影响

如图 4-2 所示，连接 CE、PMMA 的密度，得到一直线。当 PMMA 的质量分数为 20%、40%时体系的密度都在这一直线上方。这说明互穿聚合物网络体系的密度并不符合加合定律，而是普遍比两组分的加和值要大，表现出协同效应，也

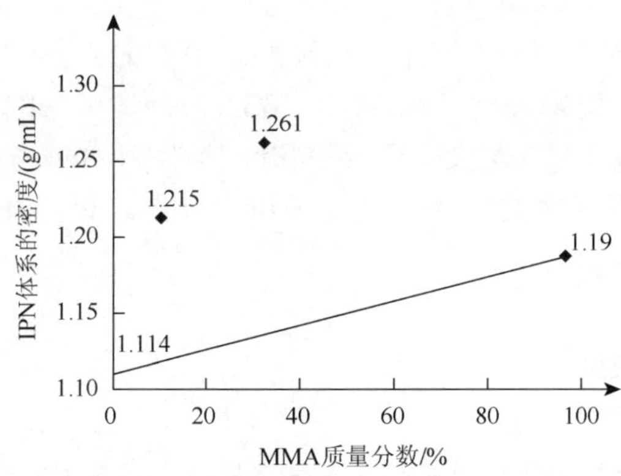

图 4-2　PMMA 质量分数对 CE/PMMA-IPN 体系密度的影响

是两种网络形成互穿的一个证据。可以认为，体系密度的增加与单体 MMA 原位聚合引起的自由空穴的减少有关，随体系中 PMMA 含量的增加，聚合引起的自由空穴越来越小，因此体系的密度增加[21]。

4.2.3　IPN、CE、PMMA 的力学性能对比

从表 4-9 中看出体系的力学性能比单一物质的性能高，这是 IPN 体系的组分间相互缠结及组分间的“强迫互容”和“协同效应”的结果。以上讨论中，虽然 CE/PMMA-IPN 体系的力学性能都比单一组分的有所提高，但提高的幅度并没有达到我们所预期的。原因可能与样品中仍有气泡及抽空过程中 MMA 的挥发损失致体系配方改变有关[22，23]。

表 4-9　IPN、CE、PMMA 力学性能对比表

力学性能	IPN	CE	PMMA	提高率/%
冲击强度/（kJ/m^2）	14.251	8.605	9.8	60.38/68.78*
弯曲强度/MPa	126.32	101.262	108	80.16/85.48*

4.3　CE/MMA/St 改性体系

何少波[12]系统地研究了 BADCy/PSt/MMA 半互穿聚合物网络的性能，包括力学性能、介电性能、热性能、湿热老化性能等。研究表明 MMA 和 St 对体系的力学性能有较大的改善，BADCy/M10/S15 及 BADCy/S10/M15 体系的弯曲强度和冲击强度分别达到最大值，比未改性氰酸酯树脂分别提高了 41.9%和 55.1%。利用扫描电镜（SEM）观察试样的断面形貌。由于 MMA 和 St 在体系中发生共聚反应等 BADCy/M10/S10 体系有较高的耐热性能，其 T_g 为 271.5℃，比未改性氰酸酯的 T_g 仅降低了 14.5℃，TGA 分析和 HDT 测试同样表明 BADCy/M10/S10 体系具有较好的耐热性能。另外，对体系的耐湿热性能进行了研究，并对水煮后残余物的成分进行了初步分析。利用 TGA 研究了改性体系的湿热降解动力学。

4.3.1　静态力学性能

氰酸酯通过成环反应形成规整、高度交联的三嗪环结构，这种结构可以赋予氰酸酯树脂优异的介电性能和耐热性，但也会使氰酸酯的脆性较大而韧性不足，因此

需要对氰酸酯进行进一步的增韧改性。MMA 和 St 的加入在一定程度上降低了氰酸酯的交联密度，增加体系的韧性。同时，由于 PMMA 和 PSt 本身的介电性能很好，因而改性体系的介电性能相比纯氰酸酯的介电性能不会降低太多。不利的因素是 PMMA 和 PSt 本体的耐热性能较差，特别是 PSt 中苯环处于主链的 α 位，使 PSt 容易分解，因此它们的引入会导致体系耐热性能下降，关键是如何将耐热性能的损失降低到最小。

何少波[12]测试了 St 和 MMA 的含量对改性体系冲击和弯曲性能的影响。从弯曲性能曲线可以看出，随着 St 和 MMA 含量的增加，体系的弯曲强度都呈先增加后减小的趋势。当 MMA 质量分数不变（10%）时，考察 St 含量对体系力学性能的影响。可以知道当 St 质量分数为 15%时体系有最大的弯曲强度，从初始的 106MPa 提高到 151MPa。当 St 质量分数不变（10%）时，考察 MMA 的加入量对体系力学性能的影响，当 MMA 质量分数为 10%时体系的弯曲强度达到最大值，从初始的 106MPa 提高到 136MPa。可见，St 和 MMA 的加入可以明显改善氰酸酯的弯曲性能；而体系的冲击性能随 St 和 MMA 的增加分别呈现先增加后减小和一直上升的趋势，BADCy/S10/M15 体系的冲击强度从未改性的 7.9kJ/m^2 提高到 13.3kJ/m^2。St 和 MMA 对改性体系的力学性能影响的差异可能是由两种材料本身的差异引起的，即由于 PSt 比 PMMA 具有更大的刚性，因而体系获得最好弯曲性能时 St 的含量较大，同时对体系的改性效果也比 MMA 更明显；从体系冲击性能的改性效果看，MMA 的加入对氰酸酯韧性的影响比 St 大，这可能是由于 PMMA 链段比 PSt 具有较高的柔性，因为 PMMA 分子结构中含有韧性较高的醚键，因此随 MMA 的加入体系的冲击性能呈一直增加的趋势。另外，MMA 单体的均聚反应要充分反应较难而且需要很长的时间，St 与 MMA 有较大的竞聚率，因此 St 的加入可以提高 MMA 的转化率并加快反应。从综合的改性效果看，两者的共聚反应可以产生一定的协同效应而提高体系的力学性能。当 St 和 MMA 含量过大时，一方面使体系的综合性能向 PSt 和 PMMA 的本体性能靠近，另一方面则有可能会破坏固化氰酸酯三嗪环网络结构的完整性，更由于 PSt 和 PMMA 本体的力学性能不高，特别是 PSt 的冲击性能较差，因而对改性体系的力学性能造成较大的影响。

综合以上分析，在研究体系中 BADCy/M10/S15 和 BADCy/S10/M15 改性体系的力学性能较佳，改性体系的弯曲强度和冲击强度比未改性氰酸酯分别提高了 41.9%和 55.1%。

图 4-3 为各种组分固化树脂冲击试验断面的 SEM 照片。从图中可以看出，在试样的不同部位具有不同的断裂形貌，包括韧窝和阶梯状形貌等。原始氰酸酯固化物表现出明显的脆性断裂［图 4-3（a）］，SEM 照片上具有典型河流状断面，但同时也可以看出冲击断面还出现了一定程度的韧窝和少量的纤维拔出，说明氰酸

酯具有相当的韧性，这是因为固化后的氰酸酯中具有较高韧性的醚键，赋予氰酸酯树脂本体较高的韧性。随着 MMA 和 St 的加入，体系的韧性先增大后减小，在所研究体系里改性后体系的韧性比未改性氰酸酯体系的韧性高。体系 BADCy/M10/S5 和 BADCy/M10/S5 的断口内大面积出现断裂韧窝和阶梯状断面，并且韧窝变得更大更深，表明在冲击过程中韧性特征明显，为典型的韧性断裂，PMMA 和 PSt 使体系的韧性有了较大的提高［图 4-3（b）和（c）］。其原因主要是体系中的 PMMA 和 PSt 可以在一定程度上弥补氰酸酯树脂固化时形成的缺陷，降低氰酸酯三嗪环的交联密度，因而使体系的冲击性能得到提高。在研究体系中不同的组分发生明显相分离以前，试样的冲击断面中可以观察到各种典型的断裂形貌，从脆性断裂的河流状断面和较少较浅的韧窝到阶梯状断面和大而深的韧窝，反映增韧效果的变化。继续增大 MMA 和 St 的用量，则体系将会发生明显的相分离，而且量越大相畴越大，球状的 PMMA 和 PS 混合相分散在连续的氰酸酯相中，改性体系的两相结构并没有继续提高固化物的韧性，反而使体系的韧性下降［图 4-3（d）和（e）］。这相当于有机刚性粒子改性氰酸酯树脂，从 SEM 图看，球状的 PMMA 和 PS 混合相与连续的氰酸酯相之间存在一些缺陷，这可能是体系的韧性没有继续提高的原因。PMMA 和 PS 颗粒的强度不够，从 SEM 图［图 4-3（e）］中可以看到许多颗粒在冲击后已经破裂，这也是妨碍改性体系韧性提高的一个重要原因。当 MMA 和 St 的含量达到一定程度时有可能破坏氰酸酯的网络结构，刚性的三嗪环的减少会降低体系的综合性能。这种断口形貌的变化规律与冲击强度的增长趋势相辅相成。

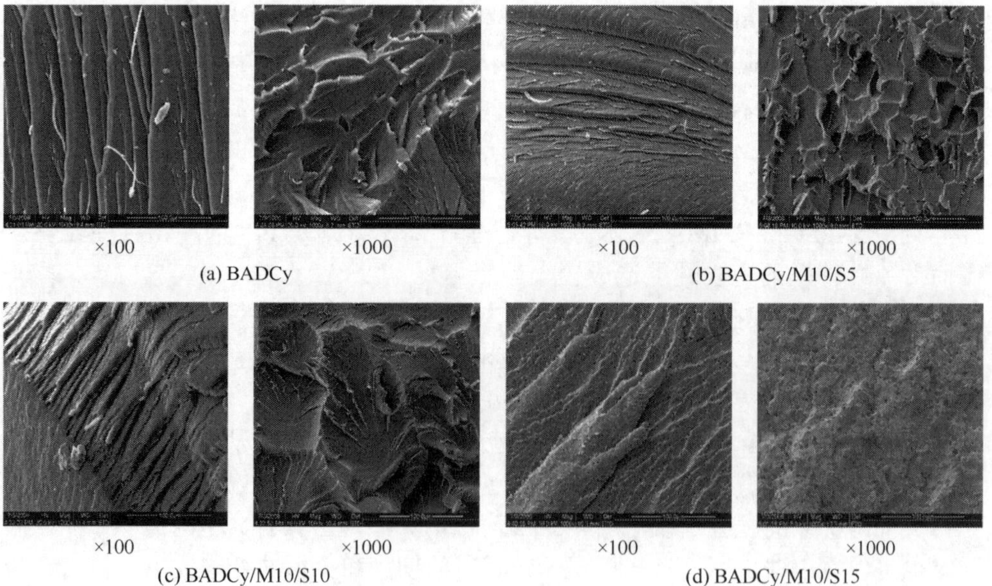

×100　×1000　×100　×1000

(a) BADCy　(b) BADCy/M10/S5

×100　×1000　×100　×1000

(c) BADCy/M10/S10　(d) BADCy/M10/S15

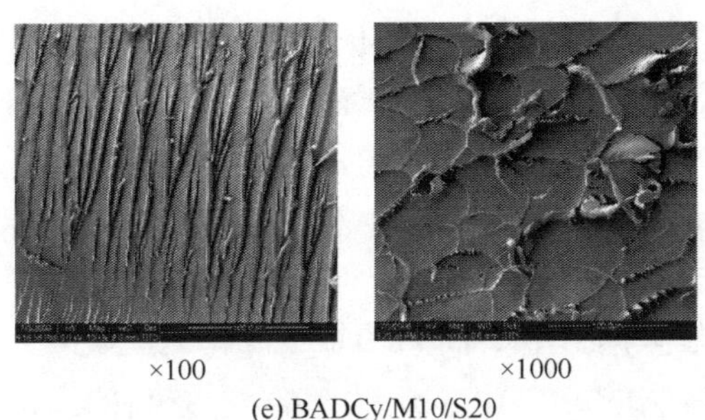

×100　　×1000

(e) BADCy/M10/S20

图 4-3　共聚体系的 SEM

4.3.2　动态力学性能

图 4-4 和图 4-5 分别是关于 St 和 MMA 含量的储能模量和 tanδ 与温度关系图。储能模量（E'）是材料刚度的一种度量，可以看出，当温度较低时基体树脂处于玻璃态，分子链段的运动被冻结，储能模量较高，当 St 和 MMA 含量增加时体系的储能模量并没有随着降低，在 60℃之前体系的储能模量表现为 U 字形，在含量较低时可能是 St 和 MMA 的加入弥补了氰酸酯固化时的部分缺陷，使体系的储能模量上升，而在 St 和 MMA 含量较高时体系发生显著的相分离，形成的 PMMA 和 PSt 球状粒子，相当于有机刚性粒子填充在氰酸酯体系中，这些粒子能够传递部分应力使体系的储能模量上升。随着温度的上升，体系中的分子链段运动加剧，而线性的 PMMA 和 PSt 分子的运动更为自由，因此体系的储能模量基本按 St 和 MMA 含量的增加而降低，同时体系中还可能存在部分 PMMA 和 PSt 低聚物对体系产生的一定的增容作用，使分子的链段更易运动。

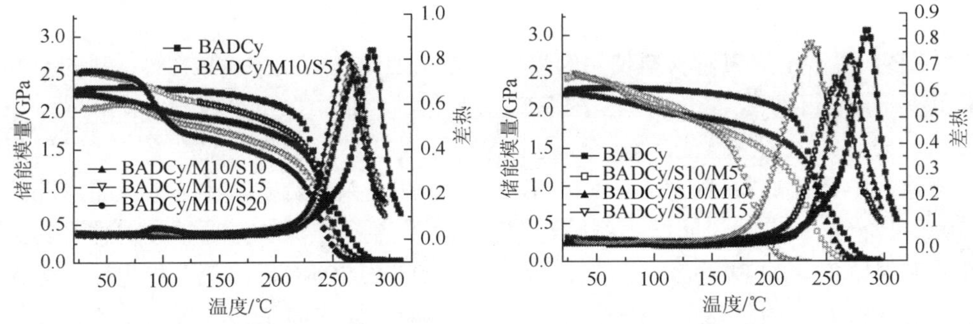

图 4-4　苯乙烯含量对储能模量和损耗角正切值的影响

图 4-5　聚甲基丙烯酸甲酯含量对储能模量和损耗角正切值的影响

图 4-4 和图 4-5 中可以看出 St 和 MMA 的加入使氰酸酯树脂的 T_g 有不同程度的下降，St 的加入比 MMA 的加入对氰酸酯 T_g 的影响要小。从图 4-4 中 St 的影响可以看出，在所研究的 St 和 MMA 改性体系中 BADCy/M10/S10 体系的 T_g 在所研究的改性体系中最高，达到 271.5℃，而 BADCy/M10/S5 体系和 BADCy/M10/S15 体系的 T_g 分别为 269.2℃和 269.0℃，BADCy/M10/S20 体系的 T_g 也有 262.5℃，仅比纯氰酸酯的 286.0℃下降了 23.5℃，说明制备的改性体系具有良好的耐热性。BADCy/M10/S10 体系的 T_g 较高的原因可能是 St 和 MMA 发生了共聚反应，使体系在结构上形成了半互穿网络体系，这从另一方面说明在体系固化过程中共聚反应是存在的。MMA 对体系的影响规律与 St 基本相似，但是 MMA 对体系热性能的影响更明显，使体系 T_g 的下降幅度更大，如 BADCy/S10/M15 体系的 T_g 从纯氰酸酯的 286.0℃降到 237.3℃，下降了将近 50℃。总体看来，本章所制备的改性体系的 T_g 比文献[24]所报道的有较大的提高，这可能是体系形成了半互穿网络的缘故。

通过对改性体系损耗模量与温度关系的测试可知，在所研究的改性体系中除 BADCy/M10/S10 体系没有出现新的损耗模量和损耗角正切峰，体系只呈现单一的峰以外，其他的体系都出现两个损耗角正切峰，在 MMA 和 St 含量较低时前一个损耗峰强度较弱。随着体系中 St 含量的增加，PMMA 和 PSt 所对应的损耗峰的强度和宽度都增加了，并且氰酸酯对应损耗峰峰顶的温度下降了，说明体系的耐热性有所降低。改性体系出现两个损耗峰还说明体系中发生了相分离并随着 MMA 和 St 的增加 PMMA 和 PSt 相的相畴增加了。还可以说明 BADCy/M10/S10 体系具有较高的耐热性，这与前面的分析是一致的。

4.3.3 热性能分析

HDT 通常用来表示材料使用温度的上限，因此在应用中 HDT 对材料的热性能具有很重要的意义。改性体系的 HDT 列于表 4-10 中，可以看出，MMA 和 St 的加入会导致体系热性能降低，在两者含量不是很高时下降的幅度不大，在所研究的体系中 BADCy/M10/S10 体系的 HDT 最高达到 222℃，比未改性氰酸酯的 239℃只降低 17℃，说明此体系具有较高的耐热性；在两者含量较高时体系的热性能明显降低，如 BADCy/M10/S20 体系的 HDT 为 194℃，即使这样也比文献报道的耐热性好一些。体系耐热性能较好的可能原因如前面 DMA 分析中所述，也可以进一步验证体系中可能形成了互穿网络结构和 MMA 与 St 在体系中发生了共聚反应使体系的性能提高的推断。

表 4-10　氰酸酯树脂固化产物热性能数据

体系	HDT/℃	TGA/℃	
		5%	T_m
BADCy	239	408.2	501.8
BADCy/M10/S5	211	394.5	441.8
BADCy/M5/S10	219	—	—
BADCy/M10/S10	222	389.9	440.6
BADCy/M15/S10	—	361.0	436.4
BADCy/M10/S20	194	—	—

通过对改性体系的 TGA 的测试（体系的一些 TGA 参数也列于表 4-10，可以看出 BADCy、BADCy/M10/S5、BADCy/M10/S10 和 BADCy/M15/S10 固化体系对应失重 5%/最大失重率时的温度分别为 408.2℃/501.8℃、394.5℃/441.8℃、389.9℃/440.6℃和 361.0℃/436.4℃，也可以看出 MMA 和 St 含量不高时改性树脂的热分解温度下降不大，含量较高时分解温度下降显著。相对于改性体系的 5%失重温度，PMMA 和 PSt 改性体系最大失重率温度下降非常明显。原因是 PMMA 和 PSt 链段的耐热性能与三嗪环的耐热性能有较大的差距，随着 MMA 和 St 含量的增加，体系中三嗪环所占的比例越来越少，热性能较差的 PMMA 和 PSt 所占比例越来越大，因此体系的耐热性能逐渐下降。在热分解的初期由于体系形成互穿网络结构，耐热性能优异的氰酸酯网络将 PMMA 和 PSt 链段包裹起来，因此体系在失重 5%时体系的热性能主要由耐热性能优异的氰酸酯决定，即在这一阶段氰酸酯的热稳定性掩盖了 PMMA 和 PtS 热性能差的缺点。但是随着温度的升高，材料的分解程度增加，体系中 PMMA 和 PSt 链段耐热性差的缺点会逐渐显现，在体系达到最大失重率温度时，体系的失重已超过 30%，因此此时的氰酸酯网络结构已经很不完善，不能给耐热性差的 PMMA 和 PSt 链段提供更多的保护，因而改性体系的最大失重率温度相比未改性氰酸酯有明显的降低。

4.3.4　改性体系的吸湿性能

何少波[12]通过对改性体系吸湿性能的测试，给出了纯氰酸酯和氰酸酯/MMA/St 半互穿网络体系在相同水煮条件下吸水率的变化图。可以看出，所有研究体系的吸水率都比较低，基本上不超过 2%。这主要与氰酸酯的性能有关，氰酸酯固化后形成高度交联的对称的三嗪环结构，这种结构赋予氰酸酯优异的耐水性能，因此所有体系的吸水率都很低。另外，PMMA 和 PSt 的吸水率很低，一般不超过 0.5%，因此 MMA 和 St 的加入可以在一定程度上降低体系的吸水率。

李静[18]、何少波[12]分别研究 St 和 MMA 含量对固化树脂吸水率的影响。由最终测试结果可知，所有研究体系的吸水率曲线都有相似的变化规律，在水煮初期（40h 前）吸水率迅速上升，然后趋于缓慢直至达到平衡。这主要是由于体系在固化过程中难免会形成少量的微孔等缺陷，同时体系中的自由体积吸附水分子在水煮初期也会迅速达到较高的程度，这都是体系在水煮初期吸水率迅速增长的重要原因。改性体系的吸水率都比纯氰酸酯的吸水率低，因为 PSt 和 PMMA 的吸水率相对氰酸酯都低，但是，改性体系的吸水率的变化并不是与 MMA 和 St 的加入量成比例，而是呈 U 字形，即最低吸水率出现在含量中等的时候，含量在较低和较高时体系的吸水率较高。从 St 的含量对体系的吸水率数据可知，BADCy/M15/S10 体系的吸水率最低，水煮 140h 后吸水率仅为 1.3%。其他体系吸水率基本上与 St 加入的量成比例。MMA 的含量对体系吸水率的影响也表现出相同的规律，BADCy/S10/M15 体系水煮 140h 的吸水率约为 1.5%。改性体系吸水率的这种变化规律，与力学性能的变化结合起来看，可能与体系形成的结构有关。由于氰酸酯固化后形成的三嗪环交联密度很高，在材料的内部难免会形成一些缺陷，材料中较高的自由体积和微孔是材料的吸水率较高的一个重要因素。一方面，MMA 和 St 的加入很大程度上弥补了体系中的缺陷，使体系的吸水率有一定程度的下降，同时 MMA 和 St 在体系中发生共聚反应也是改性体系的吸水率曲线出现上述规律的一个重要原因；另一方面，MMA 和 St 加入过多时可能会破坏氰酸酯网络的完整性，在材料的内部产生更多的缺陷，导致吸水率上升。

表 4-11 是氰酸酯/St/MMA 半互穿网络体系固化树脂及其玻璃纤维增强复合材料水煮后的性能保持情况。可以看出，固化树脂的性能保持率基本上比复合材料的高。从表中还可以看出，所有研究体系的性能保持率都不是很理想，固化树脂的保持率总体高于 80%，但复合材料各方面性能的保持率仅高于 70%（表 4-12）。究其原因，最主要的方面可能是为了降低体系的固化反应温度而使用 DBTDL 作为氰酸酯的固化催化剂。事实上 DBTDL 对氰酸酯的耐水煮性能有影响，它对氰酸酯固化物的水解有一定的催化作用，这方面文献[17]报道过。复合材料性能保持率下降显著的原因可能就是 DBTDL 的催化作用使氰酸酯发生了一定程度的降解，特别是复合材料中增强纤维的存在导致氰酸酯网络结构的完善程度下降，同时复合材料在成型过程中难免会存在少量不能完全排除的微小气泡，使复合材料中的缺陷增加。这些缺陷使得水分子相对浇铸体来说更易进入复合材料的内部，这复合材料吸水率的变化规律也可以看出来，20h 时复合材料的吸水率基本上已经达到峰值，而浇铸体的吸水率则是持续缓慢地增加。另外，复合材料吸水率曲线超过 20h 后降低，说明此时体系的水解速率超过了吸水率的增长，因此表现为吸水率的降低。由以上分析可以看出体系耐水性能下降，材料性能保持率降低，因此从这方面讲 DBTDL 不是氰酸酯固化催化剂的最佳选择。另外，从表 4-11 可

以看出，固化树脂体积变化率都很小，改性体系湿热老化后的尺寸稳定性较纯氰酸酯有所改善。

表 4-11　固化树脂在水热老化过程中的力学性能对比

试样	冲击强度/（kJ/m^2）		冲击强度保持率/%	弯曲强度/MPa		弯曲强度保持率/%	体积变化率/%
	水煮前	水煮后		水煮前	水煮后		
纯氰酸酯	8.6	6.9	80.2	106.4	88.1	87.2	1.81
M10/S5	10.9	9.3	85.2	132.2	111.5	84.3	1.39
M10/S10	12.5	10.8	86.4	136.0	115.5	85.1	1.33
M10/S15	11.3	9.6	86.0	151.0	127.4	84.4	1.26
M10/S20	10.5	9.1	85.7	125.8	107.4	85.4	1.13
M5/S10	12.1	10.1	83.4	124.0	102.8	82.4	1.35
M15/S10	13.4	11.7	87.3	114.4	98.9	86.8	1.29

表 4-12　玻璃纤维增强复合材料在水热老化过程中的力学性能对比

试样	弯曲强度/MPa		弯曲强度保持率/%	剪切强度/MPa		剪切强度保持率/%
	水煮前	水煮后		水煮前	水煮后	
纯氰酸酯	492.1	351.5	71.6	34.1	21.5	63.1
M10/S15	591.0	442.9	74.7	42.3	30.2	71.2
M10/S10	577.0	430.3	74.5	41.3	30.7	74.3
M10/S5	546.9	402.7	73.7	37.1	26.8	72.3
M15/S10	585.4	438.8	75.1	44.1	33.5	75.9
M5/S10	556.4	426.1	76.6	38.7	27.6	71.3

4.4　CE/MMA/St/E-玻璃布

何少波[12]较为系统地研究了 E-玻璃纤维增强 BADCy/MMA/St 复合材料的静态力学、介电性能、吸湿性能及湿热老化对复合材料断面形貌的影响，发现 E-玻璃纤维增强复合材料的弯曲强度在 BADCy/M10/S15 时从 492MPa 提高到 591MPa，层间剪切强度在 BADCy/S10/M15 时从 34.1MPa 提高到 44.1MPa，分别提高了 20.1%和 29.3%。

4.4.1　力学性能和介电性能

表 4-13 为复合材料的配方、含胶量及力学性能和介电性能数据。可以看出，

复合材料的含胶量稍微偏少，可能是由于成型时加压过早，也可能与使用的玻璃布过细（EW-100）有关。改性体系复合材料的介电性能与纯氰酸酯复合材料的介电性能相比基本不下降，这是由于PSt的介电性能（ε为2.45～3.1，$\tan\delta$为1×10^{-4}～3×10^{-4}）比氰酸酯的好，而PMMA的介电性能（ε为3.3～3.7，$\tan\delta$为4×10^{-2}～6×10^{-2}）比氰酸酯的稍差。因此，改性体系不会使氰酸酯的介电性能变差，从介电性能方面来说该改性体系是合适的。

表 4-13　复合材料的性能对比

项目	CE	M10/S15	M10/S10	M10/S5	M15/S10	M5/S10
苯乙烯质量分数/%	0	15	10	5	10	10
甲基丙烯酸甲酯质量分数/%	0	10	10	10	15	5
质量分数/%	27.9	25.3	26.4	27.2	28.3	27.5
介电常数	4.29	4.30	4.28	4.33	4.31	4.25
介电损耗角正切	0.012	0.017	0.017	0.017	0.022	0.013

复合材料的力学性能取决于增强材料和树脂基体的性质，以及它们之间的黏结情况。在外载荷的作用下，增强材料主要起到承受载荷的作用，而基体材料一般只起到传递纤维间的剪切应力和防止纤维屈曲的作用，两者之间界面黏结情况直接决定复合材料的力学性能，纤维与基体间的黏结越好则外加载荷在各纤维间的分布越均匀，复合材料的力学性能越好。

何少波[12]由测试数据给出了 MMA 和 St 含量对玻璃布增强氰酸酯/MMA/St半互穿网络复合材料的力学性能的影响。可以看出，MMA 和 St 的加入对体系的力学性能有很大的提高，弯曲强度和层间剪切强度随 MMA 和 St 含量的增加而呈一直提高的趋势。玻璃布复合材料弯曲性能提高的原因与基体性能提高的原因基本相似，层间剪切性能提高则是由于 MMA 和 St 的加入对基体与纤维之间的黏结性能有一定的提高。

图 4-6 是玻璃纤维增强复合材料断口形貌的 SEM 照片。从中可以看出，MMA和 St 的引入可以明显改善玻璃纤维和树脂基体之间的黏结性能。未改性氰酸酯与纤维之间的结合比改性后复合材料的界面结合要差［图 4-6（a）］，从 SEM 照片可以看出氰酸酯基体改性后基体与纤维间的界面较粗糙，纤维上附着有部分树脂基体，而未改性体系的纤维与氰酸酯之间的结合则比较光滑。可能的原因是 PMMA和 PS 比氰酸酯树脂与玻璃纤维具有更好的黏结效果，从而赋予复合材料更好的性能［图 4-6（b）～（f）］。PMMA 和 PSt 的引入能在一定程度上弥补氰酸酯固化时形成的缺陷，这与浇铸体中的分析是相对应的。复合材料的这种断口形貌变化趋势与复合材料力学性能的变化趋势相符。

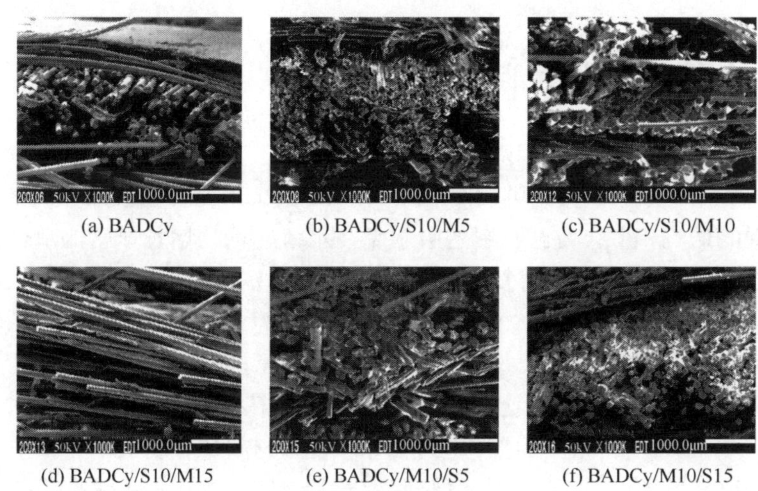

(a) BADCy (b) BADCy/S10/M5 (c) BADCy/S10/M10

(d) BADCy/S10/M15 (e) BADCy/M10/S5 (f) BADCy/M10/S15

图 4-6 复合材料断裂表面的 SEM

4.4.2 后处理对复合材料性能的影响

后处理工艺对树脂基体的固化程度有很大影响，不同的后处理时间及温度引起固化树脂结构的差别，使树脂基体力学性能有很大不同，从而造成复合材料力学性能的差别。因此，后处理工艺成为保证复合材料优异性能的重要因素。

后处理工艺对玻璃纤维增强氰酸酯/MMA/St 半互穿网络体系力学性能影响较大。后处理可以明显提高体系的力学性能，复合材料未进行后处理，性能达不到理想的状态，因为此时的氰酸酯固化反应不是很充分，因此不论材料的力学性能还是耐水煮性能都不太好。经后处理后体系的性能明显改善，如经 200℃后处理 3h 后，复合材料的弯曲强度和层间剪切强度都明显增大，在 220℃后处理 3h 后体系的力学性能已经达到较佳值。继续提高后处理温度和时间虽然可以使体系的剪切强度有一定程度的提高，但是体系的弯曲强度基本上不变甚至下降。后处理对材料性能影响的可能原因是未进行后处理的复合材料与后处理后复合材料相比，前者树脂基体固化不完全，体系中氰酸酯反应形成的三嗪环三维网络不够完善，因此弯曲强度和层间剪切强度较低；而经 220℃后处理后体系固化较完全，弯曲强度和层间剪切强度都变大，综合力学性能达到较好值。当继续提高体系的后处理温度时，由于体系此时的固化程度已经很高，因此继续升高温度对体系反应程度的提高有限，而且氰酸酯的交联程度过高对体系的韧性有负面影响，同时还会造成体系部分老化的不利后果。另外，PS 和 PMMA 的耐热性能不足，过高的后处理温度可引起它们的老化甚至发生分解，造成体系力学性能损失。

4.4.3 改性体系的吸湿性能

闫福胜[24]测试了纯氰酸酯和氰酸酯/MMA/St 半互穿网络体系在沸水中吸水率随水煮时间的变化。由测试数据可知，MMA 和 St 的加入对体系吸水率的影响基本上与在基体中的影响相似。复合材料的吸水率在水煮初期的增长速度比基体树脂吸水率的变化更快，在水煮 20h 时复合材料体系的吸水率基本上已经达到最大值，随着水煮时间的延长吸水率反而有一定程度的下降。因为水分子首先进入树脂基体及复合材料界面中的孔洞、空隙等缺陷中，这一过程通常较快，因此在水煮初期复合材料的吸水率就有很大变化。当这些缺陷完全被水分子占据后，在高温下水分会形成水蒸气，产生很大的蒸汽压，这种压力会寻求复合材料中较弱的地方扩散，如基体树脂中交联度较低的区域及基体与纤维间界面黏结较差的部位，这些都是材料中相对较弱的地方。材料在这种蒸汽压的作用下使基体与纤维的界面黏结强度进一步降低，当界面黏结强度减弱到不能承受这种蒸汽压的作用时，材料会沿着压力的方向出现裂纹，水分子也会沿着裂纹进一步扩散，从而使材料吸收更多的水分，这一过程非常缓慢，因此水煮后期吸水率的变化较小，且很难达到真正的平衡。体系在超过 20h 后吸水率降低则是因为基体在沸水中发生了一定程度的水解。基体水解的主要原因可能是 DBTDL 对氰酸酯的固化反应有较高的催化效果，同时也对氰酸酯固化物的降解有一定的催化作用[25]。虽然复合材料的绝对吸水率不是很高（小于 0.8%），考虑到复合材料中树脂的含量后，我们可以知道复合材料的吸水率相对还是比较高。

闫福胜[24]通过复合材料弯曲强度数据中的力-位移关系，得出结论：水煮前后复合材料弯曲性能会发生较大变化。原因在于，复合材料在水煮前后的破坏形式有所变化，在水煮以前的断裂形式主要表现为脆断，图中可以看到曲线的突变，而在水煮后的破坏形式则与韧性断裂相似。复合材料吸水后使基体树脂塑性化，使水煮后树脂基体与玻璃纤维之间的黏结性能下降，导致复合材料在施加应力过程中基体与纤维之间发生分离。吸水后复合材料性能的下降还可归因于水溶胀而产生的塑性化和机械损伤的综合影响。机械损伤可以是复合材料负载外力时产生的表面微裂纹、渗透性裂纹和基体裂纹[26-28]。

4.4.4 湿热老化对断面形貌的影响

图 4-7 为玻璃纤维增强复合材料水煮前后微观形貌的比较图。从中可以看出，在水煮前纤维的表面比较粗糙，上面附着一些树脂，水煮后则纤维的表面变得更光滑，说明体系的性能下降了。加入 MMA 和 St 后复合材料水煮后的性能相对纯氰酸酯复合材料的性能有一定的改善，但总体说来体系的耐湿热性能不高，这与复合材料力学性能的变化相对应也与 DBTDL 对氰酸酯的水解有一定的催化作用的结论相符[29-34]。

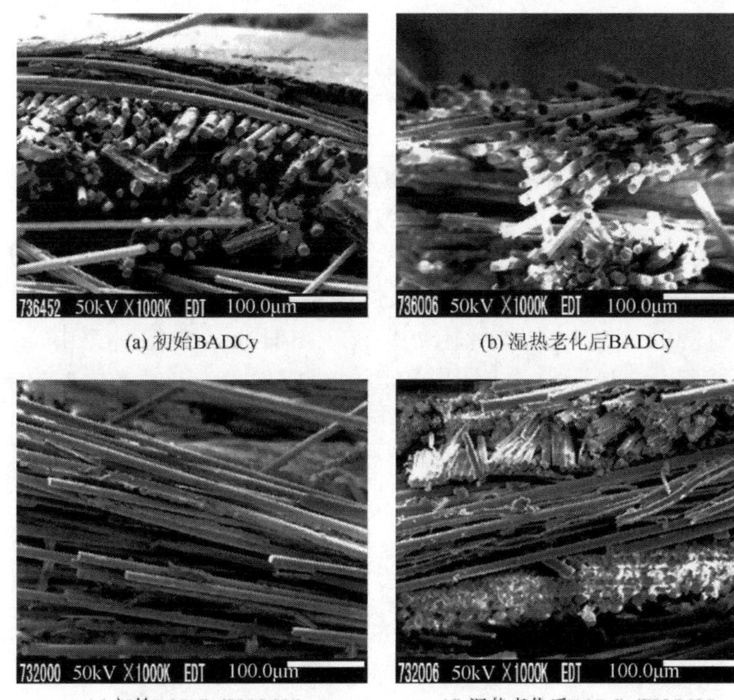

(a) 初始BADCy　　(b) 湿热老化后BADCy

(c) 初始BADCy/S10/M15　　(d) 湿热老化后BADCy/S10/M15

图 4-7　玻璃纤维增强复合材料的 SEM 照片

4.4.5　含不饱和双键的化合物改性氰酸酯树脂

在催化剂的作用下，氰酸酯树脂可与苯乙烯、丙烯酸丁酯、甲基丙烯酸甲酯、不饱和聚酯等含有不饱和双键的化合物共聚形成改性体系[35]。几种含不饱和双键化合物改性树脂体系的浇铸体性能见表 4-14。从表 4-14 中可以看出，氰酸酯树脂/MMA 体系的综合性能较好，力学性能比纯氰酸酯树脂有了较大的提高，韧性也得到明显的改善。

表 4-14　氰酸酯树脂/不饱和双键化合物改性体系性能对比[36]

性能	氰酸酯树脂	氰酸酯树脂/苯乙烯	氰酸酯树脂/甲基丙烯酸甲酯	氰酸酯树脂/丙烯酸丁酯
拉伸强度/MPa	50	50.3	85.1	63.1
断裂伸长率/%	1.42	0.5	3.1	1.8
弯曲强度/MPa	80.9	127.9	169.9	112
冲击强度/（kJ/m^2）	5.2	5.1	6.5	7.2
弯曲模量/GPa	4.5	11	3.9	3.4
马丁耐热温度/℃	—	158	135	112

4.5 性能比较及存在的问题

在催化剂的作用下，CE 可与苯乙烯、丙烯酸丁酯、不饱和聚酯、乙烯邻苯二甲酸酯（PEP）[37]、甲基丙烯酸甲酯（MMA）、*N*-苯基马来酰胺-*N*-（*p*-羟基）苯基马来酰胺-苯乙烯共聚物（HPMS）、*N*-苯基马来酰胺-苯乙烯共聚物（PMS）[38, 39]等带活性官能团的化合物共聚，形成改性体系。CE/MMA 体系的力学性能较纯 CE 有较大的提高，韧性也得到明显改善。在 CE/HPMS/PMS 体系中，改性剂与树脂形成共连续相，当树脂中含有 10%PMS 和 21.5%HPMS 时，体系的断裂韧性提高了 135%，且维持弯曲模量和 T_g 不变。

4.5.1 含不饱和双键化合物改性 CE

在催化剂作用下，CE 可与苯乙烯（St）、丙烯酸丁酯（AK）、不饱和聚酯、乙烯邻苯二甲酸酯（PEP）、甲基丙烯酸甲酯（MMA）、*N*-苯基马来酰亚胺、*N*-苯基马来酰亚胺-苯乙烯共聚物等带有活性官能团的化合物共聚，形成改性体系[40]。

Meyer 等[41]分别从 4-羟基苯乙酮和 3，5-二甲基-4-羟基苯乙酮出发合成两种新的氰酸酯单体 4-乙烯基苯基氰酸酯和 2，6-二甲基-4-乙烯基苯基氰酸酯，通过自由基反应将 CE 单体和苯乙烯共聚，这种共聚物对紫外光非常敏感，可以通过 254nm 光照而固化。对于芳香族氰酸酯的光固化反应来说，存在苯氧基和氰酸酯基自由基的裂解，同时发生了异构化反应而生成相应的异氰酸酯，但是具体机理尚在研究之中。

4.5.2 含不饱和双键的化合物改性氰酸酯树脂的不足

由于含不饱和双键的化合物改性氰酸酯树脂含有热不稳定结构，因此改性体系的热稳定性受到了较大的影响。体系由于这种不稳定的分子结构及过低的玻璃化温度，导致热性能下降。

氰酸脂树脂是目前树脂基复合材料研究领域的重点和热点之一。氰酸酯树脂单体含有两个或两个以上氰酸酯官能团（—OCN），固化反应后形成高度交联的三嗪环化聚合物。单体的化学特性与固化树脂结构/性能关系的独特性，赋予氰酸酯树脂优异的综合性能，表现出力学性能优、耐热性高、吸水率低的优点。特别突出的是，氰酸酯树脂在从 X 波段到 W 波段的宽频带范围内具有非常低的介电常数和介电损耗值，是一种良好的绝缘功能材料。与已规模生产的酚醛树脂、环氧树脂和双马来酰亚胺树脂等热固性树脂基体相比，氰酸酯树脂具有更优的综合性能，与其他正处于研究阶段的树脂（如聚酰亚胺树脂、聚苯并环丁烯树脂、聚苯并咪唑树脂等）相比，氰酸酯树脂成本低廉，具有更高的性价比。因此，氰酸酯树脂已经被认为是二十一世纪具有巨大社会效益和经济效益的一类重要的树脂基体材料。

由于氰酸酯树脂固化后的交联密度大，加上分子中三嗪环结构高度对称，结晶度高，其固化物较脆，对于许多应用场合（如使用环境恶劣的雷达天线罩）来说，仍不能满足要求。虽然氰酸酯树脂的韧性优于环氧树脂和双马来酰亚胺树脂，但作为结构材料用，尤其是主受力结构材料，氰酸酯树脂的韧性仍不够，必须对其进行增韧改性。为此，近十年国际上许多学者开展了氰酸酯树脂的改性研究，改性方法包括与其他热固性树脂共聚、与热塑性树脂共混、橡胶增韧等。然而，这些改性方法有一个共同的缺点，就是在增韧的同时，降低了氰酸酯树脂的机械性能和耐热性。针对目前难以解决的氰酸酯树脂增韧的同时，耐热性和机械性能降低的问题，用含不饱和键的化合物改性氰酸酯树脂，希望在不降低其综合性能的前提下达到增韧的效果，从而开发出具有优异物理、机械、化学、工艺等性能的高性能氰酸酯树脂基复合材料。

参 考 文 献

[1] 张文杰. 复合材料用氰酸酯树脂基体的增韧改性方法[J]. 科技信息，2007，67（12）：56-59.

[2] Pascault J P，Galy J，Mechin F. Studies of the gelation of photocatalyser dicyanate ester resins[J]. In Chemistry and Technology of Cyanate Esters，2003，22（5）：3-7.

[3] Georjon O，Galy J，Pascault J P. Isothermal curing of an uncatalyzed dicyanate ester monomer：kinetics and modeling[J]. Applied Polymer Science，1993，49（8）：1441-1452.

[4] Simon S L，Gillham J K. Reaction kinetics and TTT cure diagrams for off-stoichiometric ratios of a high-T_g epoxy/amine system[J]. Journal of Applied Polymer Science，1992，46（7）：1245-1270.

[5] Grenier L M. A study of the mechanisms and kinetics of the molten state reaction of non-catalyzed cyanate and epoxy-cyanate systems[J]. European Polymer Journal，1995，31（3）：1139-1153.

[6] Fyfe C A，Fu G. Structure organization of silicate polyanions with surfactants：a new approach to the syntheses，structure transformations，and formation mechanisms of mesostructural materials[J]. Journal of the American Chemical Society，2002，117（38）：9709-9714.

[7] Kasehagen L J，Macosko C W. Structure development in cyanate ester polymerization[J]. Polymer International，1997，44（8）：237-247.

[8] Grenier M F，Lartigau C，Metras F，et al. Mechanism of thermal polymerization of xyanate ester systems：chromatographic and spextroscopic studies[J]. Journal of Polymer Science，Part A：Polymer Chemcal，1996，34：2955-2966.

[9] Kenr W，Sehrode R，Hmumel K，et al. Hosftotter Polymers with Pendnat cynaate ester groups：synihesis htemral euring and phootcrosslikning[J]. European Poylmer，1998，34（7）：987-999.

[10] 李文峰，梁国正，于秋霞，等. 适用于室温 RTM 工艺的氰酸酯树脂基体的研究[J]. 航空材料学报，2002，22（3）：26-29.

[11] 何少波，梁国正，杨莉蓉，等. 氰酸酯/苯乙烯体系的反应性及固化树脂的性能研究[J]. 中国胶粘剂，2007，16（2）：1-4.

[12] 何少波. 半互穿网络结构改性氰酸酯树脂体系研究[D]. 西安：西北工业大学硕士学位论文，2007.

[13] Simon S L，Gillham J K. Cure kinetics of a thermosetting liquid dicyanate ester resin/High T_g polycyanurate material[J]. J Appl Polym Sci，1993，47（6）：461-485.

[14] Nair C P R，Gopalakrishnan C，Ninan K N. Kinetics of zinc octoate/nonylphenol catalyzed thermal cure of bisphenol a discyanate[J]. Polymer and Polymer Composites，2001，9（8）：531-539.

[15] Gómez C M，Recalde I B，Mondragon I. Kinetic parameters of a cyanate ester catalyzed with different proportions of nonylphenol and cobalt acetylacetonate catalyst[J]. European Polymer Journal，2005，41（11）：2734-2741.

[16] Recalde I B，Recalde D，Lopera R G，et al. FT-IR isothermal cure kinetics and morphology of dicyanate ester resin/polysulfone blends[J]. European Polymer Journal，2005，41（3）：2635-2643.

[17] 李文峰，梁国正，于秋霞，等. 适用于 RTM 在室温传递的低粘度改性氰酸酯树脂研究[J]. 复合材料学报，2003，20（5）：53-56.

[18] 李静，梁国正. 苯乙烯改性氰酸酯树脂的研究[J]. 化工新型材料，2000，28（10）：37-38.

[19] Liu H P，George G A，Halley P J. Polymer mechanism and kinetics of polymerization of a dicyanate ester resin photocatalysed by an organometallic compound[J]. European Polymer Journal，1996，37（2）：3675-3682.

[20] 李文安. 氰酸酯/聚甲基丙烯酸甲酯互穿聚合物网络的探究[J]. 胶体与聚合物，2007，25（3）：15-16.

[21] 梁国正，秦华宇. 双酚 A 型氰酸酯树脂的改性研究[J]. 化工新型材料，1999，24（6）：29-32.

[22] Mathew D，Nair C P R，Krishnan K，et al. Catalysis of the cure reaction of bisphenol a dicyanate DSC study[J]. Polymer Science Part A：Polymer Chemical，1999，37（4）：1103-1114.

[23] Osei-Owusu A，Martin G C，Gotro J T. Catalysis and kinetics of cyclotrimerization of cyanate ester resin systems[J]. Polymer Engineering Science，1992，32（6）：535-541.

[24] 闫福胜. 氰酸酯树脂研究[D]. 西安：西北工业大学硕士学位论文，1998.

[25] Zacharia R E，Simon S L. Effect of catalyst on the thermal degradation of a polycyanate thermosetting system[J]. Journal Polymer Science，1997，64（2）：127-131.

[26] Ganguli S，Dean D，Jordan K，et al，Chemorheology of cyanate ester-organically layered silicate nanocomposites[J]. Polymer，2003，44（5）：6901-6911.

[27] Ganguli S，Dean D，Jordan K，et al. Mechanical properties of intercalated cyanate ester-layered silicate nanocomposites[J]. Polymer，2003，44（4）：1315-1319.

[28] Fang Z P，Wang J G，Gu A J. Structure and properties of multiwalled carbon nanotubes/cyanate ester composites[J]. Polymer Engineering and Science，2006，46（2）：670-679.

[29] Shimp D A，Hudock F A，Bobo W S. Toughening cyanate functional resins for structural composite matrix application[C]. 18th Int SAMPE Tech Conf，Springer Netherlands，Washington，Educational & Professional Group，1986，18（1）：851-862.

[30] Shimp D A. Thermal performance of cyanate functional thermosetting resins[J]. On Research Gate，1987，19（1）：41-46.

[31] Shimp D A，Hudock F A，Ising S J. Co-reaction of epoxide and cyanate resins[C]. 33rd Int SAMPE Symp Exhib，Springer Netherlands，Florida，Educational & Professional Group，1988，33（8）：754-766.

[32] Shimp D A，Ising S J. New cyanate ester resin with low temperature（125-200℃）cure capability[C]. 35th Int SAMPE Symp Exhib，Springer Netherlands，Washington，Educational & Professional Group，1990，35（2）：1045-1056.

[33] Shimp D A，Ising S J，Moisture effects and their control in the curing of polycyanate resins[J]. American Chemical Society，1992，203（6）：258-262.

[34] Shimp D A. Thermal performance of cyanate functional thermosetting resins[C]. 32nd Int SAMPE Symp，Springer Netherlands，Washington，Educational & Professional Group，1987，32（11）：1063-1072.

[35] 杨建业，强军锋，余竹焕. 氰酸酯树脂改性的研究现状[J]. 化工新型材料，2005，33（4）：13-15.

[36] 李文峰，梁国正，陈淳，等. 酚醛型氰酸酯与双酚 A 型环氧共固化反应的 FT-IR 研究[J]. 高分子学报，2006，33（6）：804-809.

[37] Lijima T. Toughening of bismaleimide resin by modification with poly（ethylene phthalate）and poly（ethane phthalate-co-ethrene isophthalate）[J]. Journal Applied Polymer Science，1997，65（5）：1349-1357.

[38] Fyfe C A，Niu J，Rettig S J，et al. High-resolution ^{13}C and ^{15}N-NMR investigations of the mechanism of the curing reactions of cyanate-based polymer resins in solution and the solid state[J]. Macromolecules，1992，25（1）：6289-6301.

[39] Grenier-Loustalot M F，Lartigau C，Grenier P A. Study of the mechanisms and Kinetics of the molten state reaction of noncatalyzed cyanate and epoxy-cyanate systems[J]. European Polymer Journal，2002，31（11）：1139-1153.

[40] 朱雅红，马晓燕，颜红侠，等. 氰酸酯树脂的增韧改性研究进展[J]. 塑料工业，2004，32（9）：1-4.

[41] Meyer E M，Arendash E M，Judkins J H，et al. Effects of nucleus basalis lesions on the muscarinic and nicotinic modulation of [3*H*] acetylcholine release in the rat cerebral cortex[J]. Journal of Neurochemistry，1987，49（6）：1758-1762.

第 5 章　弹性体改性氰酸酯树脂

许多橡胶弹性体，如氯丁橡胶、聚异戊二烯、端羧基丁腈橡胶（CTBN）、端环氧基丁腈橡胶（ETBN）、端酚基丁腈橡胶、端氨基的丁腈共聚物、端羟基聚二甲基硅氧烷-聚酯嵌段共聚物、端氨基聚四氢呋喃等，都可不同程度地提高 CE 的韧性[1，2]。而且在此改性的基础上，再引入第三组分也能进一步改善氰酸酯树脂的某些性能。

5.1　研究进展及增韧机理

使用橡胶弹性体改性 CE，可在较低的温度（80℃）下与 CE 共混。橡胶弹性体的加入，能极大地提高 CE 树脂的韧性（如氨基丁腈橡胶可使 CE 的韧性提高 2 倍[3]），不会对树脂的黏度产生较大的影响，但会使 CE 树脂的抗热氧化能力和阻燃性能降低。值得注意的是，橡胶的耐热性较差，高温下容易老化，因此橡胶改性 CE 体系的后处理温度不宜过高，否则会对固化物的性能有较大的影响[4]。

5.1.1　研究进展

对许多常见的液体橡胶，如端酚基或端环氧基丁腈橡胶[5]、端氨基丁腈共聚物[6]、端羟基聚二甲基硅氧烷-聚酯嵌段共聚物[7]等，研究者都曾进行过增韧氰酸酯树脂的研究。最近液体端羧基丁腈橡胶增韧氰酸酯树脂也有报道，何少波课题组也对其进行了一定的研究[8-10]。

Hayes 等[11]在研究低温固化的氰酸酯复合材料时，发现用环氧端基丁腈橡胶改性氰酸酯树脂能大幅度提高复合材料的断裂韧性，当橡胶质量分数为 20%时，断裂韧性可增加两倍多。

法国的 Cao[12]和 Borraji[13]使用丁腈橡胶、端氨基的丁腈橡胶和端羧基的丁腈橡胶来增韧氰酸酯树脂。热力学分析表明，丁腈橡胶的加入对氰酸酯的聚合反应速率影响甚微，而端氨基或端羧基丁腈橡胶由于所含活泼氢的催化效应，对聚合反应速率产生影响。此外，橡胶相的加入降低了聚氰酸酯的玻璃化温度，橡胶的含量越多或者橡胶与氰酸酯树脂的相容性越好，则玻璃化温度降低幅度越大[12，13]。

Grigoryewa 等[14]在研究氰酸酯/聚氨酯半互穿网络时，发现聚氨酯弹性体的加入可以提高氰酸酯胶黏剂的剪切强度，其中聚氨酯浓度在 20%时剪切强度最高，比纯的氰酸酯胶黏剂可提高 1.3～1.5 倍。这种剪切强度的增加显然与体系初始性能的提高有关。

聚硅氧烷也曾用来增韧 CE 树脂[15-17]。ICIFiberite 公司的 Arnold 和 Mackenzie 为了提高空间材料的抗原子氧、吸湿及抗微裂纹性能，曾采用端 CE 基的聚硅氧烷低聚物（Mn1000 型硅氧烷）增韧 CE 树脂[15, 16]。由于硅氧烷迁移到表面并被氧化成硅酯，结果这一材料的抗原子氧能力提高了 100%。同时还利用这种增韧体系制成纤维复合材料并申请了专利[16]。韧性、吸湿性和抗原子氧性能见表 5-1 和表 5-2。

表 5-1　纯 CE 树脂的性能

性能	硅氧烷（Mn1000 型）/CE	954-3 增韧 CE	934 环氧树脂
吸湿率/%	0.31	0.45	>1.90
弯曲强度/MPa	130	132	67
弯曲模量/GPa	3.1	3.2	4.3
断裂韧性/（$MPa/m^{1/2}$）	1170	454	约 150

注：①吸湿条件为 80%相对湿度、室温至平衡。
②954-3 是一种商品化的 CE 预浸料。

表 5-2　硅氧烷（Mn1000 型）改性 CE 的表征

硅氧烷质量分数/%	MCF/［μg/（cm^2/h）］	断裂韧性/（J/m^2）
0	492	710
5	367	912
10	298	1022
20	189	—
30	71	—
954-3	603	530

注：①MCF 为横向损坏因子（在氧等离子体中）。
②硅氧烷，Mn1000 型，含 50%甲基、50%苯基。

美国 HEXCEL 公司的 Arnold 用数均分子量 1500～10000 的端胺丙基的二-甲基硅氧烷和二苯基硅氧烷的共聚物改性氰酸酯树脂。结果发现改性后的氰酸酯树脂的韧性、抗原子氧能力、疏水性和阻燃性都得到了极大提高。例如，与空白的 Xu71787.02L 氰酸酯树脂比较，改性体系的 G_{IC} 可从 160J/m^2 增加到 461J/m^2，吸水率从 0.99 降到 0.81，氧化环境中的刻蚀速率从 284mg/cm^2 降到 82.5mg/cm^2，阻燃实验中的燃烧长度从 3.30cm 降低到 3.05cm[18]。

Howard 大学的 Pollack 等[19]发表了端苯基 CE 基聚硅氧烷低聚物增韧线性酚醛基 CE 树脂，他们合成出端苯基氰酸酯基的二甲基硅氧烷低聚物，并将其与一种酚醛型的氰酸酯树脂进行共聚，两者的质量比为 10/100。当二甲基硅氧烷低聚物中硅的原子数达到 8 或用二苯基硅氧烷代替部分二甲基硅氧烷时，共聚物产生两相，其中橡胶相的尺寸在 20～30μm，他们认为这种粒径大小的橡胶相的存在可以提高氰酸酯树脂的断裂韧性，但他们并没有报道增韧体系的性能。

5.1.2 增韧机理

橡胶弹性体上的活性端基（如羧基、羟基、氨基等）与 CE 树脂中的 CE 基团反应形成嵌段共聚物[20]。由于 CE 的固化可以不加固化剂，所以可以相对简单地用 Flory-Huggins 公式对橡胶改性 CE 树脂体系的相分离方法进行热力学分析[21]。在树脂固化中，这些橡胶类弹性体嵌段一般能从基体中析出，在物理上形成两相结构。这种橡胶增韧的热固性树脂的 G_{IC} 比未增韧的树脂有较大幅度的提高。橡胶相的主要作用在于诱发基体的耗能过程，而其本身在断裂过程中被拉伸撕裂所耗的能量一般只占次要地位，形成的相区可以出现剪切屈服，形成裂纹或空洞从而提高韧性。橡胶增韧的主要缺点是玻璃化温度和模量下降，从而降低使用温度。

Borrajo 等[21]利用 Flory-Huggins 方程对橡胶弹性体增韧 CE 相分离过程作了热力学分析。假设环化三聚反应只涉及 CE，则可以把体系看作二元混合体系。CE 单体环化三聚时，其结构和极性发生了急剧变化，随着三嗪环的形成，两相间的溶解度参数差距增大，因此与弹性体的相容性变差。由于存在这种结构变化，橡胶增韧 CE 固化行为与橡胶增韧 EP 固化行为存在不相同。在固化过程中，熵对混合自由能的贡献减少，同时 Flory-Huggins 相互作用参数也减少。而熵的贡献占主导地位，因此产生了相分离。

Yang 等[22, 23]对弹性体增韧 CE 提出了一种核-壳增韧机理。他们认为改性体系固化后形成了核-壳结构。弹性体组分形成的橡胶粒子作为核，壳为 CE 固化物。材料在外力的作用下发生变形，核-壳结构发生位移（剪切屈服）产生空穴而吸收能量，而核又可以终止裂纹，从而起到了增韧的作用。

典型的橡胶增韧氰酸酯体系是 Dow 公司的核-壳橡胶粒子（core-shell rubber，CSR）增韧的 Xu71787 树脂体系[24]。核-壳橡胶是一种直径很小（0.1μm）且直径均匀、由轻度交联的橡胶核与树脂基体相容共聚物壳构成的颗粒。与传统的橡胶增韧氰酸酯树脂相比，核-壳橡胶粒子增韧氰酸酯树脂具有的优点为，共混体系的聚态结构可以预定且可再生，不取决于固化中的相分离；橡胶的加入对热性能的影响较小；橡胶对共混物黏度的影响较小。表 5-3 列出了橡胶增韧氰酸酯树脂体系的性能，可以看出，加入少量橡胶即可获得显著的增韧效果，橡胶含量以 5%为最佳。但核-壳橡胶粒子增韧氰酸酯树脂同样出现耐热性和模量降低的缺点。同时，他们还比较了端羟基丁腈橡胶 HTBN 和预制核-壳橡胶颗粒增韧效果。由于核-壳橡胶粒子增韧形成完全相分离，因此核-壳橡胶粒子对 XU71787 氰酸酯树脂的增韧效率比 HTBN 对 Arocy M-20 的增韧效率更高。但是由于 RTX-366 氰酸酯的韧性更高，所以尽管 REX-378 采用增韧效率比美国华盛顿的荷兰施普林格公司的 US 更低的 HTBN 增韧，该体系的韧性改善效率在三个体系中还是最高的。Dow 化学公司还曾研究过用核-壳橡胶粒子增韧酚醛型氰酸酯（PT）树脂，增韧效果也很好[25]。

表 5-3　核-壳橡胶/Xu71787 共混体系的性能

性能	橡胶质量分数/%			
	0	2.5	5.0	10.0
玻璃化温度 ᵃ/℃	250	253	254	254
吸湿率 ᵇ/%	0.70	0.76	0.95	0.93
弯曲强度/MPa	121	117	112	101
弯曲模量/GPa	3.3	3.1	2.7	2.4
弯曲应变/%	4.0	5.0	6.2	7.5
K_{IC}/（$MPa·m^{1/2}$）	0.522	0.837	1.107	1.118
断裂韧性/（kJ/m^2）	0.07	0.20	0.32	0.63

a. 固化工艺：175℃/1h，225℃/1h，250℃/1h。

b. 湿态条件：水煮 48h。

从更广泛的意义来讲，核-壳橡胶粒子增韧 CE 树脂是一种新型橡胶增韧的 CE 树脂体系。CSR 粒子中的核一般为丁苯、丙烯酸酯、三元乙丙胶、氟橡胶等橡胶，橡胶需要经过交联，以减少其在氰酸酯基质中的溶解度。CSR 粒子中的壳一般为在橡胶上接枝的苯乙烯、丙烯腈、丙烯酸酯类的聚合物或者上述单体的共聚物。壳中组分必须与氰酸酯基质有很好的相容性，以防止橡胶粒子发生团聚[2]。核-壳型弹性体是指具有橡胶核心和塑料壳层粒子结构的弹性体。与一般橡胶增韧相比，核-壳橡胶粒子增韧 CE 树脂的优点在于形态易控制，增韧效率较高。核-壳橡胶的玻璃化温度、含量、粒径、壳层单体在核上的接枝率、核/壳比等因素都会对塑料共混物的抗冲性能产生影响，且存在最佳值[20]。

虽然橡胶弹性体（核-壳橡胶除外）增韧的氰酸酯树脂比未增韧树脂的韧性有较大提高，但改性后材料的热性能和力学性能均会发生下降。例如，在双酚 E 型的氰酸酯树脂中加入 15%的端氨基丁腈橡胶，会因有少量的橡胶弹性体溶解在氰酸酯基质中，造成玻璃化温度从 261℃降低到 213℃[26]。故弹性体增韧的氰酸酯树脂体系在使用温度上受到限制。采用高玻璃化温度的热塑性树脂改性氰酸酯树脂则可以解决上述问题。

5.2 BADCy/CTBN 改性体系

CE 最常用的橡胶增韧剂为端羧基丁腈橡胶（CTBN）。实验证明[27]端羧基丁腈橡胶的增韧效果优于端氨基橡胶（ATBN）。Yu 等[28]用端羧基丁腈橡胶增韧氰酸酯树脂，共混物的韧性依赖 CTBN 的含量。树脂中加入 10%的 CTBN 可以使冲击强度提高 200%，而储能模量只稍微降低。他们认为是相分离和微孔增韧机理共同作用提高了韧性。Wang 等[29]也同样探讨了 CTBN 对氰酸酯树脂的增韧。Hayes 等[11]发现环氧封端丁腈橡胶也能显著提高氰酸酯树脂的韧性。

5.2.1 固化工艺

王结良等[30]采用液体端羧基丁腈橡胶对双酚 A 氰酸酯树脂进行增韧改性，通过对体系凝胶曲线和 DSC 曲线分析，确定了体系的固化条件，并在与纯 CE 比较的基础上，通过 FT-IR 和 DSC 曲线发现 CTBN 在低温阶段对体系固化有较为明显的影响，而在高温阶段对 CE 固化影响较小。

王结良课题组通过长期研究，给出了 CE 树脂和 15%CTBN（质量分数）改性的 CE 树脂的凝胶曲线。由测试数据可知，在低温阶段（120～150℃），改性体系的凝胶时间明显小于纯 CE 体系。这表明在低温阶段 CTBN 对 CE 的固化有较为明显的影响，CTBN 的羧基对 CE 的固化起到了催化作用；而在高温阶段（150℃以上），两者曲线几乎重合，说明在 150℃以上，CTBN 对 CE 的固化影响不大。其原因可能是在升温至 150℃的过程中，CTBN 的羧基被体系中可能存在的杂质所终止，在 150℃以上，体系的反应主要表现为 CE 树脂的自聚反应。

同时，王结良也给出了 CE 树脂和 15%CTBN 改性的 CE 树脂的 DSC 测试数据。DSC 曲线对凝胶时间曲线的差异给出了合理的解释。由于 CTBN 的加入，CE 的固化反应得到了缓和，反应放热比纯 CE 体系小得多，而反应过程中的最大固化速率温度（T_{onset}）几乎相等，反应的起始温度、最大峰值也较为一致。这说明在低温阶段 CTBN 的羧基已被终止，高温阶段体系表现出来的是 CE 的固化反应。根据体系的凝胶曲线和 DSC 曲线，确定体系的固化工艺仍为 120℃/1h+150℃/1h+180℃/2h+200/5h。

5.2.2 反应体系特性

任鹏刚等[31]研究了 CTBN 改性双酚 A 型氰酸酯（BADCy）的反应性、力学性能和增韧机理，发现 CTBN 对 BADCy 的低温固化反应有弱的催化作用，但对 BADCy 的高温固化反应有阻碍作用。当 CTBN 的质量分数超过 15%时，共混体系的韧性大幅增强，研究者认为是由于 CTBN 以球形颗粒的形式从 BADCy 基体中析出，形成了大量的剪切带和银纹，吸收能量而提高了韧性。

王结良等[30]将纯 CE 和含有 15%CTBN 的 CE 按 100℃/1.5h+130℃/1.5h+160℃/1.5h+180℃/1.5h 工艺固化，并在各温度点测试其红外吸收性能，讨论了 CTBN 的加入对 CE 固化反应的影响。以 1500cm^{-1} 处的苯环吸收峰为基准，以 2272cm^{-1} 处氰酸酯吸收峰为对照，计算的氰酸酯的固化程度见表 5-4。可以看出，CTBN 的加入对 CE 的红外吸收特性具有一定的影响。CTBN 的加入使得体系反应程度得到提高。在低温阶段，CTBN 促进了反应的进行，并最终使得体系反应程度高于纯 CE 的反应程度。

表 5-4 体系在各个时间点的反应程度

工艺	纯 CE	CE/CTBN（15%）
0℃	0	0
+100℃/0.5h	5.2	10.2
+130℃/0.5h	11.4	24.8
+160℃/0.5h	21.7	53.4
+180℃/0.5h	85.1	90.0

朱雅红等[32]采用液体端羧基丁腈橡胶（CTBN）对氰酸酯树脂（CE）进行共混改性，利用红外光谱研究了反应体系的特性。他们认为作为增韧改性剂 CTBN 是一种能够在两相界面析出的“钉铆”型预聚物，以丁二烯、丙烯腈和少量丙烯酸进行乳液共聚制得，其结构中引入的极性端基—COOH 使它具有一定的反应活性。图 5-1 为 CTBN、CE、CTBN 与 CE 在 120℃、2h 反应产物的红外图谱。

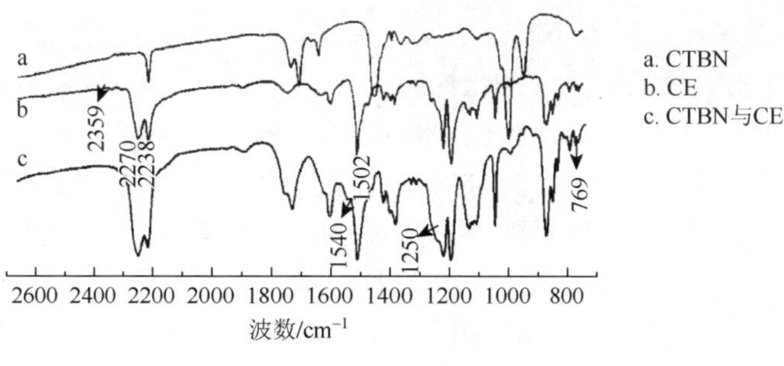

图 5-1 红外图谱

由图 5-1 可观察到 b 位于 2270cm^{-1} 和 2238cm^{-1} 处的强吸收峰分别是氰酸酯基（—OCN）和氰基（—CN）的吸收峰，它是氰酸酯的特征吸收峰；位于 1502cm^{-1} 处的强吸收峰是苯环的吸收峰，在固化过程中不参加反应，可作为基准峰；在 2359cm^{-1} 处可观察到一个微弱的异氰酸酯基（—NCO）吸收峰，这是在 CE 合成过程中产生的，正是这些微量的—NCO 可以与 CTBN 中的羟基（—OH）在固化过程中发生反应，使 CE/CTBN 共混物表现出良好的相容性及力学性能。同时可观察到图 5-1 中 c 分别在 1540cm^{-1}、1250cm^{-1} 和 769cm^{-1} 处产生微弱的氨基甲酸酯特征吸收峰，这种反应虽然不是主导反应，但认为正是这种化学反应对共混物的物性有着决定性的作用。反应示意图如下：

$$\mathrm{OCN{-}R{-}NCO + HO{-}R'{-}OH} \longrightarrow \begin{cases} \mathrm{OCN{-}R{-}HN\overset{\overset{\displaystyle O}{\|}}{C}NH{-}R'{-}O{-}\overset{\overset{\displaystyle O}{\|}}{C}{-}O{-}R{-}NCO} \\ \mathrm{HO{-}R'{-}O{-}\overset{\overset{\displaystyle O}{\|}}{C}{-}NHR{-}HN\overset{\overset{\displaystyle O}{\|}}{C}O{-}R'{-}OH} \end{cases}$$

5.2.3　静态力学性能

王结良等[30]发现当 CTBN 质量分数为 15%时，改性体系的弯曲强度和冲击强度分别提高了 39.26%和 21.19%，改性体系综合力学性能最佳。王结良课题组给出了利用不同含量 CTBN 改性 CE 复合体系的冲击和弯曲性能。从弯曲性能曲线可以看出，随着 CTBN 用量的增大，弯曲性能呈现出先增大后减小的趋势，并在用量为 15%左右时达到最大值，从 100.53MPa 提高到 140MPa，明显地改善了体系的弯曲性能；而冲击性能则呈现出总体增大的趋势。弯曲性能在 15%以前的增大趋势来源于 CTBN 在体系中增韧的现象，而高含量阶段的下降趋势取决于 CE 基体与橡胶相（CTBN）之间可能的缺陷，同时，在高含量阶段随着橡胶相的增大，整个体系的性能向橡胶相性能逐步倾斜，从而有到 30%处弯曲性能急剧下降的现象，这从 5.2.7 小节的微观性能中也可以清楚地看到。冲击性能在 2%时最低，这可能是因为 CTBN 用量太小时，不仅没有起到增大冲击强度的作用，反而使得 CE 基体中出现相畴缺陷而降低固化树脂的冲击性能。当 CTBN 用量增加时，橡胶相在体系中起到缓冲作用，增大了体系的抗冲击性。根据以上分析及两者兼顾的原则，以质量分数在 15%～20%的 CTBN 改性 CE 综合性能最佳。当 CTBN 用量为 15%时，改性体系的弯曲强度和剪切强度分别提高了 39.26%和 21.19%。

朱雅红等[32]发现当 CTBN 加入 10 份时，冲击强度提高 150%。朱雅红课题组通过测试给出了不同配比的 CE/CTBN 共混体系的力学性能变化趋势。可以看出，共混物的冲击强度随 CTBN 用量的增加而不同程度地提高，10 份的冲击强度（15.10kJ/m^2）明显大于 6 份的冲击强度（12.19kJ/m^2），弯曲强度几乎不下降；但

16 份的冲击强度（16.13kJ/m^2）较 10 份的提高幅度不大，而弯曲强度下降较多。这可用一般的弹性体增韧规律来解释，因为弹性体含量越高，其引发基体的银纹和剪切屈服也就越多，所以基体吸收的冲击能也就越大，故共混物的冲击强度提高。实验证明 CTBN 加入 10 份时，CTBN 可大幅度提高 CE 树脂基体的韧性，获得力学性能良好的共混物体系。

5.2.4　动态力学性能

朱雅红等[33]通过动态力学性能分析证明，BCE/CTBN 共混物是一个多相体系，存在橡胶 CTBN 相、BCE 相和以 BCE 为主的 BCE/CTBN 共聚相、以 CTBN 为主的 BCE/CTBN 共聚相。课题组给出了 CTBN 添加量为 10%时（每 100 份 BCE 中含 10 份 CTBN，质量比），BCE/CTBN 共混物的储能模量 E'、损耗模量 E''及介电损耗角正切值 $\tan\delta$ 对温度依赖关系。由测试数据可知，改性后体系的储能模量有所降低。介电损耗角正切与温度关系中显示多个转变峰，说明改性体系是一个多相体系，这种多峰的出现有利于体系韧性的提高。出现在−72℃低温区的玻璃化转变主要是橡胶 CTBN 相的贡献，出现在 199℃高温区的玻璃化转变主要是 BCE 相的贡献，而在 87℃处的峰是以 BCE 为主的 BCE/CTBN 共聚相，在−25℃处出现的峰是以 CTBN 为主的 BCE/CTBN 共聚相。从介电损耗角正切数据可知，BCE/CTBN 体系中 BCE 相对应的 T_g 较纯体系中的小，BCE 相自身的 T_g 为 249℃，由于 BCE 与 CTBN 间发生部分反应，BCE/CTBN 共混物中 BCE 相的 T_g 降为 242℃。

5.2.5　热性能分析

任鹏刚等[31]报道了 CTBN 含量与热变形温度间的关系，发现当 CTBN 质量分数低于 10%时，体系的 HDT 下降很小，加入 10%的 CTBN 仅使 HDT 下降 5℃；CTBN 质量分数高于 10%时，体系的 HDT 急剧下降，含 25%CTBN 的共混体系 HDT 下降为 161℃，比改性前下降了 38℃。

朱雅红等[33]对 BCE/CTBN 共混体系的热性能进行了分析。课题组测试了 BCE/CTBN 共混物的热失重样品，数据表明失重率为 5%时，纯 BCE 和含 CTBN 6%、10%、16%的共混物对应的温度分别为 389℃、378℃、364℃、352℃，其分解温度均在 350℃以上；纯 BCE 和含 CTBN 6%、10%、16%的共混物最大失重速率对应的温度分别为 436℃、434℃、432℃、431℃，说明 CTBN 的加入对共混物的热性能影响较小。纯 BCE 和含 CTBN 6%、10%、16%的共混物的热变形温度分别为 200℃、193℃、191℃、191℃。可以看出，采用 CTBN 增韧的 BCE 树脂热变形温度下降不大，而且当 CTBN 质量分数小于 16%时，CTBN 份数的增加对体系耐热性影响不大。从以上分析可以得出，BCE/CTBN 共混体系具有优良的耐热性。

王结良等[30]发现固化树脂的 TGA 曲线和 HDT 曲线表明树脂的耐热性能随着 CTBN 用量的增大而下降，当 CTBN 质量分数从 0%提高到 15%时，树脂体系的起始分解温度从 407℃降低到 383℃。王结良课题组测试了纯 CE 和 CTBN 改性 CE 的 TGA 曲线，随着体系中 CTBN 用量的增大，基体起始热分解温度逐渐降低，当质量分数达到 15%时，从 407℃降至 383℃，体系的分解由于 CTBN 的加入而提前和加速。这主要是因为 CTBN 耐热性能较差，随着温度升高，橡胶相首先发生老化和分解，引起整个体系相态结构的破坏，使得体系的起始热分解温度下降。同时，王结良课题组给出了改性体系的热变形温度与 CTBN 含量之间关系的测试结果。由测试数据可知，体系的 HDT 随着 CTBN 用量的增大而降低。当质量分数达到 25%时，CE 体系的 HDT 从 198℃下降到 161℃。测试数据整体表现出与 TGA 曲线相似的规律。在外界温度升高的过程中，橡胶相的存在使得体系的热性能迅速下降。当 CTBN 质量分数超过 20%，从热性能的角度来说，已基本失去改性的意义。在 CTBN 质量分数低于 20%时，热性能下降幅度不是很大，基本能够满足应用要求。

5.2.6　介电性能

王结良等[30]发现当 CTBN 质量分数为 15%时，改性体系的弯曲强度和冲击强度分别提高了 39.26%和 21.19%，改性体系综合力学性能最佳，但电学性能稍有下降。他们采用波导短路法对固化树脂的电学性能进行测定。表 5-5 为频率为 1MHz 时测得的纯 CE 和 CTBN 改性 CE 的介电常数和介电损耗角正切值。从表 5-5 可以看出，CTBN 的加入对 CE 树脂的电性能有负面影响。介电常数和介电损耗角正切值均随 CTBN 的加入而增大，但影响不大，基本能够保持 CE 树脂介电性能优良的优势，对其在航空、电子等领域的应用不会有太大的负面影响。

表 5-5　固化树脂的电学性能

CTBN 质量分数/%	介电常数		介电损耗	
	均值	变异系数	均值	变异系数
0	2.9	0.1	0.007	0.001
2	3.0	0.2	0.008	0.001
5	3.2	0.1	0.008	0.0005
8	3.2	0.2	0.008	0.001
15	3.3	0.1	0.010	0.001
25	3.5	0.1	0.012	0.002

5.2.7　微相结构及增韧机理

任鹏刚等[31]研究发现，CTBN 大幅增强 CE 韧性的原因是，由于 CTBN 以球形颗粒的形式从 BADCy 基体中析出，形成了大量的剪切带和银纹，吸收能量而提高了韧性。

朱雅红等[33]认为液体端羧基丁腈橡胶改性氰酸酯树脂可形成典型的海岛状共混结构；当面均粒径为 2～3μm 时，增韧效果最佳。他们认为共混物中各聚合物之间主要是物理结合，对于两种聚合物的共混物，存在三种区域结构（即两种聚合物各自独立的相和两相之间的界面层），界面层的结构，尤其是聚合物之间的界面相容性，对共混物的性质特别是力学性能有决定性的影响。在 CE/CTBN 共混物中，CTBN 的活性端基—OH 与 CE 树脂中的—NCO 反应形成嵌段，在树脂固化中，这些 CTBN 嵌段能从 CE 中析出，形成两相结构。图 5-2 为不同配比的 CE/CTBN 共混物冲击断口的电镜照片。

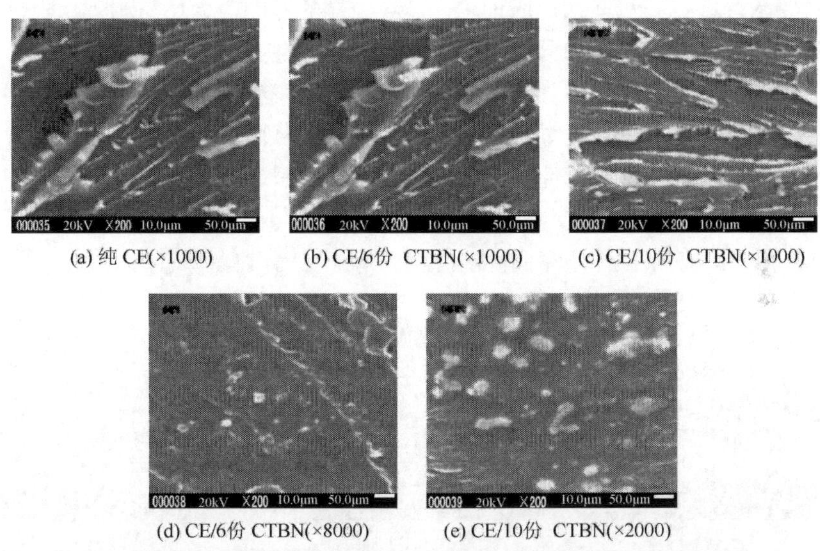

(a) 纯 CE(×1000)　(b) CE/6份 CTBN(×1000)　(c) CE/10份 CTBN(×1000)

(d) CE/6份 CTBN(×8000)　(e) CE/10份 CTBN(×2000)

图 5-2　不同配比的 CE/CTBN 共混物冲击断面的 SEM 照片

由图 5-2（a）可以看出，纯树脂基体的断面呈现明显的脆性断裂花纹，以脆性断裂为主；而图 5-2（b）和（c）CE/CTBN 共混物的断面，除了有河流花样外，还存在大量大而深的韧窝，随着 CTBN 含量的增加，断裂面由以脆性断裂为主逐渐向以韧性断裂为主过渡。分析 CTBN 增韧体系的微相结构，由图 5-2（d）和（e）中可以看出，共混物在微观结构上呈现为非热力学相容的多相体系，白色颗粒为 CTBN，其界面模糊，形成良好的界面相容。CTBN 粒子与 CE 基体之间较好的界面黏结对增韧改性是重要的基本条件，通过多重银纹的形成，有助于银纹化和屈服，也会改变 CTBN 粒子的分布状态，发生嵌段的表面层会降低聚集并防止 CTBN 相区之间的相互接触。另外，分散相的颗粒大小及分散相的颗粒均匀程度是影响 CTBN 增韧 CE 树脂形变行为的另一重要因素。分散相颗粒太小，小于银纹厚度时，分散相会埋入银纹中，起不到终止银纹进一步扩大的作用，增韧的效果相对较小；当分散相颗粒太大时，虽终止银纹的作用较大，但是分散相与连续相接触面积大大减少，界面黏结作用减弱，诱导银纹的数目较少。所以，分散相粒径应适中；当分散相粒径为 2～3μm 的颗粒分布较多时，CE/CTBN 共混物力学性能较好，这与资料中报道的相符[34]。这也可从材料的力学性能得到证实。

王结良等[30]从图 5-3 给出的纯 CE 树脂和 CTBN 改性 CE 树脂的弯曲断口的 SEM 照片发现，纯 CE 的弯曲断口表现为典型的脆性断裂，随着 CTBN 含量的增大，断口微观上表现出越来越明显的韧性断裂形貌。根据断裂力学的研究成果可以知道，CTBN 颗粒脱胶和断裂后所形成的孔洞的塑性弹性体膨胀和颗粒与孔洞所诱发的剪切屈服变形是 CTBN 增韧 CE 的两种途径。从图 5-3（a）到图 5-3（e），体系中有或多或少的孔洞和颗粒脱落。根据孔洞剪切屈服理论，裂纹前端的三向应力场与颗粒相固化残余应力的叠加作用使得颗粒内部和颗粒/基体界面破裂而产生孔洞。这些微孔洞一方面产生体膨胀，另一方面又由于颗粒赤道上的应力集中而诱发相邻颗粒间基体的局部剪切屈服。此外，这种屈服过程还会导致裂纹尖端的钝化，从而进一步达到减小应力集中和阻止断裂的目的，达到增韧改性效果。但是，当 CTBN 的质量分数达到 30%［图 5-3（e)］时，体系中明显存在橡胶颗粒，同时，CE 树脂与橡胶间黏结性能不够而造成缺陷［图 5-3（e)］，使得该体系弯曲性能急剧下降，反而没有起到增韧改性的目的。

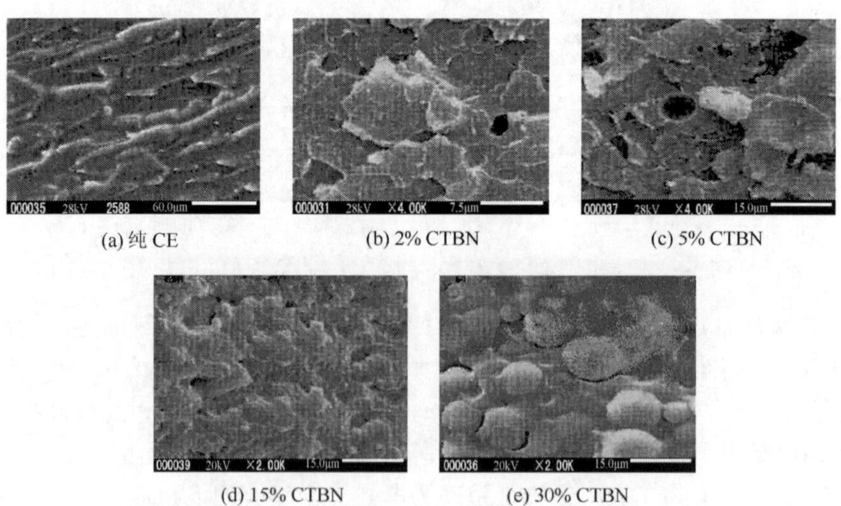

(a) 纯 CE　(b) 2% CTBN　(c) 5% CTBN
(d) 15% CTBN　(e) 30% CTBN

图 5-3　CTBN 改性 CE 固化树脂的 SEM 照片

5.3　DCPDCE/CTBN 改性体系

贾丙雷等[35]采用端羧基液体丁腈橡胶（CTBN）对双环戊二烯型氰酸酯树脂（DCPDCE）进行改性。结果表明，CTBN 对 DCPDCE 的固化反应具有催化作用；CTBN 用量较小时就能够有效地改善 DCPDCE 的力学性能；CTBN 改性 DCPDCE 服从孔洞剪切屈服机理；CTBN 的加入对 CPDCE 的吸湿性能有负面影响，但在用量少于 8%时吸水率均在 1%以下。

5.3.1　CTBN 对固化温度的影响

影响 DCPDCE 固化工艺的两个重要因素是固化温度和固化时间，它们是控制树脂固化速率和固化程度的关键，固化工艺直接影响了树脂体系的性能。对于热固性聚合物，其固化过程是一个放热过程，在 DSC 曲线上表现为放热峰，通过放热峰的温度可以初步断定固化反应的固化温度。贾丙雷等[35]对纯 DCPDCE 和 15%CTBN 改性 DCPDCE 的 DSC 进行测试比较，测试数据显示，CTBN 的加入对 DCPDCE 固化温度的影响不是很大，反应的起始温度也较为一致，这说明在高温阶段体系表现的是 DCPDCE 的固化反应。

在固化过程中，每次升温之前测试各个组分同一样品同一点的 FT-IR 数据，由测试数据可得出结论，不同时间段体系的反应程度是不同的。在 170℃时反应尚未进行完全，氰酸酯（$2273cm^{-1}$、$2235cm^{-1}$）的特征峰还存在；而在 200℃时氰酸酯的特征峰消失，表明反应基本完全。另外，在同一温度下不同组分的反应程度和反应速率也不一样。例如，在 170℃时，纯 DCPDCE 的特征峰依然存在，且峰高数值比 5%CTBN 改性体系大，5%CTBN 已几乎反应完全。这是因为 DCPDCE 单体中含有 3 个—OCN 基团，使树脂的空间位阻较大，活化能较高，中间的—OCN 基团不易发生反应而生成三嗪环，因此会有残余的氰酸酯特征数据；而 CTBN 的加入可降低反应活化能从而起到催化作用，使反应较易进行，因此残余的氰酸酯含量较低，峰值数据较小。

5.3.2　静态力学性能

贾丙雷等[35]通过对不同含量的 DCPDCE/CTBN 改性体系的力学性能的测定，将测试数据比较并归纳，得出结论，随着 CTBN 含量的增大，体系的冲击强度提高。这是因为 CTBN 在体系中起到缓冲作用，使体系的冲击强度提高。当 CTBN 质量分数为 8%时，冲击强度达到最大值 $8.2kJ/m^2$，比纯 DCPDCE 提高了 16.8%。

这是因为 CTBN 质量分数达到 8%以后，橡胶相会引起基体的应力集中而诱发相邻颗粒间基体的局部剪切屈服，这种屈服过程还会导致裂纹尖端的钝化，从而达到提高韧性的目的。

对于不同含量的 DCPDCE/CTBN 改性体系的弯曲强度，该课题小组认为，随着 CTBN 含量的增加，体系的弯曲强度有所提高，当 CTBN 质量分数为 2%时达到最大值 117.93MPa。这是因为纯 DCPDCE 中有大量三嗪环存在，固化过程中体系中生成的这些球状结构不可避免地带来很多微缺陷，而少量 CTBN 的加入可以弥补纯 DCPDCE 固化时产生的微缺陷，使得体系的弯曲强度提高。

5.3.3 动态力学性能

贾丙雷等[35]同步测试了 DCPDCE/CTBN 改性体系的动态热机械分析（DMA）数据。测试结果表明，体系的储能模量在 CTBN 质量分数为 2%时有所增大，而后趋于稳定。这是因为当 CTBN 质量分数为 2%时，橡胶相的加入可以弥补纯 DCPDCE 的微缺陷，填补三嗪环所造成的孔隙，使得体系的储能模量有所提高，这与弯曲性能测试的结果是一致的。测试数据还表明，随着 CTBN 含量的增加，改性体系的介电损耗角正切值（tanδ）有不同程度的提高，说明体系的韧性提高，这与冲击性能测试的结果是一致的。

5.3.4 断面微观结构

图 5-4 为不同组分 DCPDCE/CTBN 体系冲击试样断口的 SEM 照片。从图 5-4 可以看出，随着 CTBN 含量的增加，断面由开始的较为平滑变为河流状，而且河流状断面越来越明显。在 CTBN 质量分数达到 2%以后，有了少许纤维状拔出，说明韧性是增大的，这与冲击强度的变化规律一致。从图 5-4 还可以看出，改性体系中并没有纤维状的银纹结构，这与孔洞剪切屈服理论是一致的[36]。

(a) 纯 DCPDCE

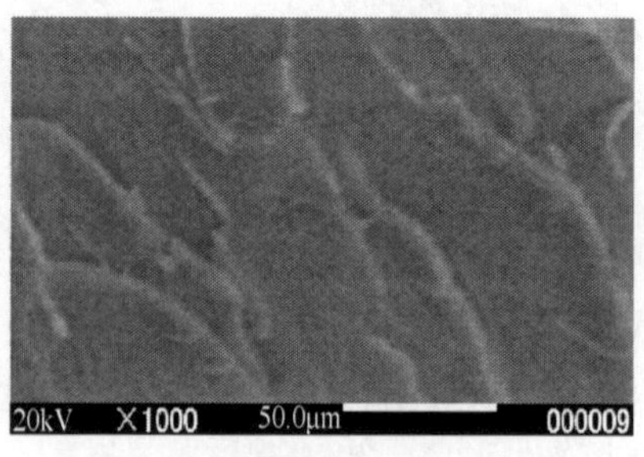

(b) 2%CTBN/DCPDCE

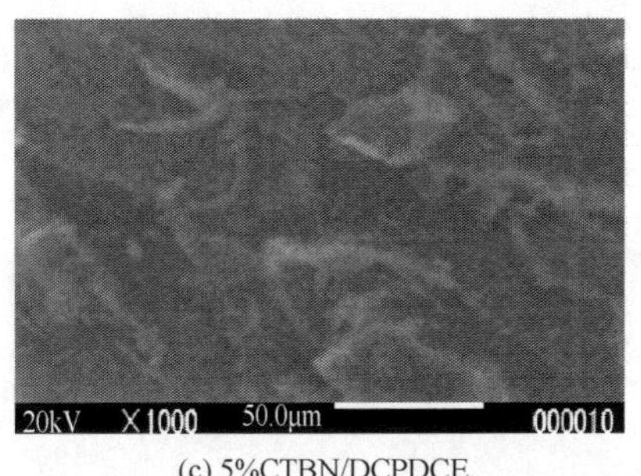

(c) 5%CTBN/DCPDCE

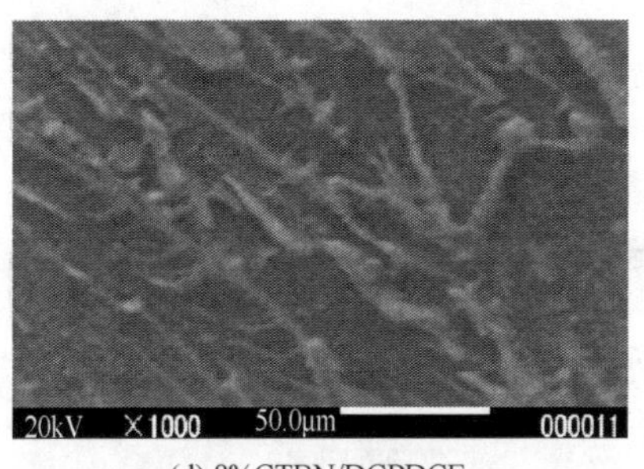

(d) 8%CTBN/DCPDCE

图 5-4　DCPDCE/CTBN 体系冲击试样断口 SEM 照片（×1000）

5.3.5　耐湿热性能

对于不同组分 DCPDCE/CTBN 改性体系在沸水中浸泡后的吸水率变化，贾丙雷课题组通过测定给出结论，所有体系的最大吸水率都没有超过 1%。这是因为 DCPDCE 中含有大量的苯环、三嗪环等耐湿热性能优良的基团，加之交联密度大，固化物结构致密，又很少有亲水性基团，所以体系有优良的耐湿热性能。测试结果还显示出，随着 CTBN 含量的增加，体系的吸水率有逐渐增大的趋势，这是因为 CTBN 中含有吸水性基团羧基，CTBN 的含量增加，羧基的比例也增大，吸水率就会增大。

5.4　BADCy/CTBN/玻璃纤维改性体系

冯煜[37]讨论了 BADCy/CTBN/环氧树脂改性体系和 BADCy/CTBN/膨润土改性体系的性能，发现在 BADCy/CTBN 体系中加入适量的环氧树脂和膨润土确实能在保持韧性的前提下，提高体系的热稳定性和模量。吕生华等[38]则研究 BADCy/CTBN/玻璃纤维（GF）改性体系的固化工艺，并对固化树脂和复合材料的性能进行了比较研究。发现 CTBN 改性后的 CE 树脂及复合材料具有良好的力学性能，其中固化树脂的弯曲强度和冲击强度分别提高了 34.6%和 48%，复合材料的弯曲强度和冲击强度分别提高了 11.4%和 21.3%，这来源于 CTBN 对氰酸酯树脂的增韧作用及与 GF 良好的黏结性能。以下主要介绍吕生华等的研究成果。

5.4.1　固化树脂的性能

表 5-6 为固化树脂的性能数据，并将其与纯氰酸酯树脂的性能进行对比。从表 5-6 中可以看出，CTBN 的加入对 CE 的力学性能有很大改善。弯曲强度和冲击

强度分别从 104MPa 和 6.0kJ/m^2 提高到 140MPa 和 8.9kJ/m^2。其原因在于 CTBN 有机相的存在能够很好地弥补因氰酸酯聚合形成三嗪环高度交联而存在的缺陷。CTBN 起到增韧改性的作用，这种作用可能来源于以下几个方面。

表 5-6　CTBN 改性 CE 树脂及 CE 树脂的性能

性能		CTBN 改性氰酸酯树脂	纯氰酸酯树脂
弯曲强度/MPa		140	104
冲击强度/（kJ/m^2）		8.9	6.0
热变形温度/℃	干态	225	235
	湿态（水煮 100h）	164	177
热分解温度（TGA 法）/℃		396	414
吸水率（水煮 100h）/%		2.12	2.24
介电常数（25℃，1MHz）	干态	3.0	2.9
	湿态（水煮 96h）	3.5	3.2
损耗角正切（25℃，1MHz）	干态	0.008	0.007
	湿态（水煮 96h）	0.009	0.012

（1）由于氰酸酯在固化过程中发生高度交联反应，高度交联的三嗪环的相畴出现缺陷，CTBN 的存在可以弥补这些缺陷，从而提高体系的力学性能（弯曲和冲击强度）。

（2）CTBN 橡胶相的存在，起到缓冲增韧作用，大幅度提高了 CTBN 的冲击性能。

（3）弯曲强度和冲击强度之间有协同作用。

从固化树脂的热性能数据可以看出，CTBN 的加入对树脂体系的热性能影响较大。相对于纯氰酸酯固化树脂，改性体系的干态热变形温度从 235℃下降到 225℃，下降了 10℃，而湿态时下降 13℃；起始热分解温度也由 414℃下降到 396℃。其原因在于橡胶相耐湿热性能较差，当体系受到湿热侵袭时，橡胶相首先产生变化（变软或分解）。通过对纯 CE 及 CTBN/CE 改性体系固化树脂弯曲断面进行 SEM 测试，吕生华等[38]认为，改性体系中出现了应力发白现象，出现韧窝，这都是体系韧性增大的有力证据，与体系力学性能提高的结论相一致。

将体系的电学性能数据与原始纯 CE 固化树脂数据相比较可以看出，CTBN 的加入对体系的电学性能影响较小，这是因为复合材料的介电常数近似符合混合定律，能够保持 CE 树脂电性能优异的特点[39]。但水煮对电学性能影响较大，这是由于吸湿后水分对电学性能的影响较大。

5.4.2 复合材料的力学性能

表 5-7 给出了玻璃纤维增强 CTBN 改性 CE 复合材料的性能数据，并将其与玻璃纤维增强未改性 CE 复合材料的性能进行比较。从力学性能看，CTBN 的加入对体系的力学性能有很大提高，弯曲强度、剪切强度和冲击强度分别提高 11.4%、24.8%和 21.3%，说明 CTBN 对 CE 能够进行较为理想的增韧，但橡胶相对韧性的提高，使得复合材料弯曲模量下降。CTBN 的加入使复合材料剪切强度得以提高的原因在于，其与玻璃纤维良好的黏结性和 CTBN 对 CE 固化过程中产生的微观缺陷的弥补。复合材料的吸湿性能和电学性能的变化趋势由于相同的原因而与固化树脂的变化规律相同。

表 5-7　CTBN 改性 CE 及 CE 复合材料的性能

性能		CTBN 改性氰酸酯树脂	纯氰酸酯树脂
弯曲强度/MPa		565.8	508
弯曲模量/GPa		13.1	36.4
剪切强度/MPa		50.3	40.3
冲击强度/（kJ/m^2）		189.3	156.1
树脂质量分数/%		34	33
吸水率（水煮 100h）/%		1.05	1.08
介电常数（25℃，1MHz）	干态	4.25	4.21
	湿态（水煮 96h）	4.60	—
损耗角正切（25℃，1MHz）	干态	0.013	0.012
	湿态（水煮 96h）	0.020	—

5.5 不同弹性体改性 CE 的性能比较

朱雅红等[40]采用一种聚醚型聚氨酯［PUR（A）］和两种聚酯型聚氨酯［PUR（B 和 D)］与一种端羧基丁腈橡胶（CTBN）对氰酸酯树脂进行共混改性，利用扫描电子显微镜、热重分析法等手段表征改性后共混物的结构，测定了力学性能、耐热性能等。结果表明，几种弹性体与氰酸酯共混后均可形成典型的海岛状结构；聚醚型聚氨酯较聚酯型聚氨酯增韧效果好；而丁腈橡胶较聚氨酯有更好的增韧效果。当加入 10 份端羧基丁腈橡胶时，冲击强度提高了 150%，热变形温度只下降 10℃，最大失重率所对应的温度只下降 3℃。因此，用 CTBN 增韧 CE 可获得较好的韧性，且牺牲较少的耐热性，其是一种综合性能优良的弹性体增韧 CE 共混物。

5.5.1 不同弹性体对共混物力学性能的影响

弹性体的相对分子质量及其分子结构对共混物力学性能产生明显的影响。表 5-8 为弹性体用量为 10 份时弹性体对共混物力学性能的影响。从表 5-8 可以看到，在相同配比下不同种类的弹性体对 CE 增韧改性的效果是不同的。其中，CE/A、CE/B 及 CE/D 共混物的冲击强度比纯 CE 分别提高 105%、80%、97%，说明含有四氢呋喃的聚醚型 PUR 的增韧效果最佳，这可从分子结构的角度得到解释。虽然聚酯型 PUR 和聚醚型 PUR 均由含有苯环和氨基甲酸酯结构的“硬段”和含有烃链的“软段”组成，但聚醚型 PUR 含有醚键“软段”，有利于提高共混物的冲击性能，所以聚醚型 PUR 的增韧效果优于聚酯型。而 CE/CTBN 体系的冲击强度达到 15.0kJ/m^2，比纯 CE 提高了 150%。朱雅红等[40]认为，CTBN 的增韧效果明显优于 PUR，可能是由于 CTBN 相对分子质量较 PUR 高，但还需要进一步研究。

表 5-8　弹性体对共混物力学性能的影响

性能	纯 CE	CE/A	CE/B	CE/D	CE/CTBN
弯曲强度/MPa	104	113	128	119	107
冲击强度/（kJ/m^2）	6.0	12.3	10.8	11.8	15.0

图 5-5 为不同种类 CE/PUR 共混物及纯 CE 的冲击断面的 SEM 照片。由图 5-5 可以看出，纯 CE 断面呈明显的脆性断裂，加入的 PUR 弹性体以粒子状分散在连续相 CE 之中，形成了典型的海岛状结构。弹性体与 CE 基体的界面比较模糊，说明二者相容性好。这种结构有利于共混物韧性的提高。

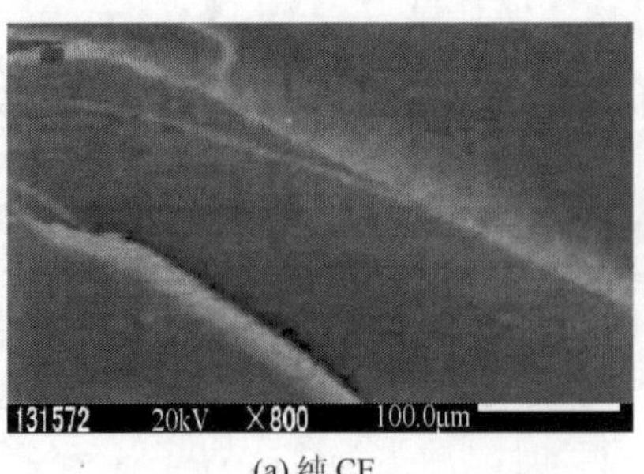

(a) 纯 CE

(b) CE/A

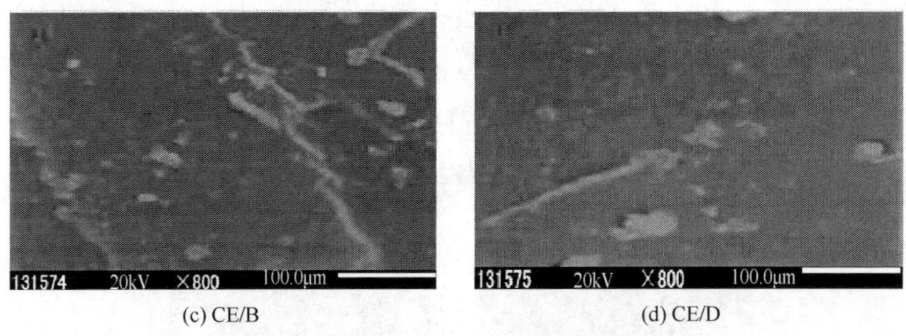

(c) CE/B　(d) CE/D

图 5-5　CE/PUR 共混物及纯 CE 的冲击断面的 SEM 照片

5.5.2　CTBN 用量对共混物力学性能的影响

朱雅红等[40]通过连续改变 CTBN 用量，对共混物的力学性能进行了测定和归纳。该课题组认为，随 CTBN 用量的增加，共混物的冲击强度逐渐提高，而弯曲强度在 6 份时达到最大值，而后稍有降低，这符合一般的弹性体增韧规律。因为弹性体含量越高，其引发基体的银纹和剪切屈服越多，所以基体吸收的冲击能也就越大，故共混物的冲击强度提高。并且适当配比的 CTBN 可大幅度提高 CE 的韧性，而牺牲较小的弯曲强度，获得综合性能良好的共混物。

图 5-6 为不同配比的 CE/CTBN 共混物冲击断面的 SEM 照片。由图 5-6 可以看出，纯 CE 基体的断面呈现明显的脆性断裂花纹，以脆性断裂为主；而 CE/CTBN 共混物的断面除了有河流花样外，还存在许多大而深的韧窝，随着 CTBN 含量的增加，断裂面由以脆性断裂为主逐渐向以韧性断裂为主过渡。共混物在微观结构上呈现为不完全相容的多相体系，看到的白色颗粒为弹性体颗粒，其界面模糊，体系呈现共混物通常具有的海岛状结构；且当 CTBN 含量为 10 份时海岛状分散的 CTBN 粒子尺寸具有一定的分布，尺寸为 1～2μm 的粒子分布较多，此时共混物冲击性能最好，这与文献报道的相符[35]。这是因为这种分散在基体中的弹性体能够引发大量银纹，并在应力作用下大量银纹的应力场之间会发生相互作用，导致银纹的终止而不致迅速发展成破坏性断裂的裂纹；产生的银纹越多，韧性越高。另外，分散相的颗粒大小及分散相的颗粒均匀程度会影响材料的冲击强度，分散相颗粒太小，小于银纹厚度时，分散相会埋入银纹中，起不到终止银纹进一步扩展的作用，增韧的效果相对较小；当分散相颗粒太大时，虽终止银纹的作用较大，但是分散相与连续相接触面积大大减少，界面黏结作用减弱，诱导银纹的数目较少，所以增韧分散相颗粒粒径应适中，而且当分散相粒径有一定分布时，可在较宽范围内吸收断裂能。

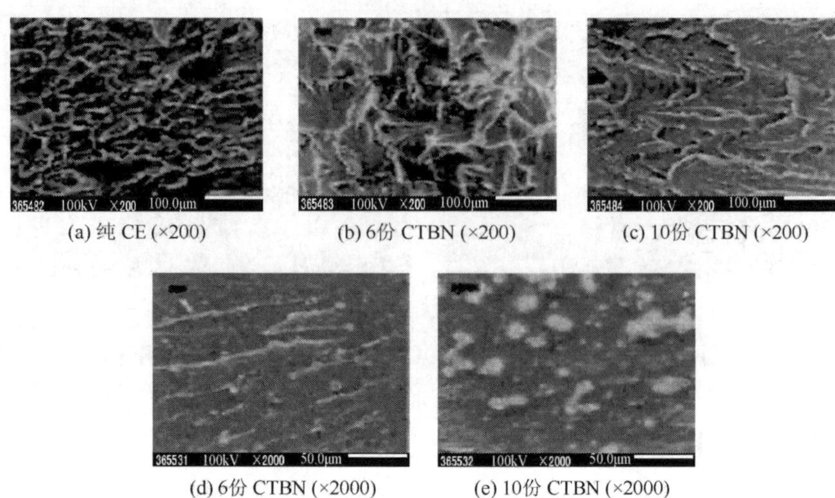

(a) 纯 CE (×200)　(b) 6份 CTBN (×200)　(c) 10份 CTBN (×200)

(d) 6份 CTBN (×2000)　(e) 10份 CTBN (×2000)

图 5-6　不同配比的 CE/CTBN 共混物冲击断面的电镜照片

5.5.3　不同 CE/弹性体共混物热性能的分析

热变形温度和 TG 分析常用来比较热稳定性和表征材料的热降解性能。表 5-9 为弹性体对 CE 热变形温度的影响。从表 5-9 可以看出，用 PUR 弹性体增韧 CE 可使共混物的热变形温度降低较多，而用 CTBN 增韧所得到的共混物热变形温度降低较少，这主要是由 PUR 与 CTBN 的分子结构和相对分子质量决定的。鉴于上述结果，朱雅红等[40]研究了 CTBN 含量对 CTBN/CE 共混物热变形温度的影响，结果显示，CTBN 增韧 CE 的热变形温度降低不多，而且当含量超过 10 份时，CTBN 含量对体系耐热性影响不大。

表 5-9　弹性体对 CE 热变形温度的影响

弹性体	纯 CE	CE/A	CE/B	CE/D	CE/CTBN
热变形温度/℃	200	186	172	180	190

图 5-7 是 CTBN 含量不同时 CE/CTBN 共混物的 TG 曲线。通过计算得出，当 CTBN 含量为 0、6、10、16 份时，共混物最大失重速率对应的温度分别为 435.9℃、434.1℃、432.1℃、430.9℃，说明 CTBN 的加入对共混物的 TG 影响不大。表 5-10 列出不同配比的共混物在不同失重率下的温度。在 550℃以前失重率为 55%～65%，550℃以后几乎不失重。由此可见，CE/CTBN 共混物具有优良的耐热性。

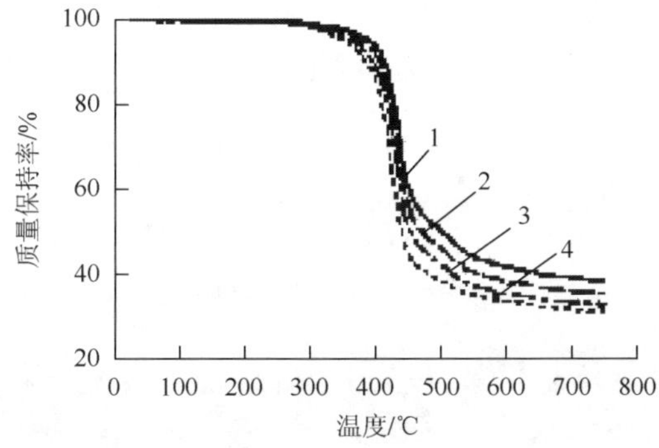

图 5-7　CTBN 含量不同时 CE/CTBN 共混物的 TG 曲线

1. 纯 CE；2. 6 份 CTBN；3. 10 份 CTBN；4. 16 份 CTBN

表 5-10　不同配比的共混物在不同失重率下的温度　（单位：℃）

项目	CTBN 配比			
	0 份	6 份	10 份	16 份
T_5	388.6	378.2	363.8	351.8
T_{30}	438.2	433.0	428.2	520.2
T	205.0	201.4	194.2	192.5

注：T=0.49［T_5+0.6（T_{30}−T_5）］，T 为耐热指数，T_5、T_{30} 分别为失重 5%、30%时的温度。

结论及几点建议：

（1）弹性体增韧 CE 共混物中，聚醚型 PUR1 较聚酯型 PUR2 增韧效果好；而 CTBN 较 PUR 有更好的增韧效果。CTBN 增韧 CE 的冲击强度比纯 CE 可提高 150%，且只牺牲较少的耐热性，其是一种综合性能优良的弹性体增韧 CE 共混物。

（2）用聚醚型橡胶（PUR1）、聚酯型橡胶（PUR2）及 CTBN 增韧 CE 时，可形成典型的海岛状结构；弹性体与 CE 基体的界面比较模糊，形成良好的界面黏结；分散良好的弹性体粒子尺寸为 1～2μm 时，共混物的冲击性能最好。

（3）弹性体增韧 CE 虽然牺牲树脂的耐热性，但可使 CE 的韧性大幅度提高，不失为一种良好的改性方法。今后应向以下几方面发展：①开发新型的氰酸酯树脂本体材料，如在其分子结构中引入氟原子，以提高其耐热性和介电性能；②对现有的热塑性树脂进行活化，引入活性端基以提高氰酸酯树脂的改性效果；③利用无机纳米或晶须对氰酸酯树脂进行改性，研究其界面结合强度对韧性的影响；④用现代分析仪器研究氰酸酯树脂的增韧机理与环氧树脂或双马来酰亚胺树脂增韧机理的差异。

参 考 文 献

[1] 王结良，梁国正，赵雯，等. 聚乙烯基吡咯烷酮改性氰酸酯树脂耐湿热性能研究[J]. 航空材料学报，2006，26（6）：72-76.

[2] 陶庆胜. 聚醚酰亚胺改性氰酸酯体系的反应诱导相分离研究[D]. 上海：复旦大学博士学位论文，2004.

[3] 吕生华，李芳，周志威，等. 环氧及酚醛树脂增韧改性氰酸酯树脂研究[J]. 工程塑料应用，2006，34（3）：5-8.

[4] 杨建业，强军锋，余竹焕. 氰酸酯树脂改性的研究现状[J]. 化工新型材料，2005，33（4）：13-15.

[5] Uhlig C，Bauer J，Bauer M. Toughening of highly crosslinked polycyanurates with epoxy and phenol terminated butadieneacrylonitrile rubbers[J]. Macromol Symp，1995，93（12）：69-79.

[6] Cao Z Q，Mechin F，Pascault J P. Effects of rubbers and thermoplastics as additives on cyanate poly-merization[J]. Polymer International，1994，34（1）：41-48.

[7] Pascault J P，Galy J，Mechin F. Chemistry and technology of cyanate ester resins[C]//Hamerton I. Chemistry and Technology of Cyanate Ester Bcesins. Glasgow：Blackie Academic and Professional，1994：5-6.

[8] Wang J L，Liang G Z，Zhao W，et al. Modification of bisphenol a dicyanate ester by carboxyl-terminated liquid butadiene-acrylonitrile and its composites[J]. Polymer Engineering and Science，2006，46：581-587.

[9] Feng Y，Fang Z，Gu A J. Toughening of cyanate ester resin by carboxyl terminated nitrile rubber[J]. Polymer for Advanced Technology，2004，15：628-635.

[10] Feng Y，Fang Z，Gu A J. Structure and properties of CE/CTBN/EP blends：II. effect of EP on the mechanical properties and thermostability of the CE/CTBN system[J]. Polymer International，2005，54：369-373.

[11] Hayes B S，Seferis J C，Parker G A. Rubber modification of low temperature cure cyanate ester matrices and the performance in glass fabric composites[J]. Polymer Engineering Science，2000，40（6）：1344-1349.

[12] Cao Z Q，Zhang Y，Song P，et al. A novel zinc chelate complex containing both phosphorus and nitrogen for improving the flame retardancy of low density polyethylene[J]. Journal of Analytical & Applied Pyrolysis，2011，92（2）：339-346.

[13] Borraji J，Riccardi C C，Williams R J J，et al. Rubber modified cyanate esters：thermodynamic analysis of phase separation[J]. Polymer，1995，36（18）：3541-3547.

[14] Grigoryewa O，Fainleib A，Pissis P，et al. Effect of hybrid network formation on adhesion properties of polycyanurate/polyurethane semi-interpenetrating polymer networks[J]. Polymer Engineering Science，2002，42（12）：2440-2448.

[15] Arnold C A，Mackenzie P，Malhotra V，et al. Siloxane modified cyanate ester resins for space applications[J]. 37th International SAMPE Symposium and Exhibition，International SAMPE Symposium&Exhibition，Washington，US，1992，37（5）：128-136.

[16] Arnold C A，Mackenzie P D. Siloxane and phosphazene modified cyanate resin compositions[P]：US，5539 041. 1996.

[17] Arnold C A，Mackenzie P D. Inorganic species modified cyanate resin bodies[P]：EP，0518654. 1992.

[18] Arnold，C A，Mackenzie P D. Siloxane and phosphazene cyanate resin compositions[P]：US，5539041. 1996.

[19] Pollack S K，Fu Z D. Telechelic aryl cyanate ester siloxanes as impact modifiers for cyanate ester resins[J]. Polymer Preprints，1998，39（1）：452-453.

[20] 朱雅红，马晓燕，颜红侠，等. 氰酸酯树脂的增韧改性研究进展[J]. 塑料工业，2004，32（9）：1-4.

[21] Borrajo J，Riccardi C C，Willliams R J，et al. Thermodynamic analysis of reaction-induced phase separation in epoxy-based polymer dispersed liquid crystals（PDLC）[J]. Polymer，1998，75（4）：627-633.

[22] Yang P C，Pickelman D M. Rubber-modified cyanate ester resins，their preparation and polytriazines derived therefrom[P]：European Patent，EP 0301361. 1993.

[23] Yang P C，Woo E P，Laman S A，et al. Rubber-Toughed cyanate composites：properties and toughening mechanism[J]. 36th International SAMPE Symposium and Exhibition，International Sampe Sym-posium& Exhibition，Washington，US，1991，36（2）：437-448.

[24] http：//www. hisupplier. com/product-1423988-BPCy-708DC-Cyanate-Ester-Resins-XU-71787-CAS-No-135507-71-0/. 2007-06-13.

[25] Yang P C，Woo E P，Bishop M T，et al. Rubber toughening of thermosets. a system approach. proceedings of the ACS division of polymeric materials[J]. Science and Engineering，1990，63（2）：315-321.

[26] Cao Z Q，Lin S Q，Wang S Z. Effect of Ganoderma lucidum polysaccharides peptide on invasion of human lung carcinoma cells in vitro[J]. Journal of Peking University（Health Sciences），2007，39（39）：653-656.

[27] Hayes B S，Seferis J C. Rubber toughened epoxy-cyanate ester liquid resins：effect of rubber functionality[J]. International SAMPE Symposium and Exhibition，2001，46（1）：1072-1078.

[28] Yu F，Fang Z P，Gu A J. Toughening of cyanate ester resin by carboxyl terminated nitrile rubber[J]. Polymers for Advanced Technologies，2004，15（10）：628-631.

[29] Wang J L，Liang G Z，Zhao G Y，et al. Cyanate esters modified by carboxyl-terminated liquid butsdiene-acrylonitrile[J]. Fu He Cai Liao Xue Bao/Acta Materiae Compositae Sinica，2005，22（1）：1-5.

[30] 王结良，梁国正，赵雯，等. 液体端羧基丁腈橡胶增韧改性氰酸酯树脂[J]. 复合材料学报，2005，22（1）：1-6.

[31] 任鹏刚，梁国正，杨洁颖. CTBN 改性双酚 A 型氰酸酯树脂的性能[J]. 材料研究学报，2005，19（4）：443-447.

[32] 朱雅红，马晓燕，姚雪莉，等. 液体端羧基丁腈橡胶改性氰酸酯树脂的结构与性能[J]. 青岛科技大学学报，2005，26（3）：234-237.

[33] 朱雅红，马晓燕，姚雪莉，等. 双酚 A 型氰酸酯树脂/端羧基丁腈橡胶共混物的结构与性能[J]. 功能高分子学报，2005，18（3）：441-445.

[34] 胡寿松. 自动控制原理[M]. 北京：国防工业出版社，1994：45-48.

[35] 贾丙雷，晁敏，王结良，等. CTBN 改性双环戊二烯型氰酸酯树脂研究[J]. 工程塑料应用，2007，35（3）：8-11.

[36] 吴培熙，张留城. 聚合物共混改性[M]. 北京：中国轻工业出版社，1996：81-89.

[37] 冯煜. 氰酸酯树脂改性体系的研究[D]. 杭州：浙江大学博士学位论文，2005.

[38] 吕生华，吕庆强，杨权荣. 液体端羧基丁腈橡胶改性氰酸酯/玻璃纤维复合材料的性能研究[J]. 中国塑料，2005，19（3）：28-31.

[39] 阎福胜，梁国正，秦华宇，等. 双酚 A 型氰酸酯树脂的性能[J]. 高分子材料科学与工程，2000，16（4）：170-172.

[40] 朱雅红，马晓燕，黄韵，等. 弹性体增韧氰酸酯树脂的研究[J]. 工程塑料应用，2005，33（1）：19-22.

第 6 章 纤维改性氰酸酯树脂

氰酸酯树脂在常温下多为固态或半固态，熔融时黏度只有 0.2～0.6Pa·s，可溶于常见的溶剂如丙酮、氯仿、四氢喃喃、丁酮等，可与各类增强纤维如玻璃纤维、芳纶纤维、石英纤维、碳纤维等有良好的黏结性、浸润性和涂覆性，因此可用纤维对氰酸酯树脂进行增强改性，而且制成的复合材料已经在航空航天结构件等领域得到了广泛应用[1-7]。

6.1 纤维的特点及其改性研究进展

6.1.1 纤维的特点

1. 玻璃纤维

玻璃纤维是一种新型的工程材料，具有不燃、耐腐蚀、耐高温、吸湿性小、伸长性小等优良性能，在电气、力学、化学及光学等方面也有优良的特性[8]。具体来说，玻璃纤维具有以下特点：高抗拉强度、低延伸率、无长期蠕变、稳定的抗热震性和理化性质。

2. 玻璃纤维产品的特点

第一，玻璃纤维在拉制过程中经过浸润剂的作用，获得了柔软性，易于纺织（在大多数情况下，玻璃纤维必须要有一定的组织形式才能充分发挥它的性能）[9]。玻璃纤维织物分为机织物与针织物两大类；在玻璃纤维的总产量中，约有 70%用作复合材料的增强材料，其中主要用于塑料增强。玻璃纤维增强塑料（即玻璃钢）是以合成树脂为基体，以玻璃纤维及其制品为增强材料制成的，具有优良的比强度、刚度、耐气候性、耐腐蚀性和耐用性；几乎可设计和塑造成任何所需形状，达到期望的美学要求；可实现部件整体成型，大大减少组装零件数量，节省模具费用。

正是由于玻璃纤维有以上优点，目前被广泛应用于玻璃钢制造。而玻璃钢用于汽车车身的最大优点是减轻质量，与钢材相比，玻璃钢能使很多部件减重 35%。

其他特性还有：刚度高，能量吸收性好，不锈，防腐，不易产生压痕和擦伤，设计灵活等。汽车工业是玻璃钢的最大市场之一，采用玻璃钢的汽车部件有：进气歧管、发动机罩、保险杠、横梁、车门板、仪表板、隔热板等。使用玻璃钢部件的轨道车辆有高速火车、轻轨列车和地铁，主要优点有：减轻质量，降低能耗；使刹车和启动时能耗降低；提供优良的强度和刚度性能指标；在树脂中添加阻燃剂，具有防火性能，保证乘客安全；能吸收火车的大量振动，增加乘客的舒适度等。玻璃钢适用于各种船只的设计和制造，其特点是质量轻、强度高、耐腐蚀、防水浸、维护量小。

第二，玻璃钢在建筑领域有着广泛的应用[10]。近 10 年来，旧建筑和基础设施的加固、修复和翻新已成为一种重要工程。由长期荷载、气候老化、腐蚀、环境降解、不良设计或施工、缺乏维修及天灾或事故等原因引起的建筑结构如桥面、梁、柱、房屋、停车场等的老化给玻璃纤维或碳纤维增强塑料（FRP）带来机遇。在加固技术获得成功的基础上，进一步应用 FRP 进行新的建设。这方面已有不少成功的范例，特别是步行桥的建设。混凝土是世界上用得最广泛的建筑材料，但它有一个重大的缺陷：当它的压缩强度较高的时候，其拉伸强度非常有限。通常利用钢筋来克服这一缺点，但是在腐蚀性很强的环境中，钢筋腐蚀会导致混凝土开裂和剥落，最终引起构筑物毁坏。用玻璃钢代替钢做混凝土筋材，具有质量轻、屈服强度和弹性模量高、不生锈、耐腐蚀、防磁性能好等优点。

第三，能源开发是玻璃钢较新的应用市场，主要有风力发电、海上采油采气等[9]。风能是世界上发展最快的能源技术，是无污染的清洁能源。风力发电依靠涡轮机完成，其中涡轮机叶片是关键部件。由于增强塑料在质量、强度、气动弹性及其他性能方面的优点，它最能与风力涡轮机的操作条件相匹配。玻璃钢叶片已广泛用于陆地和海上的风力发电项目。叶片制造商采用的玻纤原材料有短切原丝毡、连续原丝毡、无捻粗纱、单向和多轴向的缝编布和机织布等。海上石油和天然气的开采是前景广阔的工业，也是应用玻璃钢的新兴市场。玻璃钢产品耐腐蚀、耐紫外线照射、耐热阻燃、轻质高强，这些特性都符合海上苛刻环境的要求[11，12]。

第四，复合材料已在航空航天飞行器上获得多种应用，如飞机机身、机翼、内装件、火箭和导弹发动机壳体、导弹弹药箱、喷管、雷达罩和压力容器等[13]。由于刚度关系，航空结构的外部通常多用非玻璃纤维的增强材料，但较小飞机的外部机身则可采用玻璃纤维增强。玻璃钢在航空器中的成功应用是商用飞机的内部器件，如波音 747 飞机上层客舱的舱顶板等。在航天和军事工程方面，玻璃钢早就用作火箭、导弹的外壳或其发动机的外壳。玻璃钢还在人造地球卫星和电视卫星等方面获得了应用。

第五，玻璃纤维制品作为过滤材料，特别是在高温气体过滤方面占有重要一席[14]。以纸、机织物、毡及覆膜为主要形态，用于不同含污染物和要求净化的气体过滤，目前已大批量用于炭黑、水泥、冶金工业及焚烧烟气的除尘净化。同时，也用于人防工程、防毒工具、车辆空调的空气过滤和超净化室的空气处理，并可以使过滤兼有杀菌、除异味效果。基于玻璃纤维制品的化学稳定性和高的过滤率，其也被用于润滑油、重水、饮料等液体的过滤净化。超细玻璃纤维还被用于生产实验室用精品过滤器[15]。

除了这些传统领域外，玻璃纤维还在许多领域发挥作用。玻璃纤维可用作吸声隔音材料、绝热材料、建筑防水材料、工程建筑材料和光导材料等[16-18]。其中玻璃纤维作为光导材料大大改善了人类的生产与生活。最近，光纤在太阳能传输方面的应用为人类解决能源危机带来福音；光化学纳米 TiO_2 光催化技术可用于分解难于降解的有机污染物，并能杀死细胞和病毒，在给水、废水处理和杀菌消毒等领域有着广阔的应用前景，具有潜在的高效性和经济性。

玻璃纤维及其制品还在核能技术开发中大显身手。不含氧化硼的耐辐射玻璃纤维，已经用作核反应堆内探测器电缆的绝缘材料及其他高温导线的绝缘材料。另外，由于玻璃纤维具有一系列优异特性，在人类向海洋进军中，玻璃纤维可大显身手。例如，海底石油及矿产开采中，玻璃纤维增强塑料（玻璃钢）可用作开采设备的结构材料和输送管道、储油罐及浮洞等，还可用作钻机的摩擦制动材料及治理海洋污染的净化设备等[19]。

截至 20 世纪，我国陆续发射成功数十颗各种类型的人造卫星，并且已经成为世界上第三个掌握卫星回收技术的国家，在这里玻璃纤维功不可没。玻璃纤维及其制品除用作卫星和地面站进行微波通信用的抛物面天线外，还用作宇航服、宇宙飞船的结构材料、烧蚀材料和隔热材料。

玻璃纤维增强树脂基复合材料由于具有高比强度、比模量，而且耐疲劳、耐腐蚀，最早用于飞机、火箭等，近年来在民用方面发展也很迅猛，在舰船、建筑和体育器械等领域得到应用，并且用量不断增加[11-19]。作为介质材料的玻纤增强树脂基复合材料主要用于印刷电路基板、电子包装材料、雷达天线罩等。由于雷达、移动通信等的迅猛发展和计算机的高速发展，除要求相关的雷达罩体、基片、封装等介质材料具有高热导、高强度外，还要有低的介电常数和低的损耗。因为低介电常数能够缩短阻抗（RC）的延迟时间，从而加快信号传递的速度，减小串话和降低能量损耗[20]。

增强材料是复合材料中力学强度的主要承担者，一般来说其介电常数高于树脂基体，其又在复合材料中占有较高的体积含量，因此是决定复合材料介电性能的主要因素。目前，用于制造介质材料的玻璃纤维的性能见表 6-1。

表 6-1　增强纤维的基本性能[21]

材料	介电常数（9.375GHz）	损耗角正切（9.375GHz）	相对密度/（g/m^3）	拉伸强度/GPa	弹性模量/GPa
E 玻璃纤维	6.13	0.0039	2.54	3.45	72.0
S 玻璃纤维	5.21	0.0068	2.49	4.00	85.0
D 玻璃纤维	1.00	0.0026	2.16	1.40	52.0
石英纤维	3.78	0.0002	2.20	1.70	72.0

E 玻璃纤维又称无碱玻璃纤维，是玻璃纤维中最早用于介质材料的品种。从表 6-1 可以看出它的部分性能处于中间位置，价格最低。D 玻璃纤维又称低介电玻璃纤维，是专门为介质材料研制的新型玻璃纤维，ε 和 $\tan\delta$ 仅次于石英纤维，但拉伸强度和模量稍低，可用于制造介电性能要求高的制品。石英纤维的介电性能较差，但能够在较宽的频带范围内基本不变化，因此可实现天线罩的宽频透波性，在高性能的机载天线罩上已有应用，价格是 E 玻璃纤维的 30～40 倍，使用不普遍。S 玻璃纤维又称高强玻璃纤维，力学性能是玻璃纤维中最好的，介电性能中等，可用于对结构性能要求较高的介电性能与结构强度一体材料。

针对石英纤维介电性能好，但价格高，E 玻璃纤维成本低，但介电常数高的矛盾，Bleay 等[22]报道了用空心 E 玻璃纤维和石英纤维混杂编织，可以得到成本低廉、力学性能和电气性能都较优异的增强材料。

玻璃纤维增强复合材料的性能是由树脂、纤维和界面三部分决定的，因此要讨论复合材料介电性能的影响因素也必须从这三方面入手。同时，由于温度和湿度强烈地影响材料的介电性能，故外界因素对性能的影响也不容忽视。选择介质材料用低介电常数复合材料基体的原则是：①树脂分子中化学键的极性小；②极性化学键的含量低；③分子带有较多支链，可以增大材料的自由体积，降低极性键的浓度。但在实际应用中，除了考虑介电性能外，还必须同时考虑机械性能、耐温性、吸湿性和加工工艺性等。

玻璃纤维和基体之间的黏结取决于增强材料的表面组成、结构与性质，黏结对复合材料的性质有重要影响。为了提高基体与玻璃纤维之间的黏结，可采用表面处理剂对纤维表面进行化学处理。表面处理剂是这样一类物质，它的分子在化学结构上至少带有两类反应性官能团：一类官能团能与玻璃纤维表面的—Si—OH—发生反应而与之结合；另一类官能团能够参与树脂的固体反应而与之结合。这样，处理剂就像“桥”一样，从而获得良好的黏结性，因此其也称偶联剂[23]。

纤维增强复合材料的破坏有多种形式，包括纤维断裂、纤维与基体脱黏、纤维拔出、层间破坏、基体开裂等[24]，究竟以哪种形式或以哪种方式为主的混合形式破坏是由许多因素决定的。例如，纤维与基体的材料性质，纤维与基体的模量比和体积比，纤维与基体界面的结合情况，纤维的表面处理、制造工艺，以及制备复合材料时纤维的铺层方式等都对最终破坏形式有影响。CF 增强复合材料的层间剪切强度直接与基体/CF 界面结合程度有关。

陈平等[25]的研究表明，不同偶联剂处理的玻璃纤维/环氧基复合材料在外电场作用下，将导致不同的界面极化，进而使玻璃纤维/环氧基复合材料的介电性能产生较大差异。玻璃纤维经偶联剂处理后，浸润活化能下降，复合材料的介电损耗值减小。而且由于偶联剂使环氧基体与玻璃纤维间的界面性能得到改善，抑制了水在界面间的扩散速度，增加了复合材料抵抗水介质破坏的能力，使复合材料的吸水率减少，介电性能提高。随着环境温度和水煮时间的增加，复合材料的介电损耗值增加。经偶联剂处理的玻璃纤维的浸润活化能越小，复合材料的介电损耗值增加的幅度就越小。特别是随着水煮时间的延长，这种差异更显著。这些规律是由偶联剂的结构、固化反应后残留的极性基团、复合材料的界面结构和化学键合强度及界面极性的不同所致。

另外，产业用纺织品最早使用的纤维材料是天然纤维，后来发展到以合成纤维为主。近年来，随着产业用纺织品应用领域的扩大，各种高新技术纤维被不断地研制开发出来，而碳纤维就是其中主要的一种。可以说高新技术纤维的开发和应用是产业用纺织品领域里的一场技术革命，用高新技术纤维制作的产业用纺织品达到了一个前所未有的档次。

碳纤维是由有机纤维经固相反应转变而成的纤维状聚合物碳，它不属于有机纤维，是一种非金属材料。从制作工艺考虑，与普通无机纤维有较大区别。碳纤维性能优异，抗拉强度和模量分别可达 20～40cN/dtex 和 4×10^3～7×10^3cN/dtex。碳纤维复合材料质地强而轻、耐高温、耐腐蚀、耐辐射，在航空航天、军事工业、体育器材等许多方面有着广泛的用途。

目前，碳纤维主要有 3 种分类方法[26]。

首先，根据制造原料的不同，碳纤维可分为纤维素纤维系、聚丙烯腈系（PAN 基）和沥青系。

其次，按特性可将碳纤维分为普通碳纤维和高强度高弹性碳纤维。普通碳纤维的抗拉强度≤11.7cN/dtex、弹性模量≤980cN/dtex；高强度高弹性碳纤维，其抗拉强度≥14.7cN/dtex、弹性模量≥1.67×10^3cN/dtex。

最后，根据热处理温度将碳纤维分为滞焰纤维、碳纤维和石墨性碳纤维。滞焰纤维加热处理温度为 200～300℃，碳纤维加热处理温度为 500～1500℃，石墨性碳纤维加热处理温度为 2000℃以上。

在碳纤维制造方面，至今尚未找到能溶解元素碳的溶剂，要使碳熔融必须在 100 个大气压和 3300℃以上的高温下才能实现，因此不可能按照一般合成纤维的生产方法直接从元素碳来制造碳纤维。生产中通常采用保持纤维形状、碳化高分子纤维的方法来制取。用于碳化的有机纤维至少应满足 4 个方面的要求：

（1）碳化过程中纤维不熔融。

（2）碳化后对原丝来说碳化收率较高。

（3）成品碳纤维的力学性能较好。

（4）产品为长丝时，原丝也应是稳定的连续长丝。

对于碳纤维的制造工艺应根据原丝而定。

聚丙烯腈基碳纤维的制造，主要有热处理、氧化、环化及碳化过程。其工艺过程为：聚丙烯腈基→拉伸→热定型→碳化→石墨化→表面处理→上浆→碳纤维筒子。聚丙烯腈基共聚合丝在拉伸后，先在 200～300℃的温度下氧化成固定的尺寸，继而碳化，其高分子结构在 800℃下转变成连续碳六边形环状结构，在加热期间除了碳素外，其他大部分元素被除去，且碳晶沿着纤维长度顺向排列。在经过高于 2000℃（石墨化）的高温处理后，碳纤维晶粒尺寸顺着纤维晶核增加。最后，对纤维进行表面处理，以提高纤维的集束性和附着性。

沥青基碳纤维与聚丙烯腈基碳纤维的制作过程十分相似，它是先经熔融抽丝，再逐步碳化而成。其工艺过程为：沥青基→熔纺→热定型→碳化→石墨化→表面处理→上浆→碳纤维筒子。对于沥青基碳纤维，除初步制作过程与聚丙烯腈基碳纤维不同外，其余过程大致相同。纤维晶核的大小、结晶方向、孔洞和不纯度等都会影响纤维的性能。

制造纤维素基碳纤维主要是以黏胶纤维为原丝。黏胶纤维是一种再生纤维素纤维，它不经熔融便可分解成碳的残渣，是工业上最早被用作碳纤维原丝的纤维。黏胶纤维首先在氮或氩等惰性气体中进行低温（400℃以下）稳定化处理，然后在惰性气体保护下在 1000～1500℃的温度范围内进行碳化处理，制成含碳量大于等于 90%的碳纤维。为使制得的碳纤维具有良好的力学性能及有利于下道工序的进行，通常在适当的张力作用下对原丝实施短时间碳化处理。要获得高模量的碳纤维，还需在 2500～3000℃的高温下进行石墨化处理，以便得到含碳量接近 100%的石墨碳纤维。

通过上述工艺制造的碳纤维有以下特点：强度高、密度小、质量轻、高模量、耐磨性好、热导性好、尺寸稳定、屏蔽性好、具减振性、耐腐蚀性好及耐冲击性差。

碳纤维具有高的比强度和比模量、低的热膨胀系数、尺寸稳定性好及可设计性等优点，作为一种理想的航空航天结构用增强材料，在固体发动机壳体、卫星本体、太阳能板基体、天线、精密光学仪器及飞机结构件中得到广泛的应用[27-31]。此外，CF 的轴向热膨胀系数为负值，横向为正值，通过合适的铺层可制成热膨胀系数近于零的复合材料构件，特别适合用作对尺寸有严格要求的空间结构复合材料。玻璃纤维增强树脂基复合材料由于具有高比强度、比模量，而且耐疲劳、耐腐蚀，最早用于飞机、火箭等，近年来在民用方面发展也很迅猛，在舰船、建筑和体育器械等领域得到应用，并且用量不断增加。

高模量（HM）碳纤维表面结构完整、光滑，与聚合物树脂基体的黏结强度较低，其复合材料层间剪切强度不高，在一定程度上限制了 HM 复合材料的广泛应用[32，33]。而高强（HS）系列碳纤维虽然与树脂基体有较高的黏结强度，但存在弹性模量较低的缺点，因此，这两类单一的增强体均难以满足实际需要[34-38]。如果将 HM 和 HS 纤维增强体通过混杂来增强同一基体，不仅能扩大构件设计自由度，而且能使复合材料具有优良的综合性能，从而达到实际使用的目的[34-41]。

复合材料的界面是复合材料在热、化学、力学环境下形成的微结构，它不仅是增强纤维与基体的连接桥梁，也是外加载荷从基体向增强材料传递的纽带，因此界面的结构、性能及结合方式将直接影响复合材料的物理、化学、力学性能及其破坏行为[42-44]。

碳纤维，尤其是高模量石墨纤维的表面是惰性的，它与树脂的浸润性、黏附性较差，所制备的复合材料层间剪切强度及界面黏附强度较差。长期以来，人们为了提高碳纤维与基体的黏合力，或者保护碳纤维在复合过程中不受损伤，对碳纤维的表面处理进行了大量的研究工作。近年来，又开展了碳纤维表面改性研究，这些方法使复合材料不仅具有良好的界面黏结力、层间剪切强度，而且其界面的抗水性、断裂韧性及尺寸稳定性均有明显改进。碳纤维的表面处理方法主要有气相氧化法、液相氧化法、阳极氧化法、等离子体氧化法、表面涂层改性法、表面电聚合改性法和等离子体聚合接枝改性法。

6.1.2　改性 CE 研究进展

1. 各类树脂、碳纤维材料对氰酸酯树脂的改性

祝大同[45]列出了氰酸酯（CE）树脂、聚苯醚（PPO）树脂、聚酰亚胺（PI）树脂、聚四氟乙烯（PTFE）树脂基玻璃布覆铜板的性能（表 6-2），它们均具有玻璃化温度高（PTFE 除外）、介电常数低、介电损耗低、尺寸稳定性好、阻燃性好等特点。

表 6-2　各种树脂基玻璃布覆铜板的性能[45]

性能	热固性聚苯醚树脂			BMI 系列 PI	氰酸酯树脂	PTFE	环氧树脂 FR-4
	S2100	S3100	S4100				
玻璃布种类	E	E	E	E	E	E	E
介电常数（1MHz）	3.4～3.6	3.5～3.6	3.4～3.6	4.6～4.7	3.8	2.5～2.7	4.7～5.0
损耗角正切（1MHz）	0.0025	0.0020	0.017～0.02	0.008～0.010	0.006	0.0010～0.0015	0.015～0.019

续表

性能	热固性聚苯醚树脂			BMI 系列 PI	氰酸酯树脂	PTFE	环氧树脂 FR-4
	S2100	S3100	S4100				
玻璃化温度/℃	200～220	230～250	200	230	247	25	160
Z 轴膨胀系数（30～150℃）/［μm/（cm·℃）］	80	65	90～100	40～60	—	240	145
阻燃性（UL-94）	V-0	V-0	V-0	V-1	V-0	V-0	V-0

表 6-3 和表 6-4 列出了聚酯-碳酸酯共聚物（COPEC）/BADCy 碳纤维复合材料的性能[46]。可以看出，其缺口冲击韧性和断裂韧性高于标准的环氧树脂，吸水率远低于环氧树脂，而在 177℃的强度与耐高温环氧树脂 3502 相当。

表 6-3　COPEC/BADCy 碳纤维复合材料的性能

性能	COPEC/BADCy[a]	5208[a]	COPEC/BADCy[b]	3502[b]
配比	30/70	—	50/50	—
拉伸强度/MPa	2068.5	1654.8	—	—
拉伸模量/GPa	137.9	144.8	—	—
弯曲强度/MPa	2413.5	1772	1909.9	1792.7
弯曲模量/MPa	124.1	135.8	129.6	127.6
短梁剪切强度/MPa	84.8	93.1	—	—
悬臂梁冲击强度/（kJ/m^2）	100	57	—	—
G_{IC}/（kJ/m^2）	—	—	0.64	0.087
吸水率/%	0.4	0.59	—	—

a. 西林 6K 碳纤维；
b. AS4 碳纤维。

表 6-4　COPEC/BADCy（50/50）/AS4 碳纤维复合材料高温弯曲性能

性能		COPEC/BADCy	3502
弯曲强度/MPa	RT	1909.9	1792.7
	177℃	1289.4	1310.1
弯曲模量/GPa	RT	129.6	127.6
	177℃	124.1	124.1

表 6-5 为 CE 与 EP、BMI 等基体树脂的玻璃布层压板的介电性能比较[47]，从中可以看出，各种氰酸酯树脂基玻璃布层压板具有优良的电学性能。

表 6-5　几种玻璃布层压板的介电性能（树脂质量分数 70%）

性能	Arcocy					XU-7178.00L	RTX-366	EP	BMI
	R-10	M-10	T-10	F-10	L-10				
介电常数	3.7	3.6	3.6	3.5	3.5	3.6	3.5	4.5	4.1
损耗角正切值	0.004	0.003	0.004	0.003	0.006	0.003	0.001	0.022	0.009

据余景春等[48]报道，2001 年之前，美国及其他国家已有氰酸酯 5575-2/玻璃纤维和石英纤维预浸料系列。它们与 METLBOND2555 胶膜及 X6555 人工介质做成的准实心壁天线罩在 X（8～12GHz）、Ka（26.5～40GHz）和 W（75～100GHz）时，ε 及 tanδ 值变化很小，比典型环氧树脂和双马来酰亚胺树脂的 ε 值低 10%～15%，为 tanδ 值的 1/3，同时 ε 及 tanδ 值随频率（8～100GHz）及温度（23～232℃）变化很小。这对高性能天线罩电学性能稳定性是很重要的，是毫米波天线罩的理想材料。

王晓洁等[49]在其论文中列举了大量 CE/纤维复合材料在卫星结构材料和空间光学结构材料中的应用。例如，Cherles[50]采用高导热 K1100 碳纤维［导热系数≥1000W/（m·K）］与 954 氰酸酯树脂复合，推出了系列先进多功能复合材料，其成功用于航天器及小型卫星运载仓的结构件制备。该系列先进多功能复合材料在机械强度及运载仓导热性方面完全满足该领域的基本技术要求，并实现了卫星发射的轻质及低成本的发展方向。

Paul[51]报道了美国国家航空航天局水星探测计划，整个计划过程中，探测飞行器将围绕水星运行 1 年，在此过程中，飞行器的动力主要来源于飞行器自带的太阳帆板，这样飞行器太阳帆板在运行周期内至少将经历 278 个日食周期，在每个日食周期内，太阳帆板所承受的温度将在−100～150℃变化，变化速率为 70℃/min，瞬间温度超过 270℃，这样苛刻的温度变化，常规材料难以承受。而经过增韧改性的碳纤维增强氰酸酯树脂（改性后的氰酸酯树脂具有高导热、高模量）是飞行器太阳帆板的首选材料，该新型碳纤维改性的复合材料在上述高温差及高温条件下运行后，力学性能几乎不变。所以，经过增韧改性的碳纤维增强氰酸酯树脂复合材料对于开发近太阳、火星或金星的耐高温飞行器结构件是首选材料。Brand[52]考察了高模量碳纤维/氰酸酯树脂复合材料在尺寸稳定性方面的应用可能性，并将其与现行的环氧树脂体系进行了比较。结果表明，高模量碳纤维/氰酸酯树脂复合材料的力学性能与环氧树脂体系的力学性能相当，同时高模量碳纤维/氰酸酯树脂复合材料体系又具有低于环氧树脂体系的热膨胀系数和吸湿率。Harry[53]将 T800、M64J 两种纤维制备为三维编织布，将氰酸酯树脂作为有机树脂基体，采用 RTM 工艺制备了小型飞行器的结构底座。

Amold[54]、Sbayasaehi[55, 56]采用聚硅氧烷（PSX）、纳米粒子对氰酸酯树

脂进行改性，使改性体系在低地球轨道抵抗原子氧和等离子氧的腐蚀等方面有一定的改进。

美国复合材料光学制造公司（Composite Optics Inc.COI）的 Conne[57]采用碳纤维增强氰酸酯树脂研制空间光学镜面。空间光学系统结构除必须具有密度小、刚性高、强度高、断裂韧性高、热膨胀系数低等特性外，同时必须满足一系列精密的光学要求，如型面精度、表面粗糙度、干湿及热稳定性、高热导及低辐射等。

空间结构复合材料用树脂基体目前多为环氧树脂，它存在韧性差、吸湿性大等缺点，增韧环氧改善了复合材料微裂纹的产生，但没有根本解决吸湿性问题。表 6-6 是几种树脂的选择比较。最终选择 177℃固化氰酸酯树脂体系作为大型红外空间望远镜镜面材料。

表 6-6　树脂选择比较

性能	177℃固化环氧树脂	121℃固化氰酸酯树脂	177℃固化氰酸酯树脂	氰酸酯硅氧烷
热膨胀系数	中/高	中	中	中
耐湿热性	高	低	低	很低
固化收缩率	中/高	低	低	低
深冷温度下特性	差	很好	好	好
工艺稳定性	很好	中	好	差

Christopher[58]认为环氧树脂体系在配件组装和存储过程中，树脂固化基体会吸收环境中的水分，因此树脂基体所含水分（即树脂的吸湿率）会随着周围环境的湿度发生变化，当环境湿度增大时，环氧树脂体系会吸收环境中的水分，而这种水分的吸收会导致后期操作中固化物成型及结构件装配时的结构膨胀产生。相反，当环境湿度较低时，环氧体系会在空间逸出水分，导致材料起皱，对大型先进空间结构尺寸稳定性造成较大影响。改性环氧、氰酸酯树脂和氰酸酯/环氧混合物减轻了这种影响。这些树脂具有与热塑性树脂相当的吸湿性，但不需要热塑性树脂成型所要求的高的固化温度。Christopher[58]同步研究了高模量 P75 碳纤维增强/氰酸酯树脂和氰酸酯/环氧体系复合材料层合板的吸水性和力学性能，并与 Fiberite934 环氧体系作了比较。结果表明，P75 碳纤维/氰酸酯和氰酸酯/环氧体系吸湿率仅为 Fiherite934 体系的 1/3～1/4，力学性能与其相当，是尺寸稳定性结构极好的候选树脂体系，可用于空间结构材料。Peter[59]报道了空间和地面使用的面密度小于 5kg/m^2 的反射镜的成型。采用碳纤维/氰酸酯复合材料预浸料在芯模上手工铺放成型。芯模是玻璃，在芯模和预浸带间有一层非常薄的纯氰酸酯树脂层，固化后，树脂层形成非常光滑的光学表面，消除了纤维

铺放的粗糙表面特征。碳纤维/氰酸酯复合材料在真空下尺寸稳定，不吸湿，无逸气，即使在深冷条件下也具有好的耐辐射性。

传统的镜面材料如玻璃、金属（铍或铝）及陶瓷非常重，玻璃面密度为40～200kg/m^2，金属铍面密度为20～50kg/m^2，碳化硅陶瓷面密度为10～20kg/m^2，且成型和使用成本高，而复合材料镜片面密度仅为5～10kg/m^2，Willis[60]采用超高模量的Nippon XN-50A碳纤维与氰酸酯树脂复合制造轻质的镜面材料。镜面整体结构为蜂窝夹芯两面覆盖刚性碳纤维/氰酸酯复合材料蒙皮，以提供高强度、好的尺寸稳定性和低质量。Jamie[61]选择高模碳纤维KI3C2U/氰酸酯树脂954-3作为复合材料光学装置，并将其与M55J/954-3比较，结果表明M55J/954-3具有低的CTE和高强度，但KI3CZU/954-3的导热率为163W/（m·K），与铝接近。相比较而言，氰酸酯树脂比环氧和双马来酰亚胺树脂更适合制造有高尺寸稳定性要求的宇航飞行器用板材、光具座、反射镜等精密部件[62-64]。

2. 氰酸酯阻燃纤维和碳-碳复合材料

李文峰等[65]报道，受到酚醛树脂纤维开诺尔（Kynal）的启发，Das等[66，67]制备了酚醛型氰酸酯纤维。Kynal纤维是历史上第一种热固性树脂纤维，是由可熔性酚醛树脂经过喷丝、延伸和交联等步骤形成的，具有三维交联结构。它突破了热固性树脂不能成纤的传统观念，是一种耐烧蚀性和耐化学腐蚀纤维，但它的耐热氧化性不够，其原因主要是亚甲基桥键在热氧条件下不稳定，易于氧化断裂，并使纤维失效。

酚醛型氰酸酯纤维将酚醛氰酸酯熔融纺丝，或将不完全固化的酚醛型氰酸酯熔融纺丝，再在240～260℃使其交联固化完全，得到酚醛/三嗪热固性纤维。酚醛/三嗪纤维具有优异的耐热氧化性能。表6-7列出了酚醛型氰酸酯纤维与Kynal纤维和Kevlar纤维的性能比较。

表6-7　几种纤维的热氧化稳定性能

原料质量分数/%	PT树脂	Kynal纤维	Kevlar纤维
400	0	14	5
500	19	79	10
600	29	99	100

碳-碳复合材料通常可以通过化学气相沉积（CVD）、热塑性或热固性树脂热分解、沥青热分解等方法制备。由于PT树脂具有低挥发物、低黏度、固化时不释放气体等优点，Abali等[68，69]以PT230型氰酸酯基体为树脂，采用树脂传递模

塑法（RTM）技术来制备碳-碳复合材料。其过程包括碳纤维（T3002-D）与 PT-30 通过 RTM 法成型并固化，然后碳化处理得到碳-碳复合材料。整个过程大约需要 4.5 天，是溶液浸渍法的 1/2。由 PT-30 树脂制备的碳-碳复合材料的拉伸强度和模量比溶液浸渍法高，但剪切强度和模量略有下降。

此外，酚醛型氰酸酯还可以用作耐磨材料黏合剂[70]、碳纤维表面处理剂[71, 72]等。

6.2　玻璃纤维和碳纤维改性 CE 的性能比较

6.2.1　CE/玻璃布（EW210）的性能

王结良等[73]采用有机锡催化剂固化氰酸酯，制备并表征了 CE 固化树脂及其 CE/无碱玻璃布（EW210）复合材料。结果表明，在 1GHz 频率下，高频氰酸酯基覆铜板基板的介电常数和介电损耗角正切值分别为 2.8 和 0.006，水煮对其性能影响较小，表现出优异的耐水煮和耐湿热老化性能，能够很好地满足高频印刷电路板的要求。

表 6-8 给出了固化树脂的力学和电学性能[74]。采用有机锡固化的氰酸酯树脂的弯曲强度和冲击强度比热固化的氰酸酯树脂分别高出了 25%和 127%，性能的提高来源于有机锡化合物对固化程度提高的贡献。另外，水煮对氰酸酯力学性能和电学性能影响较小，100h 后，吸水率仅为 2.20%，HDT 从 240℃降低到 181℃，其力学强度保留率大约在 85%。湿热处理后，介电常数和介电损耗角正切值均增大，但增大幅度小，电学性能下降不大。

表 6-8　固化树脂的力学性能与电学性能

性能		有机锡固化氰酸酯树脂	单纯热固化氰酸酯树脂[74]
弯曲强度/MPa		129.6	104
冲击强度/（kJ/m^2）		13.6	6.0
热变形温度/℃	干态	240	235
	湿态（水煮 100h）	181	177
热分解温度/℃（TGA 法）		421	414
吸水率/%		2.20	2.24
介电常数	干态	2.8	2.9
	湿态（水煮 96h）	3.0	3.2
介电损耗角正切	干态	0.006	0.007
	湿态（水煮 96h）	0.010	0.012

表 6-9 给出了复合材料的力学和电学性能[75]。相比于热固化氰酸酯树脂复合材料，有机锡固化的氰酸酯树脂复合材料力学性能优异，弯曲强度和剪切强度分别为 569.6MPa 和 52.3MPa，在单纯热固化氰酸酯树脂的基础上分别提高了 12.1% 和 29.8%。相比于 FR-4 层压板，不仅电学性能优异，力学性能也非常出色。同时还发现复合材料表现出与固化树脂相似的耐水煮和耐湿热老化性能。电学性能随老化的进行稍有下降，水煮 100h 后，吸水率仅为 1.12%，且介电常数和介电损耗角正切值分别仅从 4.0 和 0.005 增大到 4.3 和 0.007，性能下降幅度不大，仍能很好地满足高频板的要求。其优异的耐水煮和耐湿热老化性能主要来源于氰酸酯树脂固化后体系中大量三嗪环的生成。同时，氰酸酯树脂由于介电性能在宽频范围内的高稳定性，在高频板中其应用潜力更大。

表 6-9 复合材料的力学性能与电学性能

性能		有机锡固化氰酸酯树脂	FR-4[75]	单纯热固化氰酸酯树脂
弯曲强度/MPa		569.6	≈500	508
弯曲模量/GPa		13.1	—	36.4
剪切强度/MPa		52.3	—	40.3
树脂质量分数/%		32.3	—	33.0
吸水率/%		1.12	1.08	—
介电常数	干态	4.0	4.5～4.8	4.21
	湿态	4.3	>4.4	—
介电损耗角正切值	干态	0.005	0.018～0.021	0.012
	湿态	0.007	>0.024	—

6.2.2 CE/S_2 及 CEm/S_2 的力学性能

贾丽霞等[76, 77]用复合材料单向板法研究了氰酸酯树脂改性前（记为 CE）及改性后（记为 CEm）的高强玻璃纤维（S_2）复合材料 0°方向（GB 3354—82）的力学性能。研究结果表明：改性后的氰酸酯基复合材料能充分发挥复合材料的力学性能。

为了研究改性后的氰酸酯基复合材料的力学性能，采用湿法纤维缠绕工艺制作了 CEm/S_2 复合材料单向板，测得了力学性能（表 6-10），并与目前应用量大面广的环氧基复合材料（环氧-酸酐/S_2）单向板进行了性能比较（表 6-11）。

表 6-10　CEm/S_2 复合材料单向板力学性能

测试项目	拉伸			压缩	
	强度/MPa	模量/GPa	泊松比	强度/MPa	模量/GPa
0°	1588	53	0.28	717	50
90°	18	12		96	16
45°	13	5.3			
测试项目	弯曲		层间剪切强度/MPa		
	强度/MPa	模量/GPa			
数值	1280	55	52		

表 6-11　CEm/S_2 与环氧-酸酐/S_2 复合材料单向板力学性能的比较

测试项目	0°拉伸强度/MPa	0°拉伸模量/GPa	0°泊松比	90°拉伸强度/MPa	90°拉伸模量/GPa	45°拉伸强度/MPa	45°拉伸模量/GPa
S_2/环氧-酸酐	1390	51	0.27	25	18	19	6
S_2/CEm	1588	53	0.28	18	12	13	5.3
测试项目	0°压缩强度/MPa	0°压缩模量/GPa	90°压缩强度/MPa	90°压缩模量/GPa	0°弯曲强度/MPa	0°弯曲模量/GPa	
S_2/环氧-酸酐	626	51	127	13	1464	44	
S_2/CEm	717	50	96	16	1280	55	

由表 6-11 可见，改性后的氰酸酯基复合材料能充分发挥复合材料 0°方向的力学性能，这是由于 CEm 基体黏度低，适用期长，有利于提高复合材料中的纤维含量，而且 CEm 基体与纤维黏结性良好，能均匀传递载荷。

6.2.3　两种纤维改性 CE 的性能比较

表 6-12 比较了酚醛型氰酸酯复合材料的阻燃性能数据[78]，然后通过表 6-13 比较了酚醛氰酸酯/玻璃布和酚醛氰酸酯/M40 的部分性能。由表 6-13 可以看出酚醛型氰酸酯复合材料的力学性能较差，酚醛型氰酸酯/E-玻璃布、酚醛型氰酸酯/M40 复合材料的层间剪切强度和弯曲强度分别为 32.0MPa、362MPa 和 54.6MPa、950MPa，均低于同类型双酚 A 型氰酸酯复合材料。这说明由于酚醛氰酸酯固化树脂的交联密度太大，基体脆性大，同时，增强纤维与树脂基体的

界面黏结性能差，使得复合材料的力学性能大幅度下降。因此，酚醛型氰酸酯要作为树脂基体真正应用于复合材料中，还必须进行改性研究以提高力学性能。

表 6-12　酚醛型氰酸酯复合材料的阻燃性能

阻燃性能	PT/碳纤维	PT/玻璃纤维
自熄时间/s	0	0
火焰高度/cm	0	3.2
滴灭时间/s	∞	∞

表 6-13　酚醛型氰酸酯复合材料的性能

指标	酚醛型氰酸酯/E-玻璃布	酚醛型氰酸酯/M40 玻璃布
质量分数/%	25.5	27.5
密度/（g/cm^3）	1.98	1.88
弯曲强度/MPa	362	950
弯曲模量/GPa	20.3	168
层间剪切强渡/MPa	32.0	54.6

贾丽霞等[76]用 TG/DTA 研究了氰酸酯树脂改性前（CE）及其改性后（CEm）的碳纤维（T700）复合材料热分解温度。研究结果表明：改性后的氰酸酯基复合材料可以充分发挥 CE 基复合材料具有的耐高温优势。

为了研究 CE 树脂改性对其复合材料耐热性能的影响，采用湿法纤维缠绕工艺，在相同的工艺条件和固化条件下制作了 CE 树脂改性前和改性后的单向复合材料，测得了这两种复合材料的热分解温度，测试数据显示，氰酸酯树脂改性后其复合材料热分解温度并未下降，由此表明 CEm 基复合材料的耐热性不低于纯氰酸酯基复合材料。

贾丽霞等[77]针对纤维缠绕的特点，对氰酸酯树脂进行了改性（改性后的氰酸酯树脂称为 CEg 基体）。通过实验摸索出适合纤维缠绕工艺的 CEg 基体配方及其工艺参数、固化参数。用 TG/DTA 研究了氰酸酯树脂改性前、后的复合材料热分解温度；用 DSC 研究了 CE 和 CEg 基体的玻璃化温度。研究结果表明：CEg 基体最显著的特点是不仅使纤维缠绕工艺和固化工艺简单易行，而且不降低纯氰酸酯树脂及其复合材料的耐热性能。改性后的氰酸酯树脂可以充分发挥氰酸酯树脂的耐高温优势。

为了研究 CE 树脂改性前及其改性后的耐热性能，在相同的工艺和固化条件下制作了 CE 树脂改性前和改性后的树脂浇注体，测得了树脂浇注体玻璃化温度，

表 6-14 是 CE 树脂改性前后树脂浇注体玻璃化温度的比较。由表 6-14 可见，经过改性后的氰酸酯树脂玻璃化温度比改性前提高 34℃。

表 6-14　树脂浇注体玻璃化温度的比较（DSC 法）

测试部件名称	玻璃化温度/℃
CE 树脂（改性前）	212
CEg（改性后）	246

为了研究 CE 树脂改性对其复合材料耐热性能的影响，采用纤维缠绕工艺，在相同的工艺条件和固化条件下制作了 CE 树脂改性前和改性后的复合材料，测得了这两种复合材料的热分解温度，表 6-15 是改性前及其改性后复合材料热分解温度的比较。由表 6-15 可见，氰酸酯树脂改性后其复合材料热分解温度比改性前提高 20℃，与表 6-14 中氰酸酯树脂改性前后玻璃化温度的变化趋势相吻合，符合复合材料的耐热性主要取决于树脂基体的规律。表 6-14 和表 6-15 数据表明：经过改性后的氰酸酯树脂及其复合材料的耐热性均比改性前提高。

表 6-15　复合材料热分解温度的比较（TG/DTA 法）

测试部件名称	开始热分解温度/℃
S_2/CE 单向复合材料（改性前）	424
T700/CEg 单向复合材料（改性后）	444

6.2.4　纤维改性 CE 的微观结构

贾丽霞等[77]用扫描电镜（SEM）研究了 T700/CE 及 T700/CEg 复合材料的剪切断口形貌，其剪切断口形貌如图 6-1 和图 6-2 所示。由图 6-1 可见，T700/CE 复合材料的剪切断口表面呈现光秃的纤维，断口表面光滑，且有一些纤维从基体中拔出，表明纤维与 CE 基体黏结不牢固，CE 基体与 T700 碳纤维的匹配性及黏结性和界面性能不如 CEg 基体与 T700 碳纤维，这也是 CE 基复合材料耐热性不如 CEg 基复合材料耐热性高的原因。由图 6-2 可见，在 T700/CEg 复合材料的剪切断口表面，纤维与基体互相缠连，断口表面黏结很多 CEg 基体，CEg 基体呈云朵状，且与断口表面纤维及纤维与纤维之间互相缠连，表明 CEg 基体与 T700 碳纤维相匹配，纤维与 CEg 基体黏结牢固，因此复合材料界面黏结情况良好。

图6-1　T700/CE单向复合材料的剪切断口形貌

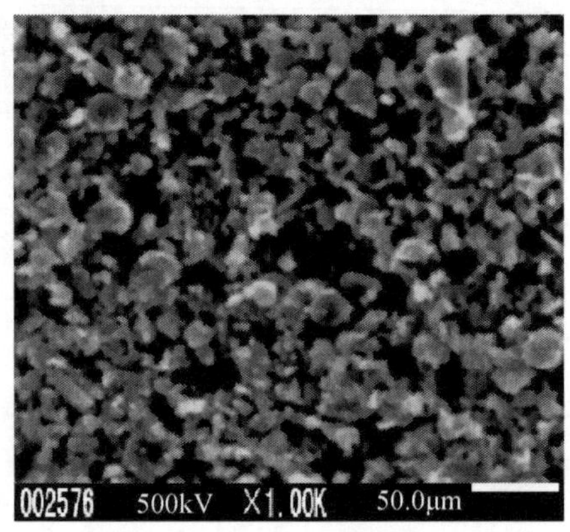

图6-2　T700/CEg单向复合材料的剪切断口形貌

6.3　缓冲层对BADCy/T300性能的影响

任鹏刚等[79]为增强T300/BADCy复合材料的界面性能，用E51环氧树脂/丙酮溶液对T300纤维进行表面处理，在T300/BADCy复合材料界面处能形成柔性的噁唑啉酮五元环缓冲层。利用红外光谱法研究环氧树脂与氰酸酯树脂的反应机理，并比较不同浓度E51环氧树脂处理液对复合材料力学性能的影响，发现经5%浓度的E51环氧液处理的T300/BADCy复合材料层间剪切强度提高了16%，弯曲强度提高了4%，当处理液的浓度大于5%时，T300/BADCy复合材料的力学性能有所下降。采用扫描电镜研究处理前、后T300/BADCy复合材料层间剪切断口形貌，发现未处理的T300/BADCy树脂复合材料断口的界面处存在明显裂纹，处理后的复合材料界面没有裂纹，且断裂主要发生在树脂基体内部。

6.3.1　E51涂层对BADCy/T300力学性能的影响

任鹏刚等[79]通过对不同浓度E51丙酮溶液处理的T300纤维制作的BADCy基复合材料层间剪切强度和弯曲强度的测定结果进行分析，得出结论，当E51丙酮处理液的浓度在5%以内时，T300/BADCy复合材料层间剪切强度和弯曲强度会随处理液浓度的增加而提高。这是因为T300纤维沿轴线方向的热膨胀系数为负值，而BADCy的热膨胀系数为正值，且BADCy的固化温度较高（200℃），致使T300/BADCy复合材料界面处在固化成型过程中存在较大的热应力，固化后的BADCy由于形成了高度交联的刚性三嗪环网络结构，基体脆性较大，很难松弛界面层的热应力。因此，T300/BADCy复合材料中存在较大的残余热应力，影响了纤维间应力的良好传递，使T300/BADCy复合材料层间剪切性能较差。涂覆于T300纤维表面的E51树脂与BADCy发生反应，生成的柔性噁唑啉酮五元环聚集于 T300 纤维表面，可松弛部分 T300/BADCy 复合材料界面层处的热应力，加之柔性缓冲层的引入还可减少部分界面裂纹及缺陷，使 T300/BADCy 复合材料的层间剪切强度和弯曲强度提高。T300 纤维周围的噁唑啉酮五元环厚度增加，松弛界面热应力的能力也随之增强，因此 T300/BADCy 复合材料的力学性能随 E51/丙酮处理液浓度的增加而提高。E51/丙酮处理液浓度为 5%时，T300/BADCy 复合材料的层间剪切强度比处理前提高了 16%。弯曲强度的提高幅度不如层间剪切强度的提高幅度明显，仅提高了 4%。当处理液的浓度大于 5%以后，处理液浓度的增加使层间剪切强度和弯曲强度下降，这可能是因为当处理液浓度过大时，E51 涂层过厚，BADCy 和 E51 很难完全渗透，T300 纤维周围的部分 E51 得不到充分固化，容易形成界面缺陷，造成 T300/BADCy 复合材料层间剪切强度下降。因此，选用 5%左右的 E51/丙酮溶液对 T300 进行表面涂层处理较为合适。

6.3.2　BADCy/T300 的断口 SEM 分析

处理前后的 T300/BADCy 复合材料层间剪切断口 SEM 形貌对比如图 6-3 所示。可以看出，未处理的 T300/BADCy 复合材料存在许多界面裂纹及孔隙，失效主要发生在纤维与树脂的结合面处，断口处的 T300 纤维表面较为光滑，只有少量的树脂基体黏附，表现出脆性界面层破坏特性。经 5%E51 环氧液处理的 T300/BADCy 复合材料断口处的 T300 纤维表面包覆较多的 BADCy 树脂基体，失效主要发生在树脂基体内部，表明柔性缓冲层可通过松弛 T300/BADCy 复合材料界面层间的热应力提高复合材料层间性能。

(a) 未处理

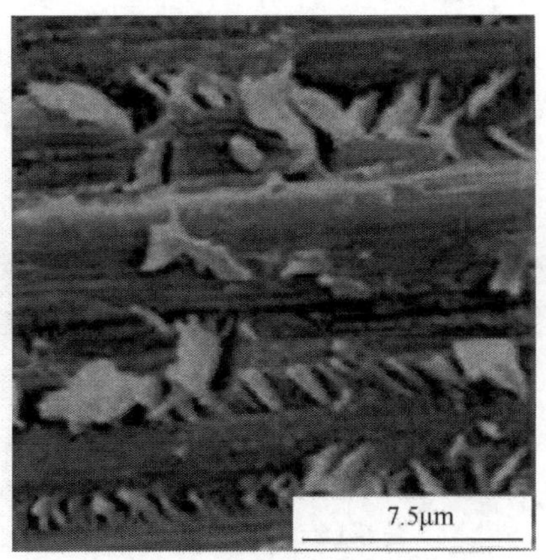

(b) 5%E51/丙酮液处理

图 6-3　处理前后的 T300/BADCy 复合材料断口对比

6.4　HF-1/F-48/M40JB 复合材料

韩建平等[80]用 DSC 和 FT-IR 方法研究催化剂二月桂酸二丁基锡（DBTDL）对双酚 A 氰酸酯（HF-1）及线型酚醛环氧（F-48）改性氰酸酯体系反应的影响。根据纤维热熔缠绕要求，研制出工艺适用的改性氰酸酯树脂基体。热熔工作温度为 100℃。碳纤维增强复合材料层间剪切强度测试结果表明，基体适用于纤维热熔法缠绕复合材料。

6.4.1　催化共聚体系的反应性

金属催化剂在氰酸酯凝胶后会失去显著的催化作用，可以选用酚类助催化剂提高氰酸酯的固化度。韩建平等[80]在氰酸酯中加入酚醛环氧树脂，形成催化剂催化的酚醛环氧-氰酸酯共聚体系。酚醛环氧中存在相当含量的未环氧化的酚羟基，对环氧在氰酸酯凝胶前对氰酸酯的三嗪化反应有一定的催化作用，但环氧环的主要作用是在高温下与氰酸酯反应，使氰酸酯充分固化。

羟基催化氰酸酯聚合的机理在于羟基与氰酸酯基反应生成亚胺碳酸酯，亚胺碳酸酯与两个氰酸酯基反应生成三嗪环。酚醛环氧改性氰酸酯体系可以保持体系的耐热性。

环氧环与氰酸酯的反应较为复杂，随固化温度和时间不同，形成一系列反应产物，高温固化后网络中主要的结构单元包括三嗪环、异氰脲酸酯、唑烷酮等。全部形成了耐热性好的网络结构。一般环氧-氰酸酯共聚物的耐水性优于二者的均聚物。

酚醛环氧树脂在分子中有多个环氧基，固化物的交联密度大，热稳定性好，辐射稳定性好。用各类固化剂经过高温（170～200℃）固化后耐热性都在 200℃以上。

酚醛环氧预浸工艺性好。648 常温下是固体，不粘手。常用 648/BF_3MEA 的反应体系，预浸料便于裁剪、铺放后的调整、存放和搬运。648/BF_3MEA 体系在我国卫星结构件材料中广泛应用。DBTDL 催化氰酸酯体系与 DBTDL 催化酚醛环氧-氰酸酯共聚体相比，后者固化反应彻底，并且预聚体的热熔工艺适用期更长（表 6-16）。

表 6-16　1×10^{-4}mol/L DBTDL 催化共聚体系凝胶与预聚时间

HF-1∶F-48	100∶0	100∶5	100∶15	100∶25
120℃预聚完成时间/min	90	90	60	40
120℃凝胶时间/min	130	130	120	120

随着酚醛环氧含量的增加，120℃下的凝胶时间没有明显变化，但 120℃预聚完成时间大大缩短了，说明在 120℃下以 DBTDL 催化反应为主，预聚完成时间随环氧含量的增加而明显缩短，与 F-48 的常温固态结构限制了氰酸酯的结晶性。氰酸酯、DBTDL 催化氰酸酯、DBTDL 催化氰酸酯-酚醛环氧（质量比 100∶15）三种固化物红外光谱对比如图 6-4 所示，固化温度取 120℃/1h+180℃/7h+后处理 220℃/4h。

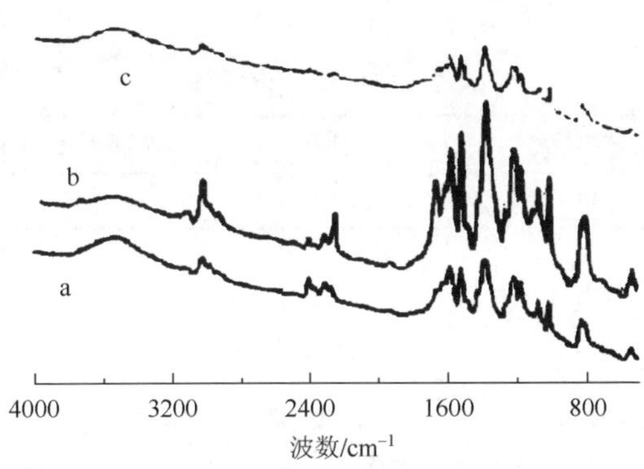

图 6-4　固化物的红外光谱对比

a. 纯树脂；b. DBTDL 催化氰酸酯；c. DBTDL 催化氰酸酯-酚醛环氧

从图 6-4 的对比特征峰值变化可以看到，a、b 中—OCN（2270cm^{-1}）还存在，反应不彻底，残余的氰酸酯会在催化剂和水的作用下发生水解反应，影响材料的耐湿热性。

图 6-4b 在 1737cm^{-1} 到 1754cm^{-1} 的宽区域和 1660cm^{-1} 处出现了与 a、c 不同的产物。根据 Iijima 等[81]的研究，次氨基甲酸酯的吸收出现在 1754cm^{-1}，亚氨基甲酸酯的吸收在 1650cm^{-1} 到 1670cm^{-1} 区域内，伯氨基甲酸酯的吸收出现在 1747cm^{-1}，因此上述产物的形成，是氰酸酯在催化剂作用下水解的产物。

在没有催化剂的条件下，芳基氰酸酯的水解反应比异氰酸酯与水的反应速率低几个数量级。但水与氰酸酯基反应在结构复合材料的制造中仍是一个值得注意的问题。氰酸酯单体在不加催化剂时与水基本无作用，但在金属催化剂存在的条件下氨基甲酸酯更易形成，含 Zn 的催化剂尤其严重。氨基甲酸酯可稳定存在于反应体系，在 190℃以上分解生成芳胺和二氧化碳，交联密度提高后，氨基甲酸酯需要在更高温度下分解。

图 6-4c 中已经完全看不到—OCN 和环氧环（920cm^{-1}）的吸收峰，出现唑烷酮—C＝O（1760cm^{-1}）吸收峰。吸水性杂质峰不明显，说明催化-共聚体系的三嗪化反应彻底，环氧环反应彻底，耐热性好，反应主要是氰酸酯的自聚反应和环氧环与氰脲酸酯的反应。

6.4.2 热熔法缠绕复合材料的性能

选用 1×10^{-4}mol/L 催化氰酸酯-酚醛环氧树脂（质量比 100∶15）体系，预聚时间 60min，固化取 120℃/1h+180℃/7h+后处理 220℃/4h，树脂浇铸体性能见表 6-17。

表 6-17 热熔树脂浇铸体性能

拉伸强度/MPa	拉伸模量/GPa	延伸率/%	弯曲强度/MPa	弯曲模量/GPa
45	3050	1.3	65	3.22

DMA 测试浇铸体玻璃化温度为 226℃，热膨胀系数测定为 4.38×10^{-5}/℃。采用 M40JB 高模碳纤维直接热熔浸渍制备预浸料。熔融树脂温度恒定在 100℃，黏度可在 1h 内保持在 1Pa·s 以内，有利于碳纤维浸渍成型。预浸料缠绕复合材料单向板，固化取 120℃/1h+180℃/7h+后处理 220℃/4h，加压时机主要位于 120℃/0.5h，此时树脂体系黏度不超过 8Pa·s，10min 后黏度上升到 20Pa·s 以上。固化后测试复合材料弯曲强度、弯曲模量、剪切强度，见表 6-18。弯曲与剪切性能数据表明，树脂体系与纤维结合性好，配方适用于碳纤维复合材料成型，弯曲强度为 1226MPa，弯曲模量为 134GPa，层间剪切强度为 65MPa。

表 6-18 M40JB 碳纤维单向板 0°方向（GB 1036—89）的力学性能

拉伸强度	拉伸模量	弯曲强度	弯曲模量	层间剪切强度	纤维体积分数
45MPa	3050GPa	1226MPa	134GPa	65MPa	58%

6.5 HF-1/E51/CF 复合材料

惠雪梅等[82]采用溶液预浸渍法分别制备了两种碳纤维 CF（XA-S 和 HM-S）增强环氧树脂（E51）改性氰酸酯树脂（HF-1）复合材料，研究了该复合材料的吸湿行为及湿热环境对其力学性能和微观结构的影响。结果表明，CE/EP 基体具有比 EP 更小的吸湿能力；湿热环境对复合材料的纵向拉伸强度影响不大，但对其层间剪切强度的影响较为显著。

6.5.1 复合材料的吸湿行为

惠雪梅等[82]测定了三种 CF 增强复合材料在 100℃蒸馏水中水煮 120h 的吸湿数据。由数据可知，三种复合材料的吸湿率都是随着水煮时间的延长而增大。在吸湿初始阶段复合材料的吸湿率迅速增大，水煮 72h 后 CE/EP/XA-S 和 CE/EP/HM-S 复合材料的吸湿率变化逐渐趋于缓慢，而 EP/XA-S 复合材料的吸湿率则随着水煮时间的延长而不断增大，即使水煮 120h 也未达到吸湿平衡状态。在相同的湿热时间下，三种复合材料的吸湿率大小顺序为：EP/XA-S>CE/EP/XA-S>CE/EP/HM-S，并且在整个湿热过程中 CE/EP/XA-S 和 CE/EP/HM-S 复合材料很快达到吸湿平衡状态，吸湿率不超过 0.9%。这是由于 CF 一般不吸湿，造成吸湿率的差异主要是树脂基体的吸湿能力不同所致。聚合物的耐湿性取决于其化学结构。EP 本身的分子结构中含有大量的羟基、氨基等极性亲水基团，且在固化过程中还会生成大量亲水的羟基，因此 EP 的吸湿性较强，而 CE 中不含有易水解的基团如酯基、酰胺基等，因而耐湿热性较好，经 EP 改性后，CE 分子结构中含有的羟基比 EP 少得多，因此所制复合材料的耐湿热性能较好。

与 CE/EP/XA-S 复合材料相比，CE/EP/HM-S 复合材料的吸湿率略低。这可能是成型工艺造成的内部缺陷不同所致。因为 XA-SCF 的带宽（10mm）比模具尺寸（6mm）大得多，缠绕过程中很可能出现 CF 排布不均匀的情况，所以复合材料内部缺陷（如微孔、缝隙等）增多。复合材料内部缺陷的存在会使 CF 与树脂界面软化，水分子容易在其中扩散并聚集，因此增大了材料的吸湿率。

6.5.2 湿热环境对复合材料力学性能的影响

一般而言，环境中的水分是通过 CF 与基体间的界面（毛细作用）、树脂基体（扩散）及复合材料中的裂纹和孔洞进入复合材料内部的。在 CF 增强复合材料中 CF 的吸湿能力很小，而树脂基体具有相对较强的吸湿能力。因此湿热环境对这类复合材料力学性能特别是由基体控制的力学性能（如复合材料的横向性能、压缩性能和剪切性能等）的影响较为显著。

图 6-5 和图 6-6 分别示出水煮前后两种复合材料 NOL 环的拉伸强度及层间剪切强度的对比。由图 6-5 可以看出，经 100℃水煮 120h 后 CE/EP/XA-S 复合材料 NOL 环的拉伸强度略有增加，而 CE/EP/HM-S 复合材料 NOL 环的

拉伸强度略有降低。这说明湿热环境对由 CF 控制的复合材料纵向拉伸性能的影响并不大。图 6-6 表明，两种复合材料 NOL 环经受湿热环境后其层间剪切强度均有不同程度的降低，强度保持率分别为 35.4%和 46.8%。这说明湿热环境对两种复合材料层间剪切强度的影响是相当显著的。当复合材料处于湿热环境下树脂基体以扩散的方式吸收湿气，水分不仅引起树脂基体的溶胀和增塑，导致玻璃化温度的降低，而且造成树脂基体被软化，削弱了基体对 CF 的支撑，减少了传递剪切载荷的能力，最终导致复合材料层间剪切强度的显著降低。

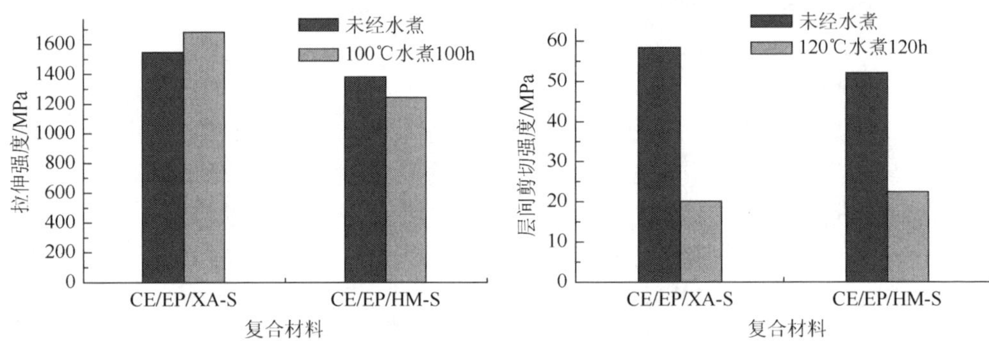

图 6-5　复合材料 NOL 环的拉伸强度比较　　图 6-6　复合材料 NOL 环的层间剪切强度比较

6.5.3　湿热环境对复合材料破坏模式的影响

湿热环境不仅影响复合材料的物理、力学性能，而且影响复合材料的破坏模式。图 6-7 和图 6-8 分别为 CE/EP/XA-S 和 CE/EP/HM-S 复合材料剪切试样水煮前后的 SEM 照片。

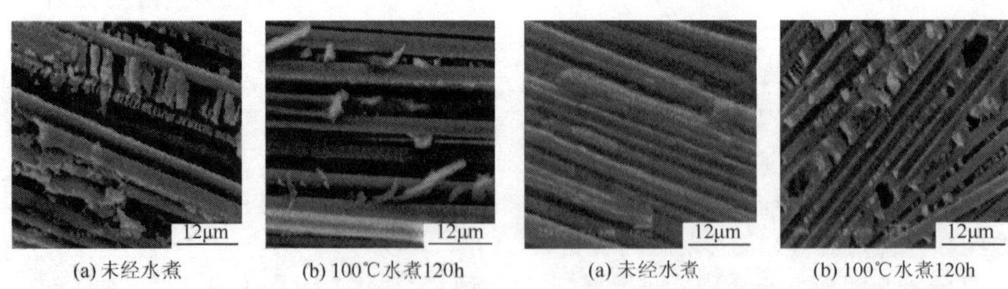

(a) 未经水煮　(b) 100℃水煮120h　(a) 未经水煮　(b) 100℃水煮120h

图 6-7　CE/EP/XA-S 复合材料剪切试样水煮前后的 SEM 照片

图 6-8　CE/EP/HM-S 复合材料剪切试样水煮前后的 SEM 照片

由图 6-7、图 6-8 可清楚地看出湿热环境对试样断面微观形貌有较大的影响。水煮前 CF 排列得比较规整，周围被树脂基体包裹着，CF 与基体之间的界面黏结良好，无 CF 被拔出现象；水煮 120h 后 CF 与基体之间出现界面裂缝，有 CF 与基体界面的脱黏和 CF 被拔出现象发生，并在基体中留下 CF 被拔出后的凹槽，且凹槽表面较光滑，说明被拔出的 CF 表面也较光滑，几乎没有基体的黏附。此外，树脂基体上还有被撕裂的痕迹和孔洞。这些微裂纹和孔洞的存在不仅会诱发 CF 与基体界面的破坏，削弱界面的黏结强度，而且为水分侵入复合材料内部提供了便利的通道。CF 与基体间的界面黏结因吸水而遭到破坏，进入的水分使树脂基体发生溶胀，降低了基体强度，并对 CF 施加一剪应力，最终导致复合材料层间剪切强度的降低。

6.6　BADCy/E51/M40J 复合材料

任鹏刚等[83]对 E51 环氧树脂改性双酚 A 型氰酸酯（BADCy）体系的力学性能及热性能进行了研究，发现当 E51 环氧树脂的质量分数为 5%时，改性体系的弯曲强度和冲击强度分别由原来的 95.6MPa 和 9.24kJ/m^2 提高到了 117.8MPa 和 12.6kJ/m^2，而热变形温度仅下降 8℃。以该改性体系为基体制作的碳纤维（M40J）复合材料，其弯曲强度、模量和剪切强度分别高达 1270MPa、172GPa 和 6819MPa。消泡剂（BYK141）能提高 M40J/BADCy 复合材料的力学性能，层间剪切强度可提高到 77.1MPa。M40J/BADCy 复合材料还具有良好的耐环境能力，是一种理想的航空航天结构材料。

6.6.1　复合材料成型工艺

BADCy 是一种熔点为 79℃的白色晶体，在复合材料制备时，通常采用溶剂法或熔融法制成预浸料，当溶剂挥发或温度下降时，BADCy 会从预浸料中结晶析出，使预浸料失去黏性，不但造成铺层困难，还影响预浸料的质量，因此，必须改善 BADCy 预浸料的制备工艺。

研究发现，E51 改性 BADCy 体系在低温下预聚所产生的三嗪环能破坏 BADCy 的规整结构，使预聚体的结晶度下降，其表现为体系软化点的降低。任鹏刚等[83]测定了 80℃下 E51 含量为 5%的改性 BADCy 的软化点随预聚时间变化的数据，得出结论，通过 10min 预聚改性体系的软化点达到最低，此时预聚体处于结晶与非结晶的临界状态。临界状态之前，由于预聚程度不够，预聚体会结晶析出，影响预浸料的胶含量及室温铺敷性，临界状态之后，预聚体的相对分子质量会随反应时间延长而增大，其软化点不断上升，也会使室温铺敷性下降。通过控制预聚温度和预聚时间，将 E51 改性 BADCy 树脂体系的软化点控制在最低点附近，可制成具有良好室温铺敷性的 M40J 预浸料。

6.6.2 复合材料力学性能

考虑到卫星用结构复合材料受力的复杂性，对M40J/CE复合材料进行了拉伸、弯曲及剪切实验，结果见表 6-19。

表 6-19　单向 M40J/5%E51（质量分数）改性 BADCy 复合材料部分力学性能

试样	弯曲强度/MPa	弯曲模量/GPa	拉伸强度/MPa	拉伸模量/GPa	剪切强度/MPa
①原样	1270（7.1*）	172（7.0）	1610（3.0）	208（2.5）	68.9（9.8）
①水煮 100h	1250（4.8）	150（5.3）	—	—	56.7（11.5）
②原样	1300（4.0）	183（3.9）	1620（2.6）	205（1.2）	77.1（4.1）
②水煮 100h	1290（4.0）	166（4.4）	—	—	72.7（8.3）

注：①为 M40J/BADCy+5%E51；②为 M40J/BADCy+5%E51+0.11%BYK141。
*表中括号内数据为变异系数，单位为%。

从表 6-19 可以看出，M40J/BADCy 复合材料的拉伸强度、拉伸模量、弯曲强度和弯曲模量分别达到 1610MPa、208GPa、1270MPa 和 172GPa，层间剪切强度可达 68.9MPa，表现出了良好的强度、刚度及层间性能。水煮 100h 使 M40J/BADCy 复合材料的力学性能有所下降，虽然层间剪切强度下降幅度最大，但保持率仍然高达 82%，优于环氧基复合材料。水煮使 M40J/BADCy 复合材料层间剪切强度下降明显，说明 M40J 与 BADCy 树脂间的界面层存在一定的缺陷，容易受水分子的侵蚀。

研究发现，加入 0.1%（质量分数）的消泡剂 BYK141，能明显减少 M40J/BADCy 复合材料的内部缺陷，改善纤维和树脂基体的界面特性，使 M40J/BADCy 复合材料的力学性能及水煮后强度的保持率均有不同程度的提高，层间剪切强度的提高尤为明显，0.1%的消泡剂 BYK141 使 M40J/BADCy 的层间剪切强度达到 77.1MPa，比原来提高了 11.9%，水煮后的层间剪切强度保持率可达 94%。另外，BYK141 的加入使复合材料的性能更加稳定（表现为变异系数下降）。

6.6.3 环境对复合材料性能的影响

M40J/BADCy 复合材料在不同空间环境下的性能测试结果见表 6-20。从中可以看出，环境因素对 M40J/BADCy 复合材料性能虽有一定的影响，但影响不大。总剂量为 $10^9 J/m^2$ 的紫外线辐射仅使 M40J/BADCy 复合材料的弯曲强度、弯曲模量及剪切强度变化了–2.8%、–0.8%、–4.6%。30 次的高低温循环（–30～150℃/11h）也仅使其弯曲强度、弯曲模量及剪切强度变化了–2.3%、–1.7%、–7.4%，与环氧基复合材料相比，耐空间环境能力较强。消泡剂 BYK141 能提高 M40J/BADCy 复合材料的耐空间环境能力，对高低温交替变化下的复合材料剪切强度提高尤为明显，M40J/BADCy 的层间剪切强度不但没有下降，反而提高了 10%，原因是 M40J/BADCy 复合材料界面层存在大量的气孔及间隙，在高低温交变环境下，会产生过大的内部应力，形成应力集中点，使层间剪切强度下降明显，而消泡剂 BYK141 使 M40J/BADCy 复合材料界面层的缺陷减少，因此温度的变化不会造成过大的界面应力。而长时间的高温环境使 BADCy 基体固化得更加充分，从而提高了 M40J/BADCy 复合材料的层间剪切强度。

表 6-20　空间环境下 M40J/BADCy 复合材料力学性能

测试项目	复合材料	弯曲强度/MPa	弯曲模量/GPa	拉伸强度/MPa	拉伸模量/GPa	剪切强度/MPa
紫外线辐射（$\times 10^9 J/m^2$）	①	1230	171	1500.8	203	65.7
	②	1270	181	1528.1	206	72.1
（–30～150℃）/11h 30 个循环	①	1240	175	1587.3	210	63.8
	②	1330	182	1606.2	211	85.3
100h 后的吸水率/%	①			0.71		
	②			0.54		
纤维质量含量/%				67±2		

注：①为 M40J/CE+5%E51；②为 M40J/CE+5%E51+0.11%BYK141。

从表 6-20 还可以看出，②号复合材料具有较低的吸水率（0.54%），尺寸稳定性较佳，适合作为航空航天结构材料使用。

6.7　BADCy/M40-T300 复合材料

任鹏刚等[84]利用单向铺层模压工艺制备了 M40-T300/BADCy 单向层内和层间混杂复合材料，研究了混杂方式、混杂比及铺层顺序对混杂复合材料的拉伸性能、弯曲性能及层间剪切性能的影响规律。结果发现，层内混杂复合材料的性能介于两种单一复合材料之间，T300 纤维含量越高，强度越大，M40 纤维含量越高，则模量越大。以 T300 纤维为芯层，M40 纤维为外层的层间混杂复合材料($[(M40)_1/\ (T300)_3]_S$)具有与 M40/BADCy 复合材料相近的弯曲模量及与 T300/BADCy 复合材料相近的层间剪切强度，适合作为航天飞行器结构材料使用。

任鹏刚等[84]的实验用原料如下：双酚 A 型二氰酸酯（BCE）；济南航空特种结构研究所，工业品，白色颗粒状晶体；碳纤维 M40-3K-40B，T300-3K-40B，日本东丽公司，性能见表 6-21。

表 6-21　两种碳纤维性能比较

纤维种类	纤维单体直径/μm	密度/（g/cm³）	拉伸强度/MPa	拉伸模量/GPa	伸长率/%
M40-3K-40B	6.5	1.81	2700	392	0.6
T300-3K-40B	6.5	1.76	3530	235	1.5

6.7.1　复合材料纵向拉伸性能

任鹏刚等[84]对混杂复合材料的纵向拉伸强度与混杂比（M40 纤维相对纤维总量的体积分数）的关系也进行了同步考察。

该课题组通过测试数据得出结论，混杂复合材料的纵向拉伸强度均在 M40/BADCy 与 T300/BADCy 材料强度连线的下方，并先随着 M40 纤维相对含量的增加而降低，到一个临界值时，拉伸强度最低，而后又随着 M40 纤维相对含量的增加而增加。临界体积分数的出现是由两种纤维的断裂伸长不同造成的，由于 M40 纤维的断裂伸长（0.6%）比 T300 纤维（1.5%）小很多，因此，当混杂复合材料达到 M40 纤维的断裂伸长时，M40 纤维断裂，此时所有的应力将施加于 T300 纤维上，而剩余的 T300 纤维已不能完全承受所有的应力载荷，导致整个混杂复合材料断裂。临界点以前表明当 M40 纤维断裂后，剩余的 T300 纤维仍可承受载荷，临界点以后表明当 M40 纤维断裂后，整个复合材料断裂。临界体积分数可由下式计算

$$V_{\mathrm{M40}} = 1-(1+\sigma_{\mathrm{T300}}/\sigma_{\mathrm{M40}} - E_{\mathrm{T300}}/E_{\mathrm{M40}})^{-1} \tag{6-1}$$

将有关纤维性能数据代入上式得 V_{M40}=42%。这一计算结果基本与实验所测值吻合。纵向拉伸模量随 M40 碳纤维相对含量的增大而线性增加，基本符合混合定律的计算结果。另外，从图上还可以看出，采用两种混杂方式所得的拉伸性能十分接近，表明层间混杂和层内混杂方式对复合材料拉伸性能的影响较小。

6.7.2　复合材料弯曲性能

对于层内混杂复合材料的弯曲性能而言，由于各层的性能是完全相同的，因此弯曲性能与铺层顺序无关，只与两种纤维的相对含量有关。图 6-9 为不同混杂比下的 M40-T300/BADCy 层内混杂复合材料的弯曲性能。与表 6-22 中数据进行对比可以看出，混杂复合材料的弯曲性能介于两种单一复合材料性能之间，且混杂复合材料的弯曲强度随着 M40 纤维含量的增加而下降，弯曲模量随 M40 纤维质量分数的增强而提高，显示出常规的混杂效果。

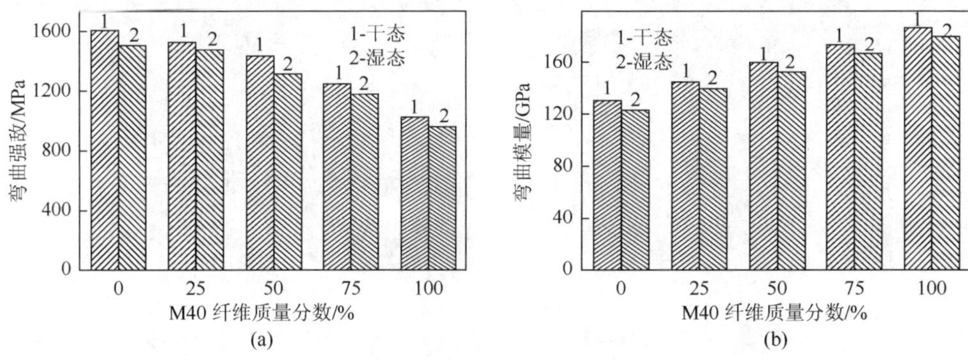

图 6-9　不同混杂比的 M40-T300/BADCy 层内混杂复合材料弯曲性能（V_f=62%±3%）

表 6-22　层间铺层方式与复合材料弯曲性能间的关系

排列规则	M40 纤维混合比/%	接口数	弯曲强度/MPa	弯曲模量/GPa
$(M40)_{16}$	100	0	1080	183
(M40/T300)8	50	15	1360	157
$[(M40/T300)_4]_S$	50	14	1110	178
$[(T300/M40)_4]_S$	50	14	1600	134
$[(M40)_2/(T300)_2]_{2S}$	50	7	1380	152
$[(M40)_2/(T300)_2]_{2S}$	50	6	1130	180
$[(T300)_2/(M40)_2]_{2S}$	50	6	1650	131
$[(T300)_1/(M40)_3]_{2S}$	75	2	1550	130
$[(M40)_3/(T300)_1]_{2S}$	75	2	1100	183
$[(T300)_3/(M40)_1]_{2S}$	25	2	1690	128
$[(M40)_1/(T300)_3]_{2S}$	25	2	1130	172
$(T300)_{16}$	0	0	1700	127

注：V_f=62%±3%。

对于层间混杂复合材料而言，弯曲强度和弯曲模量的影响因素较为复杂，图 6-10 为两种混杂复合材料弯曲试样断口的 SEM 形貌，可以看出 M40-T300/BADCy 混杂复合材料中增强纤维存在两种不同的断裂形式，M40 纤维由于模量高、断裂伸长率低，表现为明显的脆性断裂，断口较为平整。而 T300 纤维的断口参差不齐，有较多的纤维拨出，表现出一定的韧性断裂。由于层合板弯曲特性主要是由最外层材料的力学特性来决定，另外，层间混杂复合材料在厚度方向上还存在材料强度、模量及厚度等的分布差异，因此除混杂比外，铺层顺序（各层所处的位置）对复合材料力学性能的影响更加明显。

(a) 层内混杂

(b) 层间混杂

图 6-10 M40-T300/BADCy 层内和层间混杂复合材料弯曲断口形貌

表 6-22 为不同铺层顺序及混杂比所对应的复合材料弯曲性能测试结果。可以看出，层间混杂复合材料的弯曲强度和弯曲模量主要由混杂复合材料最外层的材料性能来决定。当最外层为 M40 碳纤维铺层时，混杂复合材料的强度和模量与单向 M40 复合材料接近，保持着较高的弯曲模量和较低的弯曲强度。而当最外层为 T300 纤维时，混杂复合材料具有较高的弯曲强度及较低的弯曲模量。混杂比对复合材料的弯曲强度和弯曲模量影响相对小些。

6.7.3 复合材料层间剪切强度

复合材料的层间剪切强度主要是由树脂基体及其与纤维的黏结强度来决定的，在层间剪切应力的作用下，中性层处所受的剪切应力最大，因此层间剪切一般从中性层处破坏。不同的纤维与树脂基体的黏结是不同的，混杂比及各纤维所处的位置对层间剪切强度有较大影响。图 6-11 为 T300、M40 纤维及其 BADCy 基复合材料剪切断口的 SEM 形貌，可以看出，M40 纤维表面较为光滑、齐整，而 T300 纤维的表面存在较多纵向沟槽，树脂基体容易浸入到这些沟槽中形成物理连接，T300/BADCy 复合材料剪切断口处的树脂基体呈波纹状，且纤维表面有部分树脂黏结，而 M40/BADCy 复合材料的剪切断口较为光滑，纤维表面很少有树脂黏结，这表明 T300 与基体的黏结强于 M40 与基体的黏结。

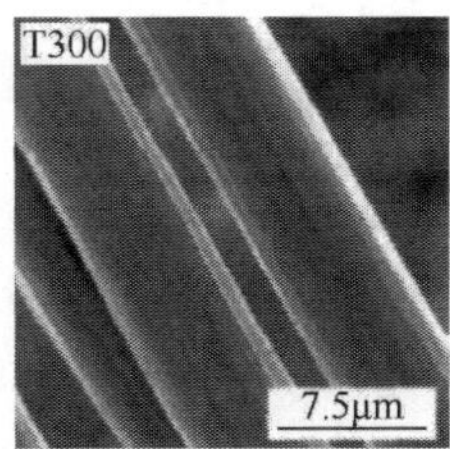

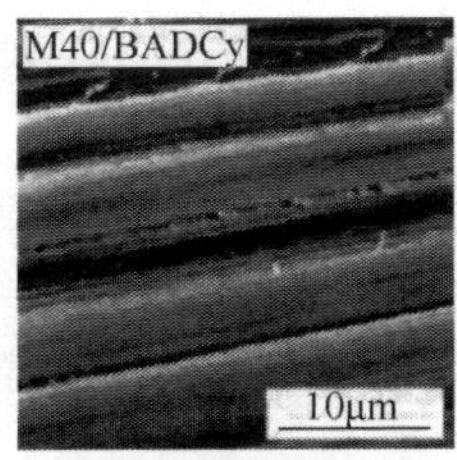

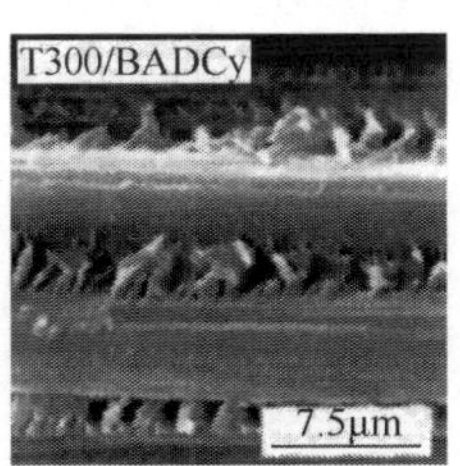

图 6-11　M40，T300 纤维及其复合材料的 SEM 形貌

由于层内混杂复合材料的各层间并无差异，因此层内混杂复合材料的层间剪切强度只与纤维的混杂比有关。图 6-12 为不同混杂比下的 M40-T300/BADCy 复合材料剪切强度的变化情况。从图中可以看出，层内混杂复合材料的层间剪切强度介于两种单一复合材料层间剪切强度，且强度随着 T300 纤维含量的增加而增大。层内混杂复合材料的层间剪切强度可通过以下方法进行估算。

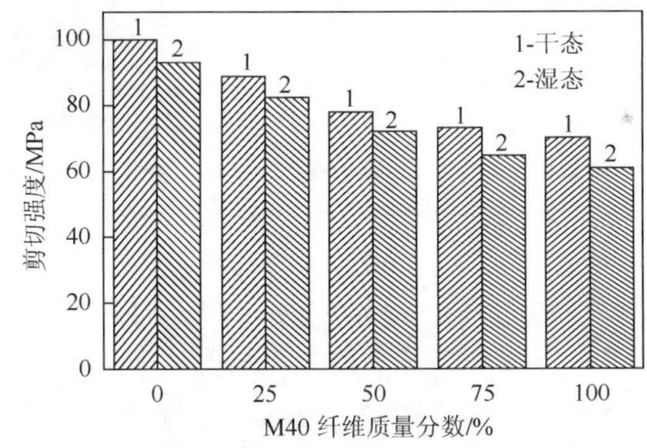

图 6-12　M40-T300/BADCy 层内混杂与剪切强度间的关系（V_f=62%±3%）

在 M40-T300/BADCy 层内混杂复合材料中纤维间的构成情况如图 6-13 所示，其中每种情况发生的概率为 $2\times V_{M40}\times(1-V_{M40})$（情况 a)、$(1-V_{M40})^2$（情况 b）及$(V_{M40})^2$（情况 c)。对于情况 a 而言，由于 M40 与 BADCy 的黏结强度较差，破坏主要发生于 M40/BADCy 的界面层处，但由于相邻的 M40/BADCy 界面并不处于同一平面，因此层间裂纹会存在偏转（如图 6-14 的断口形貌所示)，因此强度略高于层间混杂复合材料。对于情况 b 而言，T300 与 T300 通过 BADCy 黏结在一起，具有良好的黏结强度，从而使复合材料的层间剪切强

度大大提高，这种情况的层间剪切强度应按单一 T300/BADCy 复合材料的层间剪切强度（100MPa）计算。情况 c 应按单一 M40/BADCy 复合材料的层间剪切强度（69.8MPa）计算，因此对于混杂比为 V_{M40} 的层内混杂复合材料层间剪切强度应如下计算

$$\tau_a = K(\tau_{M40/BADCy}) \times 2 \times V_{M40} \times (1 - V_{M40}) \tag{6-2}$$

$$\tau_a = K \times 139.6 \times V_{M40} \times (1 - V_{M40}) \tag{6-3}$$

$$\tau_b = \tau_{T300/BADCy} \times (1 - V_{M40})^2 = 100(1 - V_{M40})^2 \tag{6-4}$$

$$\tau_c = \tau_{M40/BADCy} \times V_{M40}^2 = 69.8 \times V_{M40}^2 \tag{6-5}$$

$$\tau_{层内} = \tau_a + \tau_b + \tau_c \tag{6-6}$$

式中：K 为系数，当其取 1.05～1.1 时，理论计算的层内混杂复合材料的层间剪切强度与实测值基本吻合。

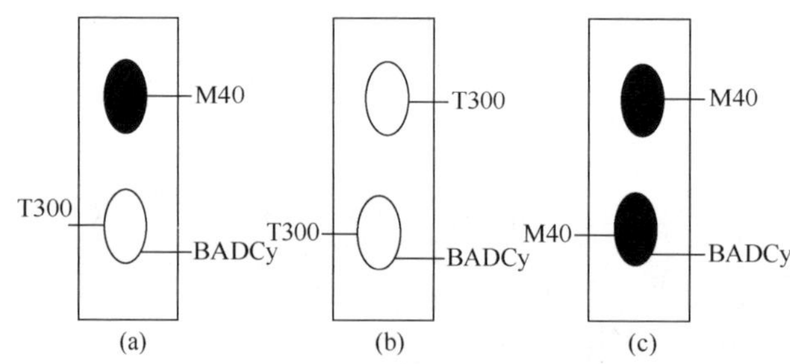

图 6-13　层内混杂中纤维与基体间黏结的三种情况

图 6-14　裂纹在 M40-T300/BADCy 层内混杂复合材料中偏转形貌

对于层间混杂复合材料而言，由于两种纤维与基体的黏结强度相差很大，因此，各纤维所处的位置（由铺层方式来决定）就显得相当重要。表 6-23 为不同铺层方式所得的层间混杂复合材料层间剪切强度测试结果。

表 6-23　铺层方式与复合材料层间剪切性能间的关系

排列规则	M40 纤维混合比/%	接口数	LSS/MPa
$(M40)_{32}$	100	0	69.8
$(M40/T300)_{16}$	50	31	65.3
$[(M40/T300)_S]_S$	50	30	84.4
$[(T300/M40)_S]_S$	50	30	62.1
$[(M40)_2/(T300)_2]_S$	50	15	66.6
$[(M40)_2/(T300)_2]_{4S}$	50	14	87.7

续表

排列规则	M40 纤维混合比/%	接口数	LSS/MPa
$[(T300)_2/(M40)_2]_{4S}$	50	14	60.4
$[(T300)_4/(M40)_{12}]_S$	75	2	58.6
$[(M40)_{12}/(T300)_4]_S$	75	2	95.5
$[(M40)_4/(T300)_{12}]_S$	25	2	98.9
$[(T300)_{12}/(M40)_4]_S$	25	2	68.4
$(T300)_{32}$	0	0	100

可以看出，中性层的纤维材料种类对混杂复合材料的层间剪切强度影响较大，当中性层为 T300/BADCy/T300 时，混杂复合材料的层间剪切强度倾向于单一 T300/BADCy 复合材料，表现出较高的层间剪切强度，且中性层 T300/BADCy/T300 的厚度越大，性能越接近于单一 T300/BADCy 复合材料。而中性层为 T300/BADCy/M40 及 M40/BADCy/M40 时，混杂复合材料的层间剪切强度均表现出比单一 M40/BADCy 复合材料的层间剪切强度还略低的现象。其原因是，M40/BADCy 中性层的破坏会致使整个复合材料产生层间剪切失效，此时 T300 与 BADCy 的黏结力再强，也不会提高混杂复合材料的层间剪切性能。另外，T300 纤维与 M40 纤维的刚度及伸长率间存在部分差异，载荷分配不均匀，从而导致层间剪切强度比单一 M40/BADCy 复合材料的层间剪切强度还低。

由以上研究可知，采用高模量 M40 纤维作表层，用 T300 纤维作内层进行的混杂($[(M40)_4/(T300)_{12}]_S$)可以获得具有较高拉伸性能、弯曲性能及层间剪切性能的混杂复合材料，特别适合作为航空航天结构材料使用。

6.8　三种碳纤维改性 BADCy 的性能比较

任鹏刚等[84]研究了三种碳纤维/BADCy 体系的力学、热学等性能。表 6-24 为三种纤维部分性能对比。扫描电镜和力学性能测试结果表明，纤维的表面形态对界面黏结效果有较大影响，三种复合材料界面的黏结强弱顺序是 T300/BADCy>M40/BADCy>M40J/BADCy。水煮 100h 对三种碳纤维复合材料的弯曲性能影响不大，但对层间剪切强度的影响明显，其中 M40J/BADCy 的层间剪切强度保持率只有 84.2%，而 T300/BADCy 的强度保持率高达 92.5%。热冲击和紫外线辐照实验研究表明，–30～150℃/11h 的 20 次热交变及总剂量为 1×10^9J/m^2 的紫外线照射对 BADCy 基碳纤维复合材料的力学性能影响很小，三种复合材料的弯曲强度、弯曲模量和层间剪切强度的保持率均大于 90%。数据见表 6-25。

表 6-24 三种碳纤维的性能对比

纤维类别	拉伸强度/MPa	拉伸模量/GPa	伸长率/%	密度/（g/cm^3）
M40（3k）	2744	392	0.6	1.81
M40J（12k）	4400	377	1.1	1.77
T300（3k）	3650	230	1.5	1.78

表 6-25 紫外线辐射后的几种复合材料性能保持率对比 （单位：%）

复合材料类别	弯曲强度保持率	弯曲模量保持率	层间剪切强度保持率
M40/BADCy	94.2	95.1	94.3
M40J/BADCy	95.3	96.8	95.8
T300/BADCy	96.8	97.0	95.5

6.8.1 力学性能

表 6-26 为以 5%E51 改性 BADCy 树脂体系为基体制作的碳纤维单向复合材料层合板的部分力学性能。

表 6-26 三种碳纤维/BADCy 复合材料的性能对比

复合材料类别	弯曲强度/MPa	弯曲模量/GPa	层间剪切强度/MPa
M40/BADCy	1022	183	69.8
M40J/BADCy	1246	175	70.3
T300/BADCy	1603	117	101.8

由表 6-26 可以看出，T300/BADCy 复合材料具有较高的强度，其弯曲强度和层间剪切强度分别达到 1603MPa 和 101.8MPa，但弯曲模量较低，只有 117GPa。因此，T300/BADCy 复合材料适用于对强度有严格要求的航空飞行器结构件中。M40/BADCy 和 M40J/BADCy 的弯曲模量分别高达 183GPa 和 175GPa，比 T300/BADCy 高很多，而强度却较 T300/BADCy 低一些，适用于对刚度有严格要求的航天飞行器结构件中。

图 6-15 为几种碳纤维复合材料层间剪切断面的电镜（SEM）照片。可以发现，M40J 与树脂基体的黏结效果较差，断口处的碳纤维表面十分光滑，几乎没有树脂基体黏附；M40 的界面黏结效果比 M40J 略好些，可以看到有少量的 BADCy 树脂黏附；而 T300/BADCy 复合材料断口处的纤维表面上附有大量的树脂基体，且纤维和树脂结合紧密，没有明显的空隙存在，且断口处的树脂呈韧性断裂，断裂

同时发生在树脂基体界面层中，表明 T300 与 BADCy 树脂的界面黏结良好。造成这种界面黏结差异的原因主要是纤维的表面形貌不同。碳纤维表面一般涂有一层环氧涂层，它可与 BADCy 树脂发生化学反应，起到偶联的作用。因此，碳纤维/BADCy 复合材料的最薄弱环节在碳纤维与环氧涂层的结合面处，而碳纤维与环氧涂层间主要为物理连接，所以碳纤维的表面结构对其 BADCy 复合材料界面黏结有着决定性的影响。

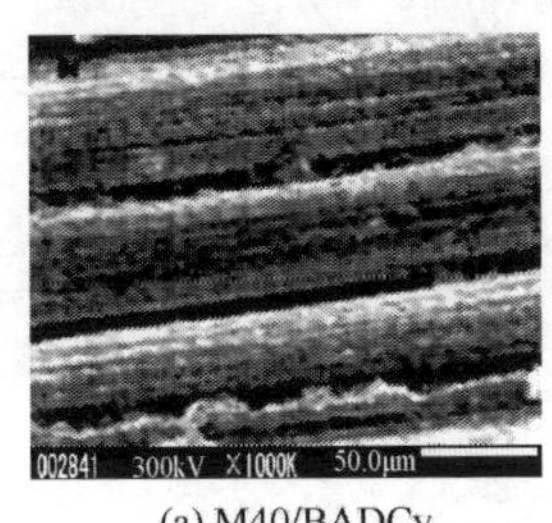

(a) M40/BADCy

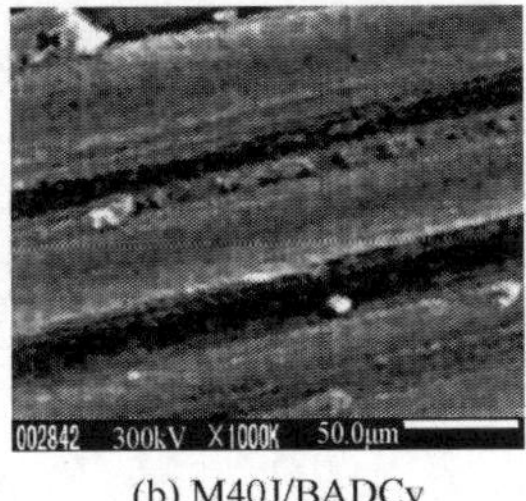

(b) M40J/BADCy

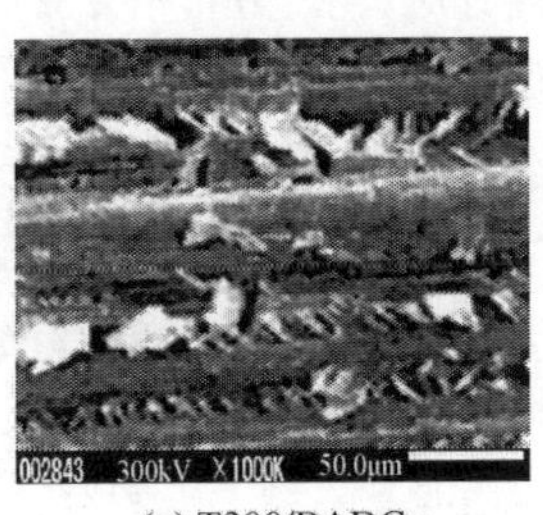

(c) T300/BADCy

图 6-15　几种碳纤维复合材料的断面形貌

图 6-16 为三种碳纤维的 SEM 照片，可以看出，T300 纤维的表面比较粗糙，且含有很多较深的纵向沟槽，虽然 M40 纤维的表面也含有一些纵向沟槽，但数量较少且深度较浅，M40J 纤维的表面十分光滑，几乎观察不到纵向沟槽。由此可见，界面的黏结强弱的顺序为：T300/BADCy>M40/BADCy>M40J/BADCy。

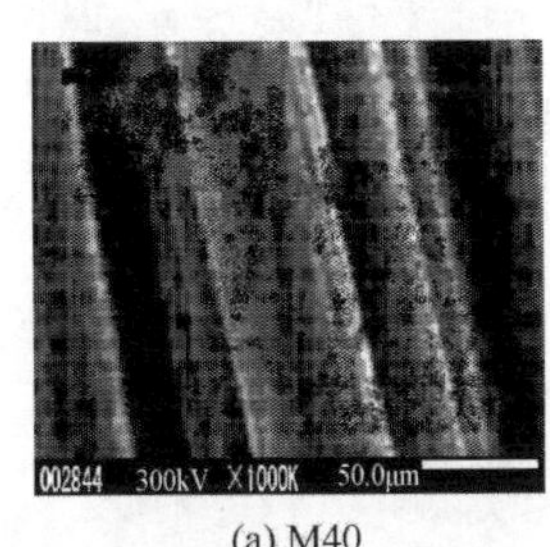

(a) M40

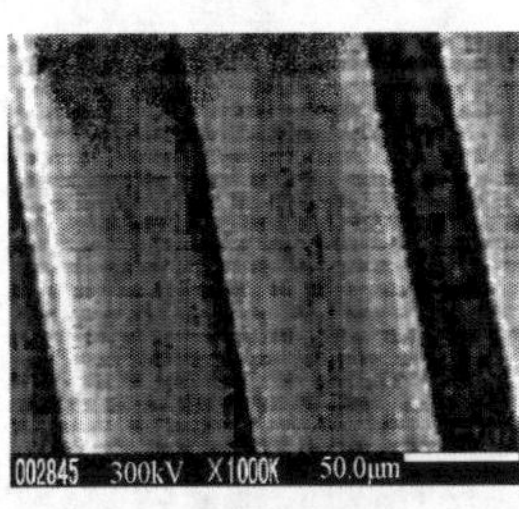

(b) M40J

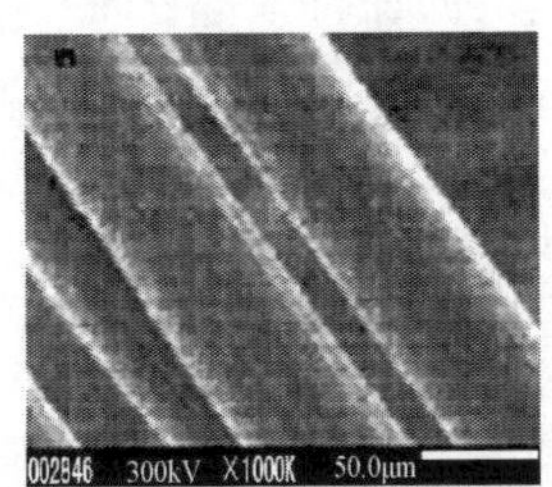

(c) T300

图 6-16　三种碳纤维的表面形貌

6.8.2　耐水煮性

表 6-27 为三种碳纤维复合材料水煮 100h 后的力学性能保持率。可以看出，三种碳纤维复合材料的弯曲强度和弯曲模量均有较高保持率，且之间的差异很小，弯曲强度的保存率为 93.8%～96.4%，弯曲模量保持率为 95.7%～97.6%。这是因为水煮对这三种纤维性能的影响很小，而弯曲强度和弯曲模量又主要由增强纤维

来确定。但水煮后三种复合材料的层间剪切强度保持率有明显差异，其中 T300/BADCY 具有较高的强度保持率，达到 92.5%，而 M40J/BADCy 的强度保持率只有 84.2%。造成这种较大差异的原因是树脂与纤维结合力不同，如果复合材料的界面黏结不牢靠，形成孔隙和空隙等缺陷，水分子会在水煮过程中进入这些缺陷内部，并在蒸气压的作用下形成较大的尖端应力，使缺陷沿纤维方向逐步扩大，从而导致层间剪切强度的大幅度下降。因此，层间剪切强度的保持率顺序与界面黏结相一致：T300/BADCy>M40/BADCy>M40J/BADCy。此外，表 6-27 中所示的吸水率正好与这一顺序相反，也证实了水分子的吸入及扩散是造成层间性能下降的主要原因。

表 6-27　几种碳纤维复合材料的耐水性能对比　　（单位：%）

复合材料类别	弯曲强度保持率	弯曲模量保持率	层间剪切强度保持率	水煮 100h 吸水率
M40/BADCy	94.2	97.6	89.6	0.98
M40J/BADCy	93.8	95.7	84.2	1.17
T300/BADCy	96.4	97.4	92.5	0.79

6.8.3　耐高低温冲击性

表 6-28 为几种碳纤维复合材料经−30～150℃/11h 循环 20 次后的性能保持率。可以看出，高低温冲击对几种复合材料的性能影响不大，三种复合材料的弯曲强度和模量的保持率都在 99%以上，虽然层间剪切强度保持率稍低一些，但也达到 93%以上。这是因为 BADCy 的高耐热性和低膨胀系数使得高低温冲击过程在复合材料内不会形成过大的应力集中。因此，温度的变化对力学性能影响不大。其中弯曲模量还略有提高，这可能是由于长时间的高温使 BADCy 树脂的固化更加充分，基体模量增大。

表 6-28　高低温冲击对几种复合材料性能的影响　　（单位：%）

复合材料类别	弯曲强度保持率	弯曲模量保持率	层间剪切强度保持率
M40/BADCy	99.3	101.8	98.0
M40J/BADCy	99.2	101.1	93.9
T300/BADCy	100.3	102.5	101.9

6.8.4　耐紫外线

表 6-25 为三种复合材料经总剂量为 $1\times10^9 J/m^2$ 的紫外线辐射后的力学性能保

持率。可以看出，紫外线辐射会使碳纤维/BADCy 复合材料的力学性能下降，因为紫外线辐射会使基体发生分子断链及交联作用，从而改变了复合材料的力学性能、热学性能及尺寸稳定性，三种 BADCy 基复合材料的强度保持率几乎相同，表明紫外线主要影响的是树脂体系，对碳纤维及界面的影响很小。通过对比碳纤维/BADCy 和碳纤维/环氧复合材料的强度保持率，可以发现，BADCy 树脂基体表现出较强的耐紫外线辐射能力，更加适合作为长期在太空环境中使用的结构材料。

6.9　玻璃纤维增强氰酸酯树脂基复合材料的介电性能

洪旭辉[19]、吕文中等[86]介绍了玻璃纤维增强树脂基复合材料作为电介质材料的特点及影响因素，并介绍了低介电性能环氧树脂/玻璃纤维复合材料的研究现状及 PTFE、氰酸酯树脂等高性能透波复合材料的研究进展。

6.9.1　玻璃纤维增强树脂基复合材料介电性能的影响因素

玻璃纤维增强复合材料的性能是由树脂、纤维和界面三部分决定的，因此，要讨论复合材料介电性能的影响因素也必须从这三方面入手。

周祝林等[87]分别研究了树脂基体、玻璃纤维和复合材料的介电性能，认为复合材料的介电常数可用式（6-7）计算

$$\lg\varepsilon = V_{\mathrm{f}}\lg\varepsilon_{\mathrm{f}} + (1 - V_{\mathrm{f}} - V_0)\lg\varepsilon_{\mathrm{m}} t V_0 \lg\varepsilon_1 \tag{6-7}$$

式中：ε_{f} 为玻璃纤维的介电常数；ε_{m} 为树脂基体的介电常数；ε_1 为空气的介电常数；V_{f} 为玻璃纤维的体积分数；V_0 为空隙率。

式（6-7）表明，复合材料的介电常数不仅与树脂和纤维本身的介电常数有关，而且与它们在复合材料中的相对含量关系很大，当两者介电常数相差较大时含量的影响更加显著。

玻璃纤维增强树脂基复合材料主要应用频率范围在 1MHz～30GHz。

6.9.2　树脂基体选择对介电性能的影响

对介电性能有特殊要求的低介电常数复合材料基体的基本选择原则有以下几点：①树脂分子中化学键的极性小；②极性化学键的含量低；③分子带有较多支链，可以增大材料的自由体积，降低极性键的浓度。但在实际应用中，除了考虑介电性能外，还必须同时考虑机械性能、耐温性、吸湿性和加工工艺性等。

高性能复合材料应用的基体通常为热固性树脂，包括酚醛树脂、不饱和聚酯、环氧树脂、双马来酰亚胺树脂、聚酰亚胺、有机硅树脂和氰酸酯树脂等。这些树脂的介电性能及玻璃化温度见表 6-29。

表 6-29　树脂的介电性能及玻璃化温度*[87-90]

树脂	介电常数	损耗角正切值	玻璃化温度/℃
聚酰亚胺	2.7～3.2	0.005～0.008	220～260
酚醛树脂	4.5～5.0	0.015～0.030	180～250
环氧树脂	3.2～5.0	0.010～0.019	110～150
不饱和聚酯	2.8～4.1	0.006～0.026	80～100
双马来酰亚胺树脂	2.8～3.2	0.012	180～260
有机硅树脂	2.9～5.0	0.003～0.030	250～300
异氰酸酯树脂	2.7～3.2	0.005	—
氰酸酯树脂	2.8～3.20	0.002～0.008	130～200

*在 9.375×10^3MHz 下测得。

环氧树脂由于具有价格、加工工艺性及综合性能方面的优势，目前在工程上应用较为广泛。近年来，双马来酰亚胺树脂在耐高温介质材料上的应用有所增加。氰酸酯树脂或其改性树脂由于介电性能优异而备受关注，国外研究开发较多，已商品化的有几十种，在高性能透波材料，如雷达罩等方面得到了应用。国内对其研究开发较晚。

除上述热固性树脂外，聚四氟乙烯（PTFE）分子不带极性，具有优异的介电性能，其介电常数 ε 很小，在–40～250℃、5～10GHz 内稳定在 2.1 左右，介电损耗角正切值也很小，为 10^{-4}～10^{-5} 数量级。优异的介电性能使其作为透波复合材料应用具有明显的优势，近年来众多科学工作者对其进行了大量研究工作，并将其开发应用推进到了一个新的阶段[91]。

6.9.3　界面对介电性能的影响

复合材料中，纤维与树脂基体间的界面是应力、应变及电压在基体和纤维间有效传递的桥梁，良好的界面能够提高复合材料的力学性能和介电性能，降低材料的吸湿率[92]。复合材料中，纤维与树脂的界面对材料介电性能的影响可以用界面极化来分析。界面极化是指在非均匀介质系统中，当两种介质的介电常数和电导率不同时，在两种介质的界面上将有电荷积累，从而产生相应的极化。非均匀介质宏观性质既与构成它的各组元本身的性质有关，也与各组元的形状及混合方式有关[93]。界面的微观结构少见理想的表述与模型，只能通过材料的宏观性能反映。

Bleay[22]在研究了后处理型玻璃纤维增强织物的热处理工艺和偶联剂种类对复合材料性能的影响后认为，玻璃纤维织物的处理温度不能超过 500℃，否则会使织物的强度损失增大；分子结构中含有的与树脂基体相近基团的偶联剂使纤维与基体间的黏结提高，从而提高复合材料的力学和介电性能。

陈平[94-96]等选择了五种偶联剂，偶联剂的型号和经偶联剂处理后的玻璃纤维的表面自由能和浸润活化能见表 6-30。

表 6-30　偶联剂处理后的玻璃纤维的表面自由能和浸润活化能

序号	偶联剂型号	表面自由能/（mJ/m²）	浸润活化能/（kJ/mol）
0	未处理	68.7	约 1000
1	沃兰	<50	25.3
2	A-1100	58.8	253.2
3	A-186	53.6	90.3
4	A-187	52.7	94.2
5	A-1160	59.2	10.2

从表 6-30 可见，经偶联剂处理后，玻璃纤维的表面自由能下降，其下降的程度与硅烷偶联剂 R_nSiX_{4-n} 中的 R 基团的结构特性和极性有关，R 基团的极性越大，玻璃纤维的表面自由能越高。另外，值得指出的是：经偶联剂处理后，玻璃纤维对环氧树脂胶液的浸润活化能下降尤为显著。所以，不同的偶联剂以及同种偶联剂，由于 R 基团不同，对其处理后的玻璃纤维/环氧基复合材料的介电性能也有不同的影响。

表 6-31 列出了经不同偶联剂处理后的玻璃纤维/环氧单向复合材料的介电性能。将表 6-31 的数值分别代入式（6-8）[95]中，可得各种偶联剂处理后的玻璃纤维/环氧基复合界面的介电性能，其计算结果列于表 6-32 中。

$$\tan\delta_{\mathrm{i}}=\frac{\varepsilon_{\mathrm{r}}\cdot\varepsilon_{\mathrm{g}}\tan\delta_{\mathrm{g}}-\varepsilon_{\mathrm{i}}(v_{\mathrm{r}}\varepsilon_{\mathrm{g}}\tan\delta_{\mathrm{r}}+v_{\mathrm{g}}\cdot\varepsilon_{\mathrm{r}}\cdot\tan\delta_{\mathrm{g}})}{\varepsilon_{\mathrm{r}}\cdot\varepsilon_{\mathrm{g}}-\varepsilon_{\mathrm{i}}(v_{\mathrm{r}}\cdot\tan\delta_{\mathrm{g}}+v_{\mathrm{g}}\cdot\tan\delta_{\mathrm{g}})} \tag{6-8}$$

式中：ε_{r} 为树脂基体介电常数；ε_{i} 为界面层介电常数；ε_{g} 为玻璃纤维介电常数；$\tan\delta_{\mathrm{r}}$ 为树脂基体介电损耗角正切值；$\tan\delta_{\mathrm{i}}$ 为界面层介电损耗角正切值；$\tan\delta_{\mathrm{g}}$ 为玻璃纤维介电损耗角正切；v_{r} 为树脂基体体积分数；v_{g} 为玻璃纤维体积分数。

从表 6-31 和表 6-32 可见，不同的偶联剂处理后的玻璃纤维/环氧基复合材料具有不同的界面层，从而导致具有不同的界面介电性能。其中沃兰偶联剂处理后的玻璃纤维与环氧基形成的界面层的介电性能比经过硅烷偶联剂形成的界面层介电性能优异。这可能与界面偶联（纤维表面与树脂基体形成的）和界面层的极性（偶联剂与玻璃纤维以及树脂反应后形成的复合界面层的极性）以及树脂基体对玻璃纤维表面的浸润性能（浸润性能的好坏直接影响复合材料中的孔隙含量）有关。由于沃兰偶联剂处理后的玻璃纤维具有良好的润湿性能，加之与树脂基体反应后形成的界面层极性较弱，故具有优异的界面介电性能[94]。因此，不论何种偶联剂处理后形成的界面层的介电性能都比未经处理的界面层的介电性能好得多。这主要是未处理的玻璃纤维表面自由能高和浸润性差两方面共同引起的。通过以上研究可见，经偶联剂处理后的玻璃纤维的表面自由能、浸润活化能和 R 基团的反应活性等对玻璃纤维/环氧树脂基复合材料的界面层的介电性能有很大影响，且有一定的规律性。

表 6-31　不同偶联剂处理后的玻璃纤维/环氧单向复合层板的介电性能

性能	玻璃纤维	环氧树脂	0	1	2	3	4	5
树脂质量分数/%	—	100	49.1	50.2	51.3	48.9	49.6	48.3
介电损耗角正切值/（$\times 10^{-2}$）	0.01	0.30	2.31	0.32	1.32	0.81	1.02	0.68
介电常数	7.00	4.00	5.02	4.58	4.58	4.81	4.75	4.88

注：序号同表 6-30。

表 6-32　不同偶联剂处理后的玻璃纤维/环氧基复合界面的介电性能

序号	0	1	2	3	4	5
介电损耗角正切值	0.67	1.28×10^{-2}	0.29	0.12	0.11	0.12

注：序号同表 6-30。

玻璃纤维经偶联剂处理后，界面层结构与状态得到改善，抑制了水在界面层的扩散和界面层的降解，减弱了界面层在外电场作用下的界面极化，其规律性为选择适合于一定环境条件下使用的偶联剂和合成新型的功能偶联剂提供了理论依据[96]。

6.9.4　吸湿性对复合材料介电性能的影响

吸湿性需要通过水煮实验来实现。水是一种最常见的、能明显影响复合材料介电损耗的极性杂质，特别是沸水对复合材料介电损耗的影响尤为显著。水沿着纤维与基体间界面进行扩散，从而形成一个极性界面层，引起纤维/基体界面层的介电损耗。

如果树脂、纤维和界面对材料介电性能的影响称为内因，则吸湿和温度的变化可以算作外因。

随着水分扩散进入聚合物，可移动的偶极子的浓度增加，从而使介电常数升高，直至饱和或局部达到平衡。Li 等[97]研究复合材料的吸湿对介电性能的影响时发现，在 62℃水中浸泡进行老化的试样，由于吸湿导致材料塑化而出现微孔。初始阶段微孔中充满空气，此时，介电常数较未浸泡前有所降低。当这些微孔被水分填充，介电常数上升，随着浸泡的时间加长，水分进入纤维基体间的微裂纹，导致介电性能进一步恶化。

要降低复合材料的吸湿率，可选择含有憎水基团的树脂或固化剂，提高交联密度也有利于降低吸湿。另外，界面是影响复合材料吸湿的另一个主要因素，陈平等[96]在玻璃纤维/环氧树脂基复合材料界面介电性能的研究中作了详细的讨论，具体如下。

表 6-33 列出了不同水煮时间下，各玻璃纤维/环氧基单向复合材料的介电性能和吸水率。将表 6-33 的数值分别代入式（6-8）中，可以求得不同水煮时间下，玻璃纤维/环氧基复合材料界面层的介电损耗值，其计算结果列于表 6-34 中。

表 6-33　不同水煮时间下各种玻璃纤维/环氧基复合材料介电性能、吸水率

性能	水煮时间/h	玻璃纤维	环氧	0	1	2	3	4	5
介电损耗角正切值	0	0.13	0.53	1.84	0.62	1.48	1.14	1.32	0.94
	1	0.15	0.85	6.64	1.34	4.46	2.54	3.34	1.74
	4	0.17	1.84	17.39	2.77	10.42	4.88	7.38	3.35
	6	0.18	2.62	27.72	3.96	15.38	7.69	11.42	4.96
	8	0.19	3.55	36.42	5.39	21.34	10.49	14.78	6.30
介电常数	0	6.75	4.02	4.75	4.52	4.63	4.58	4.56	4.61
	1	6.77	4.13	4.82	4.56	4.68	4.62	4.68	4.65
	4	6.79	4.26	5.02	4.67	4.85	4.72	4.81	4.74
	6	6.81	4.40	5.22	4.79	5.02	4.84	4.95	4.83
	8	6.83	4.52	5.42	4.90	5.19	4.99	5.09	4.93
吸水率/%	1	0.01	0.05	0.81	0.21	0.48	0.30	0.38	0.18
	4	0.02	0.12	1.84	0.41	0.92	0.64	0.78	0.35

注：序号同表 6-30。

表 6-34　不同水煮时间下玻璃纤维/环氧基复合材料界面层介电损耗值

性能	水煮时间/h	0	1	2	3	4	5
界面层介电损耗角正切值	1	0.937	0.0733	0.469	0.194	0.313	0.121
	4	3.487	0.1580	1.340	0.386	0.758	0.226
	6	9.410	0.2380	2.422	0.667	1.306	0.340
	8	44.390	0.3420	4.562	0.983	1.933	0.436

注：序号同表 6-30。

由表 6-33、表 6-34 数据可知，各复合材料界面层在水煮状态下的介电性能按其增长率的好坏依次是：5＞1＞3＞4＞2＞0，与这六种复合材料的吸水率呈反比例关系。故得出结论：水煮时间对玻璃纤维/环氧基复合材料界面层介电性能的影响主要取决于该复合材料界面层吸水率的大小。玻璃纤维的表面经偶联剂处理前后，由于其表面自由能、浸润活化能及其 R 基团的结构和反应活性等都不相同，形成复合材料后，其复合界面层间在相同的水煮时间下，由于其抵抗水介质侵蚀的能力不同，吸水率不同。由于该界面层间水杂质含量不同，在外电场作用下，界面极化强度不同，进而导致不同界面层介电损耗值产生很大的差异。其玻璃纤维表面自由能和浸润活化能越低，纤维表面越有利于被基体树脂浸润，从而越有利于消除表面的孔隙（或气泡），同时浸润后残存的活性基团的含量也越少，越有利于提高复合材料界面层间的耐水煮能力。界面层间发生化学键合的机会及能力，以及化学键合后键能的大小等也同样会影响复合材料界面层间的耐水煮能力。

6.9.5 温度对复合材料介电性能的影响

温度对介电性能的影响有两个方面：一是由于随温度升高，界面电介质中相互联系的电子或离子的松弛时间减小，松弛过程加快，极化建立得更充分，这时介电常数升高；二是随温度升高，热运动对质点的规则运动阻碍增强，导致极化率减小。两方面共同作用的结果是使材料在适当温度下，介电常数出现极大值[96]。

陈平等[96]研究了温度对五种偶联剂处理前后的玻璃纤维/环氧树脂基复合材料界面层介电性能的影响。结果表明，温度对复合界面层的介电性能均有强烈的影响，其影响的程度与界面在该状态下的极化强度成正比。

表 6-35 列出了不同温度下玻璃纤维/环氧基单向复合材料的介电性能，将表 6-35 的数值分别代入式（6-8）中，可以分别求得各种玻璃纤维/环氧基复合界面层的介电损耗值，其计算结果列于表 6-36 中。

表 6-35 不同温度下各种玻璃纤维/环氧基复合材料介电性能

性能	温度	玻璃纤维	环氧	0	1	2	3	4	5
树脂质量分数/%		0	100	49.1	50.2	51.3	48.9	49.6	48.3
介电损耗角正切值	室温	0.13	0.53	1.84	0.62	1.48	1.14	1.32	0.94
	100℃	0.17	0.69	4.06	1.12	2.94	2.17	2.57	1.73
	130℃	0.19	1.42	6.45	1.75	4.90	3.53	4.55	2.78
	155℃	0.22	2.06	9.21	2.23	6.30	4.56	5.48	3.57
介电常数	室温	6.75	4.02	4.75	4.52	4.63	4.58	4.56	4.61
	100℃	6.77	4.09	4.84	4.58	4.69	4.64	4.63	4.67
	130℃	6.79	4.12	4.95	4.64	4.79	4.72	4.71	4.72
	155℃	6.80	4.16	5.04	4.69	4.86	4.78	4.78	4.79

注：序号同表 6-30。

表 6-36　不同水煮温度下玻璃纤维/环氧基复合材料界面层介电损耗值

性能	温度	0	1	2	3	4	5
界面层介电损耗角正切值	室温	0.2380	0.0271	0.1470	0.0835	0.1010	0.0646
	100℃	0.6478	0.0654	0.3270	0.1830	0.2310	0.1400
	130℃	1.4040	0.0929	0.6500	0.3170	0.4500	0.2210
	155℃	2.7880	0.1090	0.9370	0.4230	0.5700	0.2940

注：序号同表 6-30。

从表 6-35 和表 6-36 可见，不同偶联剂处理前后的玻璃纤维/环氧基复合材料具有不同的介电性能。特别是随着温度的逐渐升高，这种差异越来越显著。玻璃纤维经偶联剂处理后，其表面 R 基团的反应活性（或相容性）、表面自由能和浸润活化能不同，从而引起其具有不同的界面层间结构和状态，它们在外电场的作用下，产生不同的界面极化作用，进而导致具有不同的界面层介电性能。温度对不同界面层介电性能的影响，主要取决于这些具有不同结构和状态的界面层在外电场作用下所产生的极化强度的大小。由电介质理论可知，界面的极化强度主要取决于界面电介质中的电子或离子在外电场作用下所发生极化率变化的大小，随着温度的升高，其电子或离子受束缚的能力变小，从而使极化率逐渐增大，所以界面的极化强度一般是随着环境温度的升高而逐渐加强的。因此，不同界面层的介电损耗值随着环境温度的升高而产生越来越大的差异。

6.9.6　玻璃纤维增强树脂基复合材料介电性能研究进展

PTFE 具有极为优异的介电性能，宽广的工作温度范围，极小的吸水率，良好的非炭化烧蚀性，极好的耐化学腐蚀等综合性能，是开发透波材料的理想基体。但是成型加工困难，机械性能较差，限制了其广泛应用。近年来，国外在 PTFE 基透波复合材料的研究中，采用纤维（织物）增强解决 PTFE 机械性能差的缺点[91]，同时系统进行了环境因素对材料介电性能的影响、成型工艺及界面改性、耐热性提高等研究工作，力图实现高透波率、耐环境性、成型工艺及力学性能的统一。美国、俄罗斯等国已开发出几种透波材料体系，在航天飞行器无线电系统中有一定应用。我国有关研究工作相对薄弱，主要进行了成型工艺改进、界面改性、耐烧蚀透波研究等。

氰酸酯树脂由于具有低介电常数、低介电损耗，且吸湿率低、耐温性好，也成为高性能介质复合材料的树脂基体[98]。但纯的氰酸酯树脂聚合后分子内链段的刚性大，交联度高，使固化体系的脆性较大，再加上目前氰酸酯树脂单体制备时，原料毒性大，成品产率低，都使氰酸酯树脂产品价格偏高，这在很大程度上限制了它的广泛应用。近些年来，氰酸酯常常通过与其他树脂共聚来弥补其缺点，满足工业应用的性能要求。

尹剑波等[99]用环氧树脂（F51）/双马来酰亚胺树脂（BMI）对双酚 A 型氰酸酯树脂（BCE）进行了共聚改性。当三种物质的配比为 F51/BMI/BCE=2∶3∶5 时，固化产物的 ε 为 2.25，$\tan\delta < 10^{-4}$，比双酚 A 型环氧树脂或 BMI 单独固化后产物的介电性能有较大的提高。并且改性后体系的冲击强度可达 $12.3 kJ/cm^2$，热变形温度达 235℃。升温测试结果显示：ε 随温度上升而上升，并在 120℃以后趋于稳定，$\tan\delta$ 则在 120℃出现最高峰值。Bao[100]用氰酸酯树脂作为环氧树脂的固化剂，其固化产物具有比胺类固化的环氧树脂体系低得多的吸湿率（前者为 0.3%，后者为 1.0%），干态时的 T_g 为 210℃，在沸水中浸泡 72h 后的 T_g 为 201℃。

西安交通大学的李仰平等[101]尝试用有机硅改性环氧树脂。他们认为：由于环氧树脂具有三维立体网状结构，分子链间缺少滑动，碳-碳键、碳-氧键键能较小，表面能较高，使其内应力较大，易发脆，高温下易降解，易受潮湿的影响。有机硅树脂具有低温柔韧性、低表面能、耐热、耐候、憎水、介电性能优良等特点，但其机械性能、黏附力较差。用有机硅对环氧树脂进行改性，使两种聚合物材料的优势得到互补，这也是电气材料发展的方向。通过少量有机硅树脂与环氧树脂复合改善环氧浇铸件外表面的耐污性，增加韧性，从而提高环氧树脂复合材料的综合性能。对介电性能的研究表明：常温下，硅树脂浓度增大时 ε 减小，但 $\tan\delta$ 无明显变化；在 80℃以上，改性体系的 ε 和 $\tan\delta$ 随温度升高明显增大，硅树脂浓度较大时，$\tan\delta$ 增加更快。

陈平等[102]对稀土化合物 MrAn 和叔胺 DMP30 促进剂促进的酸酐/环氧树脂体系固化产物的机电热性能进行了研究对比。结果表明，无论加入 MrAn 还是加入 DMP30 促进剂，其酸酐/环氧树脂体系固化物的机电热性能均比未加入促进剂的固化体系性能有所提高。加入 MrAn 后，其体系固化产物性能提高比较显著，特别是高温介电性能得到了较大的改善。陈平认为，对于含有稀土元素的 MrAn 促进的酸酐固化环氧树脂体系而言，由于稀土化合物中稀土金属的 d 或 f 空轨道可以与环氧树脂或酸酐中活性官能团络合，从而限制了体系的随机反应，致使交联网络更为均匀，从而提高了固化物的各项性能。在介电性能方面，络合限制了分子的极性运动，另外在高度交联的环氧树脂网络中存在的极性分子引起的偶极矩在高温下使其偶极运动受阻，导致介电损耗下降，从而提高了固化物的高温介电性能。

曹有名等[103]用共混复合的方法加入热塑性聚酯对环氧树脂进行改性，所得到的复合体系在常温下具有优良的介电性能，$\tan\delta$ 为 10^{-3} 数量级，且随电场频率的升高而下降，复合体系的介电常数与未改性前变化不大。

总之，影响玻璃纤维/聚合物复合材料介电性能的内在因素有树脂、纤维和界面，其中树脂、纤维各自的介电常数和相对含量决定了复合材料的宏观介电性能。外界环境中的温度通过影响分子链的极化运动和热运动而影响介电性能；吸湿则由于水分子的侵入增加了极性分子的浓度，使得复合材料介电性能恶化。

参 考 文 献

[1] 林德春，张德雄. 固体火箭发动机材料现状、前景和发展对策[C]//北京：航天四院建国五十周年科技论文集，1999.

[2] 张建艺. 先进纤维及其复合材料在西部开发中的机遇[J]. 固体火箭发动机复合材料工艺，2000，22(2)：59-63.

[3] 赵稼祥. 碳纤维复合材料在民用航空上的应用[J]. 高科技纤维与应用，2003，25（4）：1-5.

[4] 罗益锋. 世界高科技纤维正形成三足鼎立之势（二）[J]. 高科技纤维与应用，2003，125（2）：1-6.

[5] Satomi O. Thermal degradation of IM7 BMI5260 composite materials：characte rization by X-ray photoelectron spectroscopy[J]. Materials Science and Engineering，2000，A293（6）：88-94.

[6] Hamerton I，Herman H，Mudhar A K，et al. Multivariate analysis of spectra of cyanate ester bismaleimide blends and correlations with properties[J]. Polymer，2002，43（1）：3381-3386.

[7] 丘哲明. 固体火箭发动机材料与工艺[M]. 北京：宇航出版社，1995：8-11，23-24.

[8] 程俏艳. 特种纺织品的最新应用-玻璃纤维制品的发展与应用[J]. 轻纺工业与技术，2014，166（1）：89-91.

[9] 张耀明. 玻璃纤维与矿物棉安全[M]. 北京：化学工业出版社，2001：1-3，8-9.

[10] 洛温斯坦. 连续玻端纤维制造工艺[M]. 北京：中国建筑工业出版社，1977：11-12.

[11] Wang Q Z. Development of erosive burning models for CFD predictions of solid rocket motor internal environments[J]. Journal of the Korean Society of Propulsion Enjineers，2014，18（3）：56-61.

[12] James S B，Anderson B G，Malone J D，er al. Augmentation of autograft using BMP-2 and different carrier media in the canine spinal fusion model[J]. Journal of Spinal Disorders，1997，10（6）：467-72.

[13] 赵稼祥. 碳纤维在美国国防军工上的应用[J]. 高科技纤维与应用，2003，62（1）：6-9.

[14] 霍肖旭，曾晓梅. 炭纤维复合材料在固体火箭上的应用[J]. 固体火箭发动机复合材料工艺，2000，52（1）：55-61.

[15] 杨永源. 辐射固化材料的现状和某些进展[J]. 感光科学与光化学，2002，20（3）：31-35.

[16] 郑耀臣. 光固化涂料用多官能聚氨酯丙烯酸预聚物的合成[J]. 涂料工业，2003，153（10）：17-19.

[17] 杨永源. 近年来福射固化材料的研究进展[J]. 热固性树脂，2001，82（3）：22-26.

[18] 黄丽. 聚合物复合材料[M]. 北京：中国轻工业出版社，2001：69-70.

[19] 洪旭辉，华幼卿. 玻璃纤维增强树脂基复合材料的介电特性[J]. 化工新型材料，2005，33（4）：16-19.

[20] 曾志安，陈立新，唐玉生. 氰酸酯树脂在高性能印刷电路板中的应用概况[J]. 中国塑料，2003，17(5)：19-21.

[21] Rpbert W，Seibold J J，Licari H. Advances in materials and processes for high-performance electronics fabrication and assembly-part II[J]. SAMPE Journal，1997，33（2）：9-16.

[22] Bleay S M，Humberstone L. Mechanical and electrical assessment of hybrid composites containing hollow glass reinforcement[J]. Composites Science & Technology，1999，59（9）：1321-1329.

[23] 沃丁柱. 复合材料大全[M]. 北京：化学工业出版社，2000：43-48.

[24] 杨永岗，贺福，王茂章，等. 用SEM研究表面处理对碳纤维增强复合材料剪切断裂的影响[J]. 新型碳材料，

1999，14（1）：35-39.

[25] 陈平，于祺，路春. 纤维增强聚合物基复合材料的界面研究进展[J]. 纤维复合材料，2005，13（1）：53-59.

[26] 蒋少军，吴红玲. 碳纤维的特征及其在产业用纺织品中的应用[J]. 非织造布，2003，11（2）：31-33.

[27] Chandel M，Jain J C. Toxic effects of transition metals on male reproductive system：a review[J]. Journal of Environmental & Occupational Science，2014，1690（5）：300-308.

[28] 陈烈民. 碳纤维复合材料在卫星上的应用趋势[J]. 宇航材料工艺，1993，28（4）：5-7.

[29] Zimcikd G，Maag C R. Results of apparentAtomic oxygen reactions with spacecraft materials during shuttle flight STS-41G[J]. Journal Spacecraft and Rocket，1988，25（2）：62-168.

[30] Kern K T，Stancil P C，Harries W L. Simulated space environmental effects on a polyetherimide and its carbon fiber-reinforced composites[J]. SAMPE Journal，1993，29（3）：29-44.

[31] 邱惠中，吴志红. 国外航天材料的新进展[J]. 宇航材料工艺，1997，27（4）：5-13.

[32] 沃西源. 国内外几种碳纤维性能比较及初步分析[J]. 航天返回与遥感，1993，14（4）：50-57.

[33] 沃西源. M40/环氧 648 准各向同性层板力学性能分析[J]. 航天返回与遥感，1995，16（4）：45-51.

[34] Larsson F，Svensson L. Carbon polyethylene and PBO hybrid fibre composites for structural lightweight armour[J]. Composites（A），2002，33（6）：221-231.

[35] Banthia N，Nandakumar N. Crack growth resistance of hybrid fiber reinforced cement composites[J]. Cement & Concrete Composites，2003，25（3）：3-9.

[36] Dutrar C L，Soares B G，Campos E A，et al. Hybrid composites based on polyp ropylene and carbon fiber and epoxymatrix[J]. Polymer，2000，41（6）：3841-3849.

[37] Naik N K，Ramasimha R，Arya H，et al. Impact response and damage tolerance characteristics of glass-carbon/epoxy hybrid composite p lates[J]. Composites（B），2001，32（5）：565-574.

[38] 曾金芳，王庭武，丘哲明，等. F212/CF 混杂复合材料纵向拉压性能研究[J]. 宇航材料工艺，2001，35（1）：19-23.

[39] 张佐光，张晓宏，梁志勇，等. 多向混杂纤维复合材料压缩及弯曲行为[J]. 材料工程，1995，11（1）：22-25.

[40] 曾庆敦，黄小清，林雪慧. 层内混杂复合材料应力集中问题的研究[J]. 应用数学和力学，2001，22(3)：135-139.

[41] 史卫华，张佐光，李建玲. 混杂纤维复合材料的静态力学性能[J]. 新型碳材料，1997，12（2）：29-32.

[42] 蔡长庚，朱立新，贾德民. 动态力学分析在复合材料界面中的应用[J]. 纤维复合材料，2004，11（1）：46-49.

[43] 杨景锋，王齐华，杨丽君，等. 纤维增强聚合物基复合材料的界面性能[J]. 高分子材料科学与工程，2005，4（3）：6-10.

[44] 郭旭，黄玉东，曹广. 玻璃纤维/甲基硅树脂复合材料高温及耐湿热性能的研究[J]. 航空材料学报，2004，24（4）：45-48.

[45] 祝大同. 低介电常数电路板用烯丙基化聚苯醚树脂[J]. 绝缘材料，2001，85（1）：28-33.

[46] 何鲁林. 氰酸酯树脂的发展概况[J]. 航空材料学报，1996，16（4）：54-61.

[47] 赵磊，秦华宇，梁国正，等. 氰酸酯树脂的研究进展[J]. 工程塑料应用，1999，27（12）：41-43.

[48] 余景春，王璇，高红梅，等. 地面用雷达罩的发展[J]. 玻璃钢/复合材料，2001，87（5）：46-48.

[49] 王晓洁，梁国正，张炜，等. 氰酸酯树脂在航空航天领域应用研究进展[J]. 材料导报，2005，19（5）：70-72.

[50] Cherles N H. Development of a composite（K1100/CE）satellite bus structure[C]. 41th SMAPE symposium，Educational & Professional Group，New York，1996：814-815.

[51] Paul D W. The development of high temperature composite solar array substrate panels for messenger spacecraft[C]. 34th International technical conference，Educational & Professional Group，Washington，2002：

4-7.

[52] Brand R A. Evaluation of high-modulus pitch/cyanate material systems for dimensionally stable structures[C]. SPIE 1960，Design of optical instruments，Educational & Professional Group，New York，1960：309-310.

[53] Harry D. Modular composite spacecraft structures[C]. 28th International SMAPE technical conference，Educational & Professional Group，New York，1996：523-524.

[54] Amold C. Siloxane modified cyanate ester resins for space applieations[C]. 37th Intenrational SAMPE symposium，Educational & Professional Group，California，1992：9-12.

[55] Sbayasaehi G L. Chemorheology of cyanate ester-organicalyy layered silicate nanocomposites[J]. Polymer，2003，44（5）：6901-6906.

[56] Sbayasaehi G L. Mechanical properties of intercalated cyanate ester-layered silicate nanocomposites[J]. Polymer，2003，44（4）：1315-1319.

[57] Conne S J. Lightweight space mirrors from carbon fiber composites[J]. SAMPE Jounral，2002，38（4）：46-49.

[58] Christopher B. Moisture absorption and mechanical properties for high modulus Pitch graphite fiber/modified cyanate ester resin laminates[C]. SPIE Proceedings，The International Society Chemical，Educational & Professional Group，New York，1992，（1690）：300-308.

[59] Peter C C. Fabrication and testing of very lightweight composite mirrors[C]. SPIE Proceedings，Educational & Professional Group，New York，1998：938-939.

[60] Willis P B. Durability and reliability of lightweight composite miorrrs for space optical systems Quality and reliability of optical systems meeting date[C]. SPIE Proceedings，The International Society Chemical，Educational & Professional Group，New York，1993：127.

[61] Jamie A. Lightweight thermally conductive composite optical bench for the tropospheric emission spectrometer（TES）interferometer[C]. SPIE Proceedings，The International Society Chemical，Educational & Professional Group，New York，2000：600-603.

[62] 邢雅清. 复合材料用氰酸酯树脂基体的性能与应用[J]. 纤维复合材料，1996，42（3）：6-10.

[63] Walters R N. Fire resistant cyanate este-epoxy blends[C]. 46th International SAMPE symposium，Educational & Professional Group，New York，200l.

[64] Walters R N. Fire-safe polymer composites[C]. 47th International SAMPE symposium，Educational & Professional Group，New York，2002.

[65] 李文峰，陈淳，王国建. 酚醛型氰酸酯树脂的研究与应用[J]. 材料导报，2006，20（6）：44-48.

[66] Das S，Prevorsek D C. Fibers made f rom cyanato group containing phenolic resins，phenolic t riazines resinsl[P]：US，4851 279. 1989.

[67] Das S，Prevorsek D C. Fibers made from cyanato group containing phenolic resins and phenouct riazines resins[P]：US，5 194 331. 1993.

[68] Abali F，Sundaresan M，Haq S，et al. Development of carbon/carbon composites from PT-30 as a precursor matrix[J]. Russian Journal of Applied Chemistry，1999，72（12）：2153-2154.

[69] Abali F，Shivakuman K，Hamidi N，et al. An RTM densification method of manufacturing carbon-carbon composites using primaset PT-30 resin[J]. Carbon，2003，41（5）：893-901.

[70] Sajal D，Prevorsek D C，Rhee S K，et al. Friction resistant composition[P]：US，4 920 159. 1990.

[71] Couch B P，Mcllister L E. Phenolic-triazine resin finish of carbon fibers[P]：US，5 167 8801. 1992.

[72] Nair C P R，Mathew D，Ninan K N. Cyanate ester resins recent developments[J]. Advance Polymer Science，2001，

155（5）：1-5.

[73] 王结良，梁国正，杨洁颖，等. 高频氰酸酯基覆铜板基板的研制[J]. 中国塑料，2004，18（1）：41-49.

[74] 阎福胜. 氰酸酯树脂研究[D]. 西安：西北工业大学博士学位论文，1999.

[75] 孟季茹，梁国正，何洋，等. 聚苯醚改性环氧树脂基覆铜板的研制[J]. 复合材料学报，2003，20（1）：74-78.

[76] 贾丽霞，陈辉，焦智武，等. 纤维缠绕 CEm 基复合材料力学性能研究[J]，纤维复合材料，2007，47（2）：34-35.

[77] 贾丽霞，陈辉. CE 基体及其纤维缠绕复合材料耐热性能研究[J]. 纤维复合材料，2007，24（1）：39-40.

[78] Das S，Prevorsek D C，De Bona B T. Phenolicet riazine resins yield high-performance thermoset composites[J]. Modern Plastics，1990，2（5）：72-74.

[79] 任鹏刚，梁国正，杨洁颖. 柔性缓冲层对 T300/BADCy 复合材料力学性能影响研究[J]. 航空材料学报，2004，24（4）：35-38.

[80] 韩建平，刘建超，张炜，等. 纤维热熔法缠绕用氰酸酯树脂基体研究[J]. 纤维复合材料，2005，22（1）：16-20.

[81] Iijima T，Katsurayama S，Fukuda W，et al. Modification of cyanate ester resin by poly（ethylene phthalate）and related copolyesters[J]. Journal of Applied Polymer Science，2000，76（2）：208-219.

[82] 惠雪梅，王晓洁，尤丽虹. CE/EP/CF 复合材料的湿热性能研究[J]. 工程塑料应用，2006，34（5）：49-51.

[83] 任鹏刚，梁国正，杨洁颖. 高性能 M40J/BADCy 复合材料的研究[J]. 航空学报，2004，25（4）：411-415.

[84] 任鹏刚，梁国正. M40-T300/BADCy 混杂复合材料的研究[J]. 航空材料学报，2007，27（1）：51-56.

[85] 任鹏刚，梁国正，王结良，等. 氰酸酯树脂及其碳纤维复合材料研究[J]. 中国塑料，2004，18（5）：38-42.

[86] 吕文中，汪小红. 电子材料物理[M]. 北京：电子工业出版社，2002：56-58.

[87] 周祝林，蒋汉生. “地面雷达天线罩用玻璃纤维增强塑料蜂窝夹层结构件规范”的试验论证及分析[J]. 纤维复合材料，1996，42（2）：42-46.

[88] Seibold R W，Licari J J，Brown R L，et al. Rocesses for high-performance electornics fabrication and assembly-part II. advances in materialsand processes for high prformance E[J]. SAMPE Journal，1997，33（2）：9-16.

[89] 彭文范. 一种理想的天线罩结构[J]. 电子机械工程，1995，12（5）：59-61.

[90] 仝毅，周馨我. 微波透波材料的研究进展[J]. 材料导报，1997，11（3）：1-5.

[91] 陈平，蔡金刚. 芳纶纤维及其织物复合材料在电子电气领域中的应用[J]. 纤维复合材料，1994，48（4）：48-53.

[92] 房红强，梁国正，周文胜，等. 高性能 PTFE 基透波复合材料的研究进展[J]. 化工新型材料，2004，32（5）：20-23.

[93] Aleksandra P U. The influence of heat treatment and finishing on the mechanical and dielectric properties of glass fabric-epoxy resin laminar composites[J]. Journal of Materials Science：Materials in Electronics，2003，24（6）：75-79.

[94] 陈平，王明寅，陈辉，等. 玻璃纤维增强环氧基复合界面介电性能的研究[J]. 玻璃钢/复合材料，1995，45（2）：7-9.

[95] 陈平，张明艳. 玻璃纤维/环氧树脂基复合材料界面介电性能的研究[J]. 纤维复合材料，1998，48（1）：6-8.

[96] 陈平，刘胜平. 温度和水煮时间对玻璃纤维/环氧基复合材料界面层介电性能的影响研究[J]. 复合材料学报，1997，14（3）：67-71.

[97] Li Y，Cordovez M. Dielectric and mechanical characterization of processing and moisture uptake effects in E-glass/epoxy composites[J]. Composites：Part B，2003，34（4）：383-390.

[98] 蓝立文. 氰酸酯树脂[J]. 玻璃钢/复合材料，1996，55（6）：28-33.

[99] 尹剑波，梁国正. 共聚改性氰酸酯树脂及其性能[J]. 塑料工业，2001，29（1）：36-38.

[100] Bao J W. Hygrothermal-resistant epoxy cured by cyanate and its composites[C]. 44th International SAMPE Symposium，Educational & Professional Group，Washington，1999：23-27.
[101] 李仰平，彭宗仁，王永忠. 有机硅改善环氧树脂性能的研究[J]. 绝缘材料，2003，55（3）：3-5.
[102] 陈平，陈辉，蹇锡高. 环氧树脂体系固化反应及其复合材料介电性能[J]. 高分子通报，2003，62（4）：1-9.
[103] 曹有名，孙军. 聚酯改性环氧复合体系的介电性能[J]. 西安交通大学学报，2000，34（8）：75-78.